电子信息科学与工程类专业系列教材

Altium Designer 实用教程
——原理图、PCB 设计和信号完整性分析

谷树忠　耿晓中　王秀艳　编著

电子工业出版社
Publishing House of Electronics Industry
北京·BEIJING

内 容 简 介

本书以典型的应用实例为主线，介绍了 Altium 公司最新推出的一套 Altium Designer 电子设计自动化（EDA）软件使用方法。

本书详细地介绍 Altium Designer 软件中原理图设计、印制电路板设计和信号完整性分析 3 大部分。其中，原理图设计含有：原理图设计、层次原理图设计、原理图元件符号设计与修改等；印制电路板设计含有：双面 PCB 设计、单面 PCB 设计、多层 PCB 设计、元件封装设计等；信号完整性分析含有：信号完整性分析模型的建立、信号完整性分析的步骤、典型电路信号完整性分析实例。本书结构合理、入门简单、层次清楚、内容详实，并附有习题。

本书可作为高等院校电子类、电气类、计算机类、自动化类及机电一体化类专业的 EDA 教材，也可作为广大电子产品设计工程技术人员和电子制作爱好者的参考用书。

未经许可，不得以任何方式复制或抄袭本书之部分或全部内容。
版权所有，侵权必究。

图书在版编目(CIP)数据

Altium Designer 实用教程：原理图、PCB 设计和信号完整性分析/谷树忠，耿晓中，王秀艳编著. —北京：电子工业出版社，2015.10
电子信息科学与工程类专业规划教材
ISBN 978-7-121-27350-6

Ⅰ．①A… Ⅱ．①谷… ②耿… ③王… Ⅲ．①印刷电路－计算机辅助设计－应用软件－高等学校－教材 Ⅳ．①TN410.2

中国版本图书馆 CIP 数据核字(2015)第 234021 号

责任编辑：凌　毅
印　　刷：北京虎彩文化传播有限公司
装　　订：北京虎彩文化传播有限公司
出版发行：电子工业出版社
　　　　　北京市海淀区万寿路 173 信箱　邮编 100036
开　　本：787×1 092　1/16　印张：17.25　字数：442 千字
版　　次：2015 年 10 月第 1 版
印　　次：2021 年 6 月第 10 次印刷
定　　价：38.00 元

凡所购买电子工业出版社图书有缺损问题，请向购买书店调换。若书店售缺，请与本社发行部联系，联系及邮购电话：(010) 88254888。

质量投诉请发邮件至 zlts@phei.com.cn，盗版侵权举报请发邮件至 dbqq@phei.com.cn。

服务热线：(010) 88258888。

前　言

随着科学技术的发展，现代电子工业取得了长足的进步，大规模、超大规模集成电路和电子应用系统的日趋精密、复杂，而且电子产品更新换代的步伐也越来越快。实现这种进步的主要原因除了制造技术水平大大提高外，电子设计技术的飞速发展也是一个很重要的因素。所谓电子设计技术的飞速发展的标志就是电子设计自动化（Electronic Design Automation）技术，简称 EDA 技术。这一技术来源于计算机辅助设计（Computer Aided Design，简称 CAD）。早在 20 世纪六七十年代，人们就开始逐步用计算机来设计硬件，在设计中诞生了电子计算机辅助设计（Electronic Computer Aided Design，简称 ECAD）。初期的 ECAD 系统功能比较简单，自动化、智能化程度都很低；当今的 EDA 技术，已融合了应用电子技术、计算机技术、智能化技术的最新成果而研制成的电子 CAD 通用软件包，主要辅助进行 3 个方面的设计工作：电子电路设计及仿真、PCB 设计、仿真和信号完整性分析。

目前，在电子 CAD 领域，Altium 公司在 EDA 软件产品的推陈出新方面扮演了一个重要角色。2006 年年初，Altium 公司正式推出一套新式电子电路设计软件平台——Altium Designer 6。该软件几乎涵盖了 EDA 的全部功能，更重要的是，对传统电子电路设计软件平台做了大量的改进并完善其操作系统。近年来，该公司多次升级该软件平台，升级的版本 Altium Designer Summer 08、10、13 和 14 面世，为用户提供了全方位的设计解决方案，使用户可以轻松进行各种复杂的电子电路设计。我国众多的电子产品设计工作者紧跟时代潮流，把握新技术的发展并从中受益匪浅。

2015 年年初，Altium 公司又推出了 Altium Designer15 电子设计软件平台。其智能化程度更高，功能更丰富和完善，界面更友好，并且它的实用性、开放性和数据交换性更好。本书以 **Altium Designer15** 电子设计软件平台为基础，讲解 Altium Designer 软件的使用方法。

本书以典型的应用实例为主线，主要介绍利用 Altium Designer 软件中原理图（SCH）设计、印制电路板（PCB）设计方法；以典型电路为例介绍利用 Altium Designer 软件进行信号完整性分析的操作方法。全书共分 13 章，其中第 1 章为 Altium Designer 软件综述，第 2~8 章为原理图设计部分，第 9~11 章为印制电路板设计，第 12 章为信号完整性分析，第 13 章为 Altium Designer 规则。

本书以新颖的编排为基础，较全面地介绍了 Altium Designer 内容，力求帮助读者迅速掌握 Altium Designer 的使用方法和基本技巧。采用了原版的英文界面，对英文菜单命令、对话框和工具栏上的图标等进行同步标注，目的是使读者一目了然，同时也使本书更紧凑。这种编排打破了目前软件操作教程中先英文操作命令、再中文解释的常规。

本书结构合理、入门简单、层次清晰、内容详实，并附有习题。可作为高等院校电子类、电气类、计算机类、自动化类及机电一体化类专业的 EDA 教材，也可作为广大电子产品设计工程技术人员和电子制作爱好者的参考用书。

本书由长春工程学院谷树忠、耿晓中和王秀艳老师共同编著。其中，第 1、12 章由谷树忠执笔；第2～8章由耿晓中执笔；第9～11章和第13章由王秀艳执笔，最后由谷树忠统稿。长春工程学院电子信息工程专业2013级的学生白雪娟、朱苗苗、张慧、冯城、胡泽文、赵子葳、程健、王琪、刘钢、曹昌等参加了本书初稿的验证性使用，并提出了许多意见，在此表示感谢。

本书提供配套的免费电子课件，可登录华信教育资源网 www.hxedu.com.cn，注册后免费下载。

由于本书作者水平有限，再加上编著时间仓促，不足之处在所难免，敬请广大读者批评指正。

编著者

2015年9月

目 录

第 1 章 Altium Designer 系统 1
1.1 Altium Designer 的发展 1
1.2 Altium Designer 的功能 1
1.3 Altium Designer 的特点 2
1.4 Altium Designer 的界面 3
1.4.1 Altium Designer 的英文界面 3
1.4.2 Altium Designer 的中文界面 6
1.5 Altium Designer 的面板 8
1.5.1 面板的激活 8
1.5.2 面板的工作状态 8
1.5.3 面板的选择及状态的转换 10
1.5.4 面板的混合放置 11
1.6 Altium Designer 的项目 11
1.6.1 项目的打开与编辑 11
1.6.2 新项目的建立 15
1.6.3 项目与文件 16
1.6.4 文件及工作窗口关闭 18
1.7 Altium Designer 系统参数设置 18
1.7.1 常规参数设置 19
1.7.2 视图参数设置 20
1.7.3 透明效果参数设置 21
1.7.4 导航参数设置 21
1.7.5 默认路径设置 21
1.7.6 项目面板视图参数设置 21
习题 1 23

第 2 章 原理图编辑器及参数 24
2.1 启动原理图编辑器方式 24
2.1.1 从【Files】面板启动原理图编辑器 24
2.1.2 从主菜单中启动原理图编辑器 24
2.2 原理图编辑器界面介绍 25
2.3 原理图编辑器常用菜单及功能 26
2.3.1 文件菜单 26
2.3.2 编辑菜单 26
2.3.3 显示菜单 27
2.3.4 项目菜单 27
2.4 原理图编辑器界面配置 27
2.5 图纸参数设置 28
2.5.1 图纸规格设置 28
2.5.2 图纸选项设置 29
2.5.3 图纸栅格设置 30
2.5.4 自动捕获电气节点设置 31
2.5.5 快速切换栅格命令 31
2.5.6 图纸设计信息填写 31
2.5.7 绘图单位设置 33
2.6 原理图编辑参数设置 33
2.6.1 常规参数设置 33
2.6.2 图形编辑参数设置 35
2.6.3 编译器参数设置 36
2.6.4 自动变焦参数设置 37
2.6.5 常用图件默认参数设置 38
习题 2 39

第 3 章 原理图设计实例 40
3.1 原理图设计流程 40
3.2 原理图的设计 41
3.2.1 创建一个项目 41
3.2.2 创建原理图文件 41
3.2.3 加载元件库 42
3.2.4 放置元件 44
3.2.5 放置导线 46
3.2.6 放置电源端子 47
3.3 原理图的编辑与调整 48
3.3.1 自动标识元件 48
3.3.2 其他注释命令 53
3.3.3 元件参数的直接标识和编辑 53
3.3.4 标识的移动 53
3.4 原理图的检查 55
3.4.1 编译参数设置 55
3.4.2 项目编译与定位错误元件 58
3.5 原理图的报表 59
3.5.1 报告菜单 59

3.5.2 材料清单 60
3.5.3 简易材料清单报表 62
3.6 原理图的打印输出 63
3.6.1 打印页面设置 63
3.6.2 打印预览和输出 64
习题 3 65

第 4 章 原理图元件库的使用 66
4.1 元件库的调用 66
4.1.1 有效元件库的查看 66
4.1.2 元件库的搜索与加载 66
4.1.3 元件库的卸载 70
4.2 元件库的编辑管理 70
4.2.1 原理图元件库编辑器 71
4.2.2 工具菜单 71
4.2.3 标准符号菜单 73
4.2.4 元件库编辑管理器 75
4.3 新元件原理图符号绘制 76
4.4 新建元件库 82
4.5 生成项目元件库 83
4.6 生成元件报表 84
4.7 修订原理图符号 86
习题 4 86

第 5 章 原理图设计常用工具 87
5.1 原理图编辑器工具栏简介 87
5.2 工具栏的使用方法 88
5.3 窗口显示设置 88
5.3.1 混合平铺窗口 89
5.3.2 水平平铺窗口 89
5.3.3 垂直平铺窗口 90
5.3.4 恢复默认的窗口层叠显示状态 90
5.3.5 在新窗口中打开文件 91
5.3.6 重排设计窗口 91
5.3.7 隐藏文件 91
5.4 工作面板 91
5.4.1 工作面板标签 91
5.4.2 剪贴板面板功能 93
5.4.3 收藏面板功能 94
5.4.4 导航器面板功能 95
5.4.5 过滤器面板功能 97
5.4.6 列表面板功能 99
5.4.7 图纸面板功能 101
5.4.8 检查器面板功能 101
5.5 导线高亮工具——高亮笔 102
习题 5 102

第 6 章 原理图编辑常用方法 103
6.1 编辑菜单 103
6.2 选取图件 103
6.2.1 选取菜单命令 104
6.2.2 直接选取方法 105
6.2.3 取消选择 105
6.3 剪贴或复制图件 105
6.3.1 剪切 106
6.3.2 粘贴 106
6.3.3 智能粘贴 106
6.3.4 复制 106
6.4 删除图件 107
6.4.1 个体删除命令 107
6.4.2 组合删除命令 107
6.5 排列图件 108
6.6 剪切导线 109
6.7 平移图纸 110
6.8 光标跳转 111
6.9 特殊粘贴命令 111
6.9.1 备份命令 111
6.9.2 橡皮图章命令 112
6.10 修改参数 112
6.11 全局编辑 112
6.11.1 元件的全局编辑 113
6.11.2 字符的全局编辑 115
习题 6 117

第 7 章 原理图常用图件及属性 118
7.1 放置【Place】菜单 118
7.2 元件放置及其属性设置 118
7.2.1 元件的放置 118
7.2.2 元件属性设置 120
7.2.3 属性分组框各参数及设置 121
7.2.4 图形分组框各参数及设置 121
7.2.5 参数列表分组框各参数及设置 122

· VI ·

		7.2.6	模型列表分组框各参数及	
			设置	122
7.3	导线放置及其属性设置			125
		7.3.1	普通导线放置模式	125
		7.3.2	点对点自动布线模式	125
		7.3.3	导线属性设置	126
7.4	总线放置及其属性设置			127
		7.4.1	总线放置	127
		7.4.2	总线属性设置	127
7.5	总线入口放置及其属性设置			128
		7.5.1	总线入口的放置	128
		7.5.2	总线入口属性设置	128
7.6	放置网络标号及其属性设置			128
		7.6.1	网络标号的放置	129
		7.6.2	网络标号属性设置	129
7.7	节点放置及其属性设置			130
		7.7.1	节点放置	130
		7.7.2	节点属性设置	131
7.8	电源端子放置及其属性设置			131
		7.8.1	电源端子简介	131
		7.8.2	电源端子的放置	132
		7.8.3	电源端子属性设置	132
7.9	放置 No ERC 指令及其属性设置			132
		7.9.1	No ERC 指令的放置	133
		7.9.2	No ERC 属性设置	133
7.10	放置注释文字及其属性设置			133
		7.10.1	注释文字的放置	133
		7.10.2	注释文字属性设置	134
习题 7				134
第 8 章	**原理图层次设计**			**135**
8.1	原理图的层次设计方法			135
8.2	自上而下的原理图层次设计			135
		8.2.1	建立母图	136
		8.2.2	建立子图	136
		8.2.3	由子图符号建立同名原理图	139
		8.2.4	绘制子系统原理图	139
		8.2.5	确立层次关系	140
8.3	自下而上的原理图层次设计			141
		8.3.1	建立项目和原理图图纸	141
		8.3.2	绘制原理图及端口设置	141
		8.3.3	由原理图生成子图符号	142
		8.3.4	确立层次关系	143
8.4	层次电路设计报表			144
		8.4.1	元件交叉引用报表启动	144
		8.4.2	Excel 报表启动	144
		8.4.3	层次报表	144
		8.4.4	端口引用参考	146
习题 8				146
第 9 章	**PCB 设计的基础知识**			**147**
9.1	PCB 的基本常识			147
		9.1.1	印制电路板的结构	147
		9.1.2	PCB 元件封装	148
		9.1.3	常用元件的封装	149
		9.1.4	PCB 的其他术语	150
9.2	PCB 设计的基本原则			151
		9.2.1	PCB 设计的一般原则	151
		9.2.2	PCB 的抗干扰设计原则	154
		9.2.3	PCB 可测性设计	155
9.3	PCB 编辑器的启动			156
9.4	PCB 编辑器及参数设置			157
		9.4.1	常规参数设置	158
		9.4.2	显示参数设置	159
		9.4.3	交互式布线参数设置	160
		9.4.4	默认参数设置	160
		9.4.5	工作层颜色参数设置	162
		9.4.6	板层及板层设置	165
		9.4.7	板选项参数设置	167
习题 9				168
第 10 章	**PCB 设计基本操作**			**169**
10.1	PCB 编辑器界面			169
10.2	PCB 编辑器工具栏			170
10.3	放置图件方法			170
		10.3.1	绘制导线	170
		10.3.2	放置焊盘	172
		10.3.3	放置过孔	173
		10.3.4	放置字符串	174
		10.3.5	放置位置坐标	175
		10.3.6	放置尺寸标注	176
		10.3.7	放置元件	177
		10.3.8	放置填充	178

- 10.4 图件的选取/取消选择 ……… 179
  - 10.4.1 选择方式的种类与功能 ……… 179
  - 10.4.2 图件的选取操作 ……… 180
  - 10.4.3 选择指定的网络 ……… 180
  - 10.4.4 切换图件的选取状态 ……… 181
  - 10.4.5 图件的取消选择 ……… 181
- 10.5 删除图件 ……… 181
- 10.6 移动图件 ……… 182
  - 10.6.1 移动图件的方式 ……… 182
  - 10.6.2 图件移动操作方法 ……… 182
- 10.7 跳转查找图件 ……… 184
  - 10.7.1 跳转查找方式 ……… 184
  - 10.7.2 跳转查找的操作方法 ……… 185
- 10.8 元器件封装的制作 ……… 186
  - 10.8.1 PCB 库文件编辑器 ……… 186
  - 10.8.2 利用向导制作元件封装 ……… 187
  - 10.8.3 自定义制作 PCB 封装 ……… 189
- 习题 10 ……… 192

第 11 章 PCB 设计实例 ……… 193
- 11.1 PCB 的设计流程 ……… 193
- 11.2 双面 PCB 设计 ……… 194
  - 11.2.1 文件链接与命名 ……… 194
  - 11.2.2 电路板布线区的设置 ……… 196
  - 11.2.3 数据的导入 ……… 196
  - 11.2.4 PCB 设计环境参数的设置 ……… 199
  - 11.2.5 元件的布局与调整 ……… 200
  - 11.2.6 电路板的 3D 效果图 ……… 204
  - 11.2.7 元件封装的调换 ……… 204
  - 11.2.8 PCB 与原理图文件的双向更新 ……… 206
  - 11.2.9 设置布线规则 ……… 208
  - 11.2.10 自动布线 ……… 214
  - 11.2.11 手工调整布线 ……… 216
  - 11.2.12 加补泪滴 ……… 217
  - 11.2.13 放置敷铜 ……… 218
  - 11.2.14 设计规则 DRC 检查 ……… 218
- 11.3 单面 PCB 设计 ……… 219
- 11.4 多层 PCB 设计 ……… 221
- 习题 11 ……… 223

第 12 章 信号完整性分析 ……… 224
- 12.1 信号完整性分析的概念和术语 ……… 224
- 12.2 Altium Designer 的信号完整性分析 ……… 225
- 12.3 信号完整性分析的注意事项 ……… 225
- 12.4 信号完整性分析模型 ……… 226
  - 12.4.1 信号完整性分析模型查看 ……… 226
  - 12.4.2 信号完整性分析模型修改 ……… 228
  - 12.4.3 信号完整性分析模型保存 ……… 230
  - 12.4.4 信号完整性分析模型添加 ……… 231
- 12.5 信号完整性分析器 ……… 232
  - 12.5.1 信号完整性分析器的启动 ……… 232
  - 12.5.2 信号完整性分析器的内容 ……… 233
  - 12.5.3 信号完整性分析器的功能 ……… 235
- 12.6 信号完整性分析实例 ……… 236
  - 12.6.1 信号完整性分析步骤 ……… 237
  - 12.6.2 信号完成性分析项目的建立 ……… 237
  - 12.6.3 设定元件的 SI 模型并加入规则 ……… 238
  - 12.6.4 设置信号完整性分析的规则 ……… 240
  - 12.6.5 PCB 层栈结构的设置 ……… 241
  - 12.6.6 进行信号完整性分析 ……… 241
- 习题 12 ……… 244

第 13 章 Altium Designer 的 PCB 设计规则 ……… 245
- 13.1 电气相关的设计规则 ……… 245
  - 13.1.1 安全间距设计规则 ……… 246
  - 13.1.2 短路许可设计规则 ……… 248
  - 13.1.3 网络布线检查设计规则 ……… 248
  - 13.1.4 引脚连线检查设计规则 ……… 248
- 13.2 布线相关的设计规则 ……… 248
  - 13.2.1 设置导线宽度 ……… 249
  - 13.2.2 设置布线方式 ……… 249
  - 13.2.3 设置布线次序 ……… 250
  - 13.2.4 设置布线板层 ……… 250
  - 13.2.5 设置导线转角方式 ……… 251
  - 13.2.6 设置导孔规格 ……… 251
  - 13.2.7 扇出控制布线设置 ……… 252
  - 13.2.8 差分对布线设置 ……… 252

13.3	SMD 布线相关的设计规则 …………… 252	13.8.1 导线长度和间距 ………………… 258
13.4	焊盘收缩量相关的设计规则 …………… 253	13.8.2 网络长度 ……………………… 258
	13.4.1 焊盘的收缩量 ………………… 253	13.8.3 匹配网络长度 …………………… 259
	13.4.2 SMD 焊盘的收缩量 …………… 254	13.8.4 支线长度 ……………………… 259
13.5	内层相关的设计规则 …………………… 254	13.8.5 SMD 焊盘过孔许可 …………… 259
	13.5.1 电源层的连接方式 ……………… 254	13.8.6 导孔数限制 ……………………… 260
	13.5.2 电源层的安全间距 ……………… 255	13.9 元件布置相关规则 …………………… 260
	13.5.3 敷铜层的连接方式 ……………… 255	13.9.1 元件盒 …………………………… 260
13.6	测试点相关的设计规则 ………………… 255	13.9.2 元件间距 ………………………… 261
	13.6.1 制造测试点规格 ………………… 256	13.9.3 元件的方向 ……………………… 261
	13.6.2 制造测试点用法 ………………… 256	13.9.4 元件的板层 ……………………… 261
13.7	电路板制造相关的设计规则 …………… 256	13.9.5 网络的忽略 ……………………… 261
	13.7.1 设置最小环宽 …………………… 257	13.9.6 元件的高度 ……………………… 262
	13.7.2 设置最小夹角 …………………… 257	13.10 信号完整性分析相关的设计规则 …… 262
	13.7.3 设置孔径 ………………………… 257	习题 13 ……………………………………… 263
	13.7.4 板层对许可 ……………………… 257	**参考文献** ………………………………… 264
13.8	高频电路设计相关的规则 ……………… 258	

第 1 章　Altium Designer 系统

Altium Designer15 是 Altium 公司于 2015 年年初推出的一款电子设计自动化（Electronic Design Automation，EDA）设计软件。该软件几乎将电子电路所有的设计工具实现在单个应用程序中集成。它通过把电路图设计、PCB 绘制编辑、电路的仿真、FPGA 应用程序的设计和设计输出等技术的完美融合，为用户提供了全线的设计解决方案，使用户可以轻松地进行各种复杂的电子电路设计工作。

1.1　Altium Designer 的发展

电子工业的飞速发展和电子计算机技术的广泛应用，促进了电子设计自动化技术日新月异。特别是在 20 世纪 80 年代末，由于计算机操作系统 Windows 的出现，引发了计算机辅助设计（Computer Aided Design，CAD）软件的一次大的变革，纷纷臣服于 Microsoft 的 Windows 风格。并随着 Windows 版本的不断更新，也相应地推出新的 CAD 软件产品。在电子 CAD 领域，Protel Technology 公司（Altium 公司的前身）在 EDA 软件产品的推陈出新方面扮演了一个重要角色。从 1991 年开始，先后推出了 EDA 软件 Protel 系列版本；在 2001 年 8 月 Protel Technology 公司更名为 Altium 公司，并于 2002 年推出 Protel DXP；2004 年又推出了电路板设计软件平台 Protel 2004；2006 年年初，Altium 公司推出了附有该公司名称的 EDA 设计软件 Altium Designer 06。该版本除了全面继承和涵盖了 Protel 系列电路板设计软件平台在内的之前一系列版本的功能和优点以外，还增加了许多功能。每一次版本的更名，不仅仅是软件结构的变化，更重要的是软件功能的完善。所以，在此期间，我国众多的电子产品设计工作者从中受益匪浅。

在 Altium Designer 06 基础上，Altium 公司又做了多次更新和较大改进，先后推出了 Altium Designer 08/10/13/15 等 EDA 设计软件，它们既继承了 Altium Designer 的风格和特点，又涵盖了前一版本的全部功能和优点，同时增加了许多高端功能，使电子产品设计工作者的工作更加便捷、有效和轻松。这些更新和改进，解决了电子产品设计工作者在项目开发中遇到的各种挑战，同时推动了 Altium Designer 软件向更高端 EDA 工具迈进。

本书以 Altium Designer 15 版本为例，向读者介绍 Altium Designer 软件的组成、功能和操作方法。以下不再说明，所用系统软件统称为 Altium Designer。

1.2　Altium Designer 的功能

Altium Designer 从功能上分由 5 部分组成，分别是电路原理图（SCH）设计、印制电路板（PCB）设计、电路的仿真、可编程逻辑电路设计系统和信号完整性分析。

1. 电路原理图设计

电路原理图设计系统由电路原理图（SCH）编辑器、原理图元件库（SCHLib）编辑器和各种文本编辑器等组成。该系统的主要功能是：①绘制和编辑电路原理图等；②制作和修改原理图元件符号或元件库等；③生成原理图与元件库的各种报表。

2. 印制电路板设计

印制电路板设计系统由印制电路板（PCB）编辑器、元件封装（PCBLib）编辑器和板层管理器等组成。该系统的主要功能是：①印制电路板设计与编辑；②元件的封装制作与管理；③板型的设置与管理。

3. 电路的仿真

Altium Designer 系统含有一个功能强大的模拟/数字仿真器。该仿真器的功能是：可以对模拟电子电路、数字电子电路和混合电子电路进行仿真实验，以便于验证电路设计的正确性和可行性。

4. 可编程逻辑设计系统

可编程逻辑电路设计系统由一个具有语法功能的文本编辑器和一个波形发生器等组成。该系统的主要功能是：对可编程逻辑电路进行分析和设计，观测波形；可以最大限度地精简逻辑电路，使数字电路设计达到最简。

5. 信号完整性分析

Altium Designer 系统提供了一个精确的信号完整性模拟器。可用来检查印制电路板设计规则和电路设计参数，测量超调量和阻抗，分析谐波等，帮助用户避免设计中出现的盲目性，提高设计的可靠性，缩短研发周期和降低设计成本。

1.3 Altium Designer 的特点

Altium Designer 的原理图编辑器，不仅仅用于电子电路的原理图设计，它还可以输出设计 PCB 所必需的网络表文件，设定 PCB 设计的电气法则，根据用户的要求，输出令用户满意的原理图设计图纸；支持层次化原理图设计，当用户的设计项目较大，很难用一张原理图完成时，可以把设计项目分为若干子项目，子项目可以再划分成若干功能模块，功能模块还可再往下划分直至底层的基本模块，然后分层逐级设计。

Altium Designer 的 PCB 编辑器，提供了元件的自动和交互布局，可以大量减少布局工作的负担；还提供多种走线模式，适合不同情况的需要；若与规则冲突时会立刻高亮显示，避免交互布局或布线时出现错误；最大限度地满足用户的设计要求，不仅可以放置半通孔、深埋过孔，而且还提供了各式各样的焊盘；大量的设计法则，通过详尽全面的设计规则定义，可以为电路板设计符合实际要求提供保证；具有很高的手动设计和自动设计的融合程度；对于电路元件多、连接复杂、有特殊要求的电路，可以选择自动布线与手工调整相结合的方法；元件的连接采用智能化的连线工具，在 PCB 电路板设计完成后，可以通过设计法则检查（DRC），来保证 PCB 电路板完全符合设计要求。

Altium Designer 提供了功能强大的数字和模拟信号仿真器，可以对各种不同的电子电路进行数据和波形分析。设计者在设计过程中可以对所设计电路的局部或整体的工作过程仿真分析，用以完善设计。

Altium Designer 以强大的设计输入功能为特点，在 FPGA 和板级设计中同时支持原理图输入和 VHDL 硬件描述语言输入模式；同时支持基于 VHDL 的设计仿真、混合信号电路仿真和信号完整性分析。

Altium Designer 拓宽了板级设计的传统界限，全面集成了 FPGA 设计功能和 SOPC 设计实现功能。从而，允许电子工程师能将系统设计中的 FPGA 与 PCB 设计及嵌入式设计集成在一起。

Altium Designer 提供了丰富的元件库，几乎覆盖了所有电子元器件厂家的元件种类；提供强大的库元件查询功能，并且支持以前低版本的元件库，向下兼容。

Altium Designer 是真正的多通道设计，可以简化多个完全相同的子模块的重复输入设计，在 PCB 编辑时也提供这些模块的复制操作，不必一一布局布线；采用了一种查询驱动的规则定义方式，通过语句来约束规则的适用范围，并且可以定义同类别规则间的优先级别；还带有智能的标注功能，通过这些标注功能可以直接反映对象的属性。用户也可以按照需要选择不同的标注单位、精度、字体方向、指示箭头的样式等。

Altium Designer 支持多国语言，完全兼容 Protel 系列电路板设计软件平台，并提供了对 Protel 99 SE 下创建的 DDB 文件的导入功能。

Altium Designer 具有丰富的输出特性，支持第三方软件格式的数据交换；Altium Designer 的输出格式为标准的 Windows 输出格式，支持所有的打印机和绘图仪的 Windows 驱动程序，支持页面设置、打印预览等功能，输出质量显著提高。

1.4　Altium Designer 的界面

Altium Designer 系统平台是在英文环境下开发的，所以，在默认状态下启动，即可进入 Altium Designer 的英文界面；Altium Designer 系统也支持包括中文在内的其他多国语言（如德文、法文和日文等），适当的设置可进入 Altium Designer 的中文界面。

1.4.1　Altium Designer 的英文界面

Altium Designer 系统安装后，安装程序自动在计算机的【开始】菜单上放置一个启动 Altium Designer 的快捷方式，如图 1-1 所示。

图 1-1　启动 Altium Designer 快捷方式

单击 开始 按钮，选择【Altium Designer】选项，即可进入 Altium Designer 的启动画面，如图 1-2 所示。

图 1-2　Altium Designer 系统的启动画面

随即打开 Altium Designer 的英文界面，如图 1-3 所示。

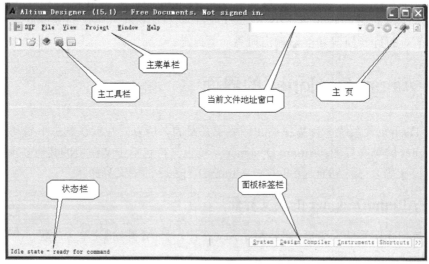

图 1-3　Altium Designer 的英文界面

所有的 Altium Designer 功能都可以从这个界面启动。当然，使用不同的操作系统安装的 Altium Designer 应用程序，首次看到的界面可能会有所不同。

下面简单介绍 Altium Designer 界面各部分的功能。

1．Altium Designer 的主菜单栏

Altium Designer 的菜单栏是用户启动设计工作的入口，具有命令操作、参数设置等功能。用户进入 Altium Designer，首先看到主菜单栏中有 6 个下拉菜单，如图 1-4 所示。

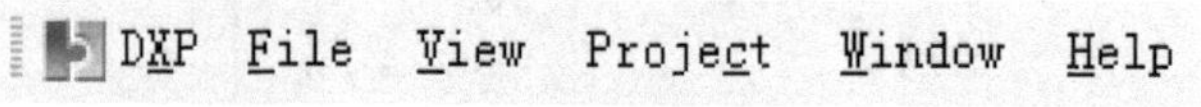

图 1-4　主菜单栏

下面介绍主菜单命令的功能。

（1）系统菜单 DXP

主要用于设置系统参数，使其他菜单及工具栏自动改变以适应编辑工作。各选项功能如图 1-5 所示。

【编者说明】细心的读者可能看出，这里的中文注释并不是英文的直译。是的，我们采用功能式译法，即在标注的同时尽可能地诠释英文的意思，又能表达该操作命令的功能。这样做的一个目的是，较少篇幅，更重要的目的是，看到命令就知道该命令的功能。本教材均采用这种做法，望读者谅解。

（2）下拉菜单【File】

主要用于文件的新建、打开和保存等，各选项功能如图1-6所示。

图1-5　系统菜单　　　　　　　图1-6　下拉菜单【File】

图1-6中除了菜单命令选项外，还有对应菜单命令的主工具栏按钮图标和快捷键标识等。如菜单命令【Open...】的左边为工具栏按钮图标，右边的"Ctrl+O"为快捷键标识，带下画线的字母O为热键。激活同一菜单命令的功能，执行任一种操作都可以达到目的。以后章节遇到这种情况，不再做说明，望读者谅解。

菜单选项【New】有一个子菜单，各选项功能如图1-7所示。

（3）下拉菜单【View】

主要用于工具栏、状态栏和命令行等的管理，并控制各种工作窗口面板的打开和关闭，各选项功能如图1-8所示。

（4）下拉菜单【Project】

主要用于整个设计项目的编译、分析和版本控制，各选项功能如图1-9所示。

（5）下拉菜单【Window】

主要用于窗口的管理，各选项功能如图1-10所示。

（6）下拉菜单【Help】

主要用于打开帮助文件，各选项功能如图1-11所示。

2. Altium Designer 的主页

双击主页图标，即可打开Altium Designer的主页，系统中的任一项工作都可以在该页上启动，熟悉该页区域内的命令是必要的。命令的名称如图1-12所示，命令的具体功能将在后面应用中介绍。

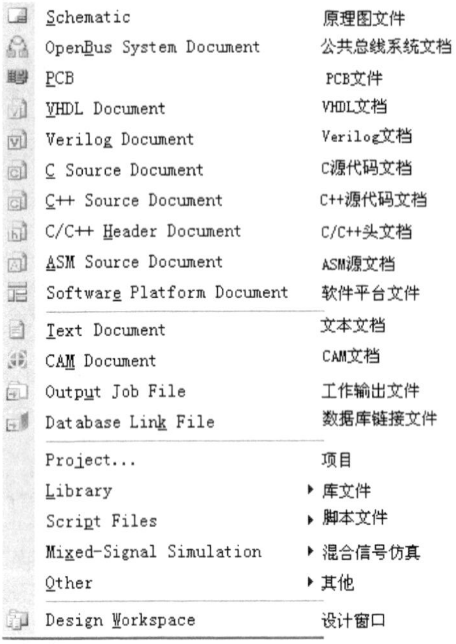

图 1-7　菜单选项【New】子菜单

图 1-8　下拉菜单【View】

图 1-9　下拉菜单【Project】

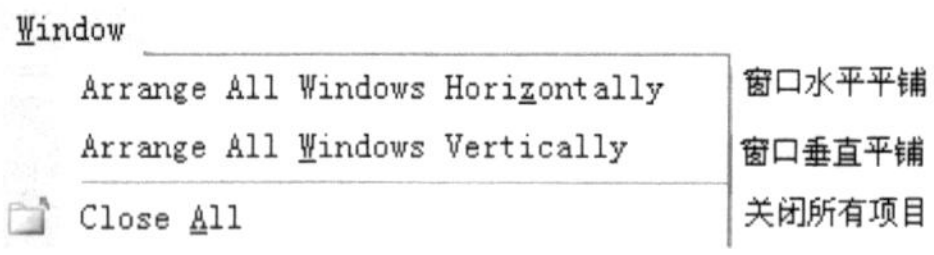

图 1-10　下拉菜单【Window】

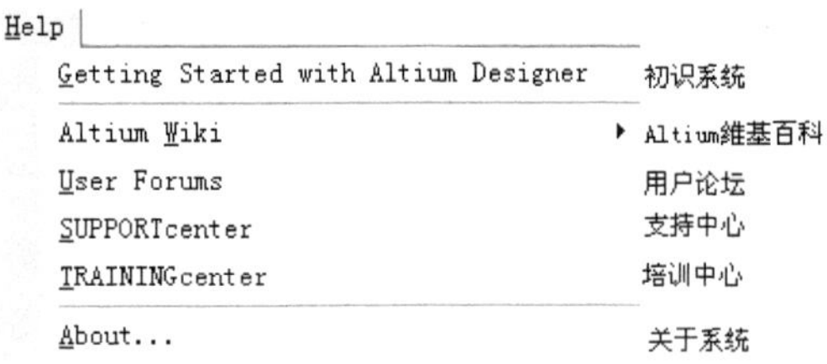

图 1-11　下拉菜单【Help】

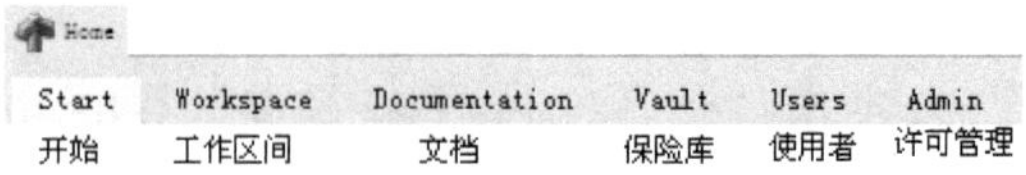

图 1-12　Altium Designer 主页中图标命令功能

1.4.2　Altium Designer 的中文界面

1. 中文界面的进入

Altium Designer 系统进入中文界面的步骤如下：

（1）单击图 1-4 主菜单栏中的 DXP 按钮，弹出系统菜单。

（2）在系统菜单中单击【Preferences】命令，弹出系统参数配置对话框，如图 1-13 所示。

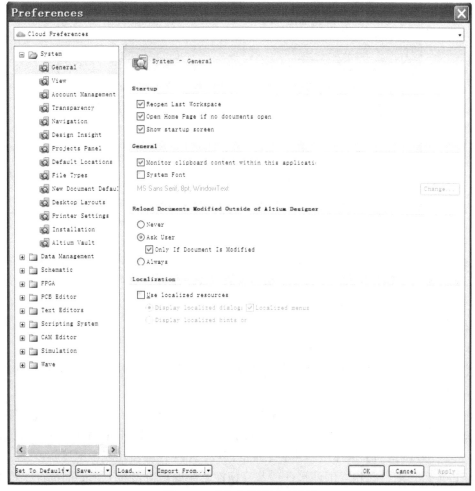

图 1-13　系统参数设置对话框

（3）勾选图 1-13 右下方使用本地化资源命令项 ☑Use localized resources，随即弹出一个新设置应用警告窗口，如图 1-14 所示。

图 1-14　新设置应用警告窗口

（4）单击图 1-14 中的 OK 按钮，再单击图 1-13 中的 OK 按钮确认。

（5）退出 Altium Designer 系统，然后重新启动 Altium Designer 系统，即变为中文界面，如图 1-15 所示。

2．中文界面的退出

中文界面的退出和进入的步骤类似，区别在于去掉图 1-13 中使用本地化资源命令项 ☑Use localized resources 的选中状态，重新启动系统，即可恢复英文界面。

从图 1-15 中可以看出，界面并不是完全中文的，并且各个应用窗口中的命令汉化得也不准确。因此，本教材后面的学习将以英文界面为基础进行。

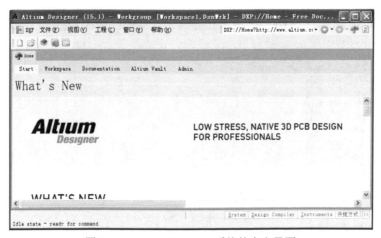

图 1-15 Altium Designer 系统的中文界面

【编者说明】目前国内母语为汉语的用户，除非不懂英语，那就使用 Altium Designer 系统的中文界面；否则的话，就用英文界面。因为现在的中文界面还处于初级水平，不仅仅是不完全、有错误的，更重要的是，该系统的"帮助"文献还没有汉化，使用中文界面将阻碍你进一步提高该软件的操作水平。

1.5 Altium Designer 的面板

Altium Designer 系统为用户提供丰富的工作面板（以下简称为面板）。在系统标签中的面板可分为两类：一类是在任何编辑环境中都有的面板，如库文件【Library】面板和项目【Project】面板；另一类是在特定的编辑环境中才会出现的面板，如 PCB 编辑环境中的导航器【Navigator】面板。无论何种环境，其相应的面板一般都呈现在系统编辑窗口右下角的面板标签栏处，如图 1-3 所示。

在 Altium Designer 系统中面板被大量地使用，用户可以通过面板方便地实现打开、访问、浏览和编辑文件等各种功能。下面就简单介绍面板的基本使用方法。

1.5.1 面板的激活

单击图 1-3 右下角面板标签栏中的面板标签，相应的面板当即显示在窗口，该面板即被激活。

为了方便，Altium Designer 可以将多个面板激活，激活后的多个面板既可以分开摆放，也可以叠放，还可以用标签的形式隐藏在当前窗口上。面板显示方式设置如图 1-16 所示。将光标放在面板标签栏上右击后，会出现一个下拉菜单。在子菜单【Allow Dock】中，有两个选项 Horizontally 和 Vertically。只选中 Horizontally，该面板的自动隐藏和锁定显示方式将按水平方式显现在窗口中；只选中 Vertically，该面板的自动隐藏和锁定显示方式将按垂直方式显现在窗口中；两者都选中，该面板既可以按水平方式也可以按垂直方式在窗口中显现。

1.5.2 面板的工作状态

每个面板都有 3 种工作状态：弹出/隐藏、锁定和浮动。

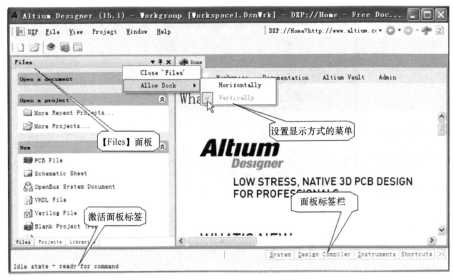

图 1-16 面板标签

1．弹出/隐藏状态

如图 1-17 所示，图中的【Files】面板处于弹出/隐藏状态。在面板的标题栏上有一个滑轮按钮，这就意味着该面板可以滑出/滑进，即弹出/隐藏。单击滑轮按钮，可以改变面板的工作状态。

2．锁定状态

如图 1-18 所示，图中的【Files】面板处于锁定状态。在面板的标题栏上有一个图钉按钮，这就意味着该面板被图钉固定，即锁定状态。单击图钉按钮，可以改变面板的工作状态。

图 1-17 面板的弹出/隐藏状态

图 1-18 面板的锁定状态

3．浮动状态

如图 1-19 所示，其中的【Files】面板处于浮动状态。

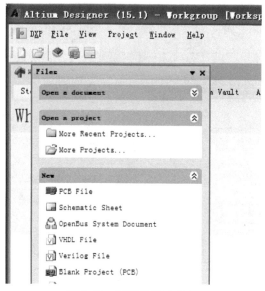

图 1-19　面板的浮动状态

1.5.3　面板的选择及状态的转换

1. 面板的选择

当多个工作区面板处于弹出/隐藏状态时,若选择某一面板,单击该标签,该面板会自动弹出;或在工作窗口面板的上边框图标 ▼ 上右击,弹出如图1-20所示的激活面板菜单,选中相应的面板,该面板即刻出现在工作窗口;当光标移开该面板一定时间或在工作区单击后,该面板会自动隐藏。

图 1-20　面板的选择

2. 状态的转换

如果面板的状态为弹出/隐藏时,则面板标题栏上有 ▼ 图标出现;如果面板的状态为锁定时,则面板标题栏上有 ▼ 图标出现;如果面板的状态为浮动时,则面板的标题栏上有 ▼ × 图标出现。当面板在锁定状态下,单击图钉按钮 ,可以使该图标变成滑轮按钮 ,从

• 10 •

而使该面板由锁定状态变成弹出/隐藏状态；当面板在弹出/隐藏状态下，单击滑轮按钮 ，也可以使该图标变成图钉按钮 ，从而使该面板由弹出/隐藏状态变成锁定状态。

要使面板由弹出/隐藏或锁定状态转变到浮动状态，只需用鼠标将面板拖到工作窗口中所希望放置的地方即可；而要使面板由浮动显示方式转变到自动隐藏或锁定显示方式，则要用鼠标将面板推入工作窗口左侧或右侧，使其变为隐藏标签，再进行相应的操作即可。

1.5.4　面板的混合放置

工作窗口面板除了垂直放置、水平放置，还可以混合放置。如图 1-21 所示。该图为 4 个面板放置的情形，其中两个面板垂直放置，一个显示，一个隐藏；两个面板水平叠放，一个显示，一个隐藏。在叠放状态下面板的下面增加了相应的面板标签卡，以方便用户控制。

图 1-21　面板混合放置

1.6　Altium Designer 的项目

Altium Designer 系统引入设计项目或文档的概念。在电子电路的设计过程中，一般先建立一个项目，该项目定义了项目中的各个文件之间的关系。如在印制电路板设计工作过程中，将建立的原理图、PCB 等的文件都以分立文件的形式保存在计算机中。即通过项目这个联系的纽带，将同一项目中的不同文件保存在同一文件夹中。在查看文件时，可以通过打开项目的方式看见与项目相关的所有文件；也可以将项目中的单个文件以自由文件的形式单独打开。

当然，也可以不建立项目，而直接建立一个原理图文件或者其他单独的、不属于任何项目的自由文件。

1.6.1　项目的打开与编辑

要打开一个项目，可以执行菜单命令【File】→【Open】，在弹出的"Choose Document to

Open"对话框内,将文件类型指定为"Projects Group file (*.PrjGrp)",在"查找范围"一栏中指定要打开的项目组文件所在的文件夹,然后在如图1-22所示的对话框中单击"4 Port Serial Interface"项目文件,最后单击 打开(O) 按钮确认。

图1-22 打开项目组文件对话框

打开"4 Port Serial Interface"项目后,其相关文件在【Projects】面板的工作区中以程序树的形式出现,如图1-23所示。

为了在【Projects】面板上的工作区中对多个项目进行管理,一般对已打开的项目与【Projects】面板在工作区中链接。操作的方法是在工作区外右击,弹出如图1-24所示菜单。

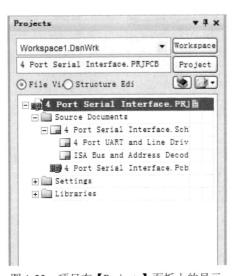

图1-23 项目在【Projects】面板上的显示　　　图1-24 工作区项目命名操作

选择【Save Design Workspace】或【Save Design Workspace As...】命令均可,一般选择后者。单击弹出"Save [Workspace1.DsnWrk] As..."对话框,将文件名"Workspace1"改为"演示1-4Port Serial Interface",如图1-25所示。

· 12 ·

图 1-25 "Save [Workspace1.DsnWrk] As…" 对话框

单击 保存(S) 按钮，其工作区名称由 "Workspace1.DsnWrk" 变为 "演示 1-4Port Serial Interface.DsnWrk"，如图 1-26 所示。

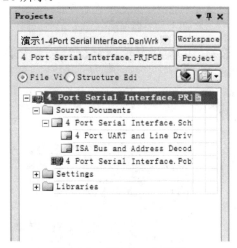

图 1-26 【Projects】面板

这样，就将该项目链接到【Projects】面板上。

在【Projects】面板上的工作区双击相应的文件，即可打开该文件及其编辑器。

首先以原理图编辑器为例，在【Projects】面板上的工作区双击文件名称 "4 Port UART and Line Drivers.SchDoc"，打开该原理图文件，并启动原理图编辑器。打开后的界面如图 1-27 所示。

原理图编辑器启动以后，菜单栏扩展了一些菜单项，并显示出各种常用工具栏，此时可在编辑窗口对该原理图进行编辑。

再以 PCB 编辑器为例，在【Projects】面板上的工作区双击文件名称 "4 Port Serial Interface.PcbDoc"，同样可以打开该 PCB 文件，并自动启动 PCB 编辑器。打开后的界面如图 1-28 所示。

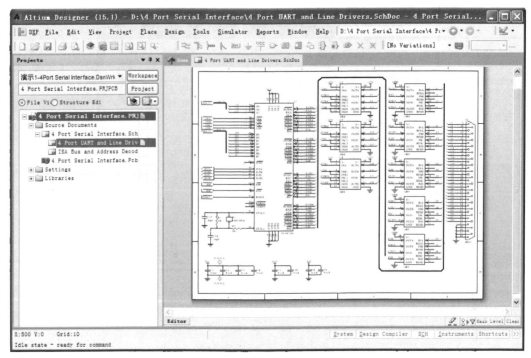

图 1-27　原理图编辑器界面

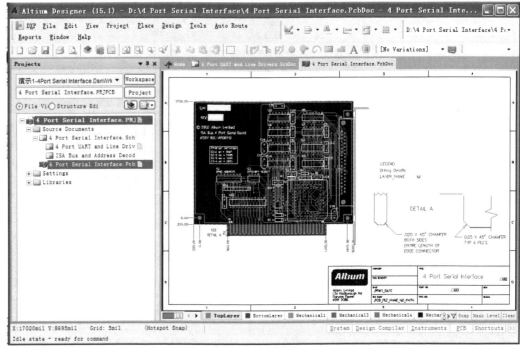

图 1-28　PCB 编辑器界面

同原理图编辑器一样，菜单栏也扩展了一些菜单项，并显示出各种常用工具栏，此时也可在编辑窗口对该 PCB 文件进行编辑。

1.6.2 新项目的建立

在【Projects】面板的非工作区上右击，弹出如图 1-29 所示菜单。

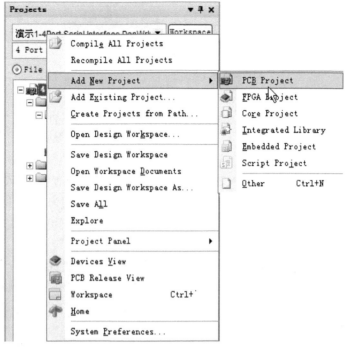

图 1-29 建立新项目菜单

从图 1-29 中可看到菜单命令【Add New Project】的子菜单，为项目类型菜单。以印制电路板为例，单击【PCB Project】命令，即可在【Projects】面板上的工作区新建项目，如图 1-30 所示。

在【Projects】面板工作区中，右击新建项目名称，在弹出的菜单中选择【Save Project】或【Save Project As】命令，即可出现如图 1-25 所示的对话框。可将文件名中的"PCB Project1"改为用户便于记忆，或与设计相关的名称，例如，接触式防盗报警电路。单击 保存(S) 按钮，在【Projects】面板的工作区中新建项目的名称如图 1-31 所示。

图 1-30 新项目建立

图 1-31 命名后的新项目

按照项目命名的操作方法，在图 1-31 上右击 Workspace 按钮，出现一下拉菜单，执行命令"Save Design Workspace As…"，即可将"接触式防盗报警电路.PrjPcb"按同名链接到【Projects】面板的工作区文件夹中，操作后【Projects】面板如图 1-32 所示。

图 1-32 接触式防盗报警电路在【Projects】面板上的链接

1.6.3 项目与文件

项目用来组织一个与设计（如 PCB）有关的所有文件，如原理图文件、PCB 文件、仿真文件、输出报表文件等，并保存有关设置。之所以称为组织，是因为在项目文件中只是建立了与设计有关的各种文件的链接关系，而文件的实际内容并没有真正包含到项目中。因此，一个项目下的任意一个文件都可以单独打开、编辑或复制。

1.6.2 节创建的新项目只是建立一个项目的名称，还需要链接或添加一些文件，如原理图文件、PCB 文件、仿真文件等。下面以"接触式防盗报警电路.PrjPcb"项目为例，说明如何添加文件。

1. 原理图文件的添加

具体步骤如下：

（1）执行菜单命令【File】→【New】→【Schematic】，一个名为"Sheet1.SchDoc"的原理图图纸即出现在编辑窗口中，并以自由文件出现在【Projects】面板的工作区中，如图 1-33 所示。

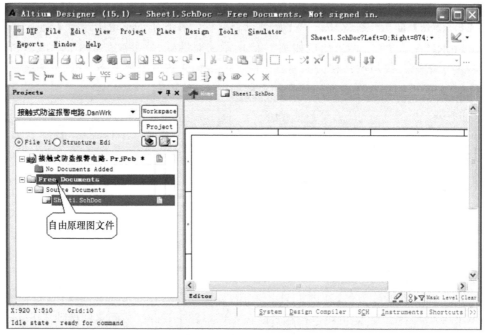

图 1-33 添加原理图文件

（2）执行菜单命令【File】→【Save as】，则弹出文件另存为对话框，如图 1-25 所示，在"文件名"栏输入"接触式防盗报警电路"，单击 保存(S) 按钮，将以"接触式防盗报警电路"名称保存。保存后在【Projects】面板的工作区中显示的原理图文件名称如图 1-34 所示。

（3）此时的"接触式防盗报警电路.SchDoc"仍然是"自由文件"。所谓"自由文件"，就是说还没有与"接触式防盗报警电路.PrjPcb"项目链接，还需要将"接触式防盗报警电路.SchDoc"文件加到"接触式防盗报警电路.PrjPcb"项目中去。在【Projects】面板的工作区中，单击"接触式防盗报警电路.SchDoc"文件名称并按住鼠标左键，直接将其拖到"接触式防盗报警电路.PrjPcb"项目名称中去即可。链接后在项目【Projects】面板的工作区显示如图 1-35 所示。

图 1-34 保存原理图文件

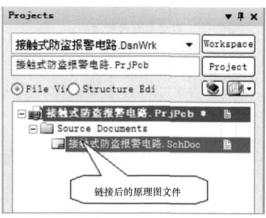
图 1-35 链接原理图文件

2．PCB 文件的添加

PCB 文件的添加与原理图文件添加类似。重新命名、链接后，其编辑环境如图 1-36 所示。

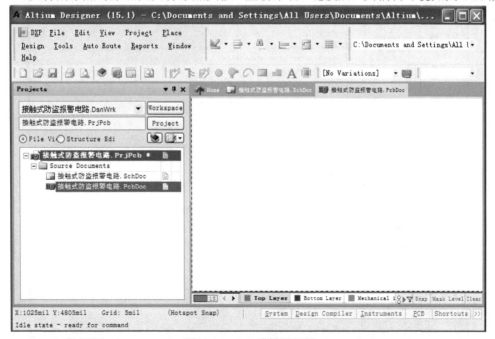
图 1-36 PCB 编辑器界面

1.6.4 文件及工作窗口关闭

前面所讲的有关打开一个文件或新建一个文件的操作，同样适用于其他类型的文件。打开或新建不同的文件，都会自动启动与该类型文件相对应的编辑器。同样，当某编辑器所支持的文件全部关闭时，该编辑器会自动关闭。

1．关闭单个文件

关闭某个已打开的文件，有多种方法，下面只介绍两种。

（1）在工作区中右击要关闭的文件标签，在弹出的快捷菜单上选择【Close】命令。

（2）在项目管理面板上，右击要关闭的文件标签，在弹出的快捷菜单上选择【Close】命令。

2．关闭所有文件及编辑器

关闭所有已打开的文件，有多种方法，下面只介绍两种。

（1）执行菜单命令【Window】→【Close All】或【Close Documents】。

（2）可以在工作区的任意一个文件标签上右击，然后在快捷菜单上选取【Close All Documents】命令。

1.7 Altium Designer 系统参数设置

单击系统菜单图标 DXP，弹出如图 1-5 所示的下拉菜单，然后选择系统参数命令【Preferences】，则弹出系统参数设置对话框，如图1-37所示。

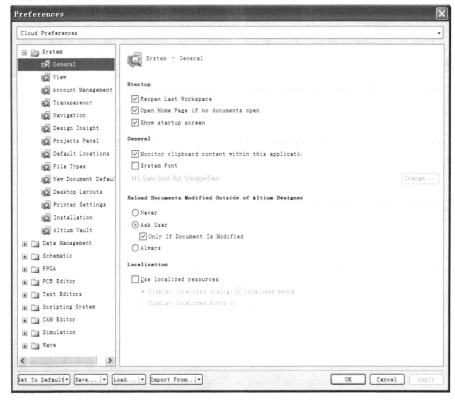

图 1-37 系统参数设置对话框——常规参数选项

从图 1-37 左侧可看到有 10 种参数的文件夹，名称如图 1-38 所示。

图 1-38　参数种类名称

从图 1-37 左侧还可以看到，系统参数有常规、视图、透明度、备份选项及项目面板等共 14 项。下面只对系统参数中的常用选项予以简单介绍。

1.7.1　常规参数设置

常规（General）参数设置界面主要用来设置 Altium Designer 系统的基本特性，其设置对话框如图 1-37 右侧所示。

常规参数中有 5 个分组框，现将主要的分组框的选项功能介绍如下。

1．启动（Startup）

（1）Reopen Last Workspace——选中该项，则 Altium Designer 系统启动时自动打开关闭前打开的工作环境。

（2）Open Home Page if no documents open——选中该项，Altium Designer 系统启动时，自动根据其关闭前打开的文件的情况，打开文件控制面板。

（3）Show startup screen——显示系统启动标志：选中该项，则 Altium Designer 启动时显示系统启动画面。该画面以动画形式显示系统版本信息，可提示操作者当前系统正在装载。

2．常规（General）

（1）在该分组框里，可设定打开或保存 Altium Designer 文件、项目及项目组时的默认路径。单击指定按钮，可弹出一个文件夹浏览对话框。在其内指定一个已存在的文件夹，即设置默认路径。一旦设定好默认的文件路径，在进行 Altium Designer 设计时就可以快速保存设计文件、项目文件或项目组文件，为操作带来极大方便。

（2）系统字体（System Font）

用于设置系统显示的字体、字形和字号。

3．装载系统外修改的文档方式

（1）Never——从不；

（2）Ask User——询问用户；

（3）Always——总是。

4．本地化设置（Localization）

用于设置中、英文界面转换。

1.7.2 视图参数设置

视图（View）参数设置对话框如图 1-39 所示。

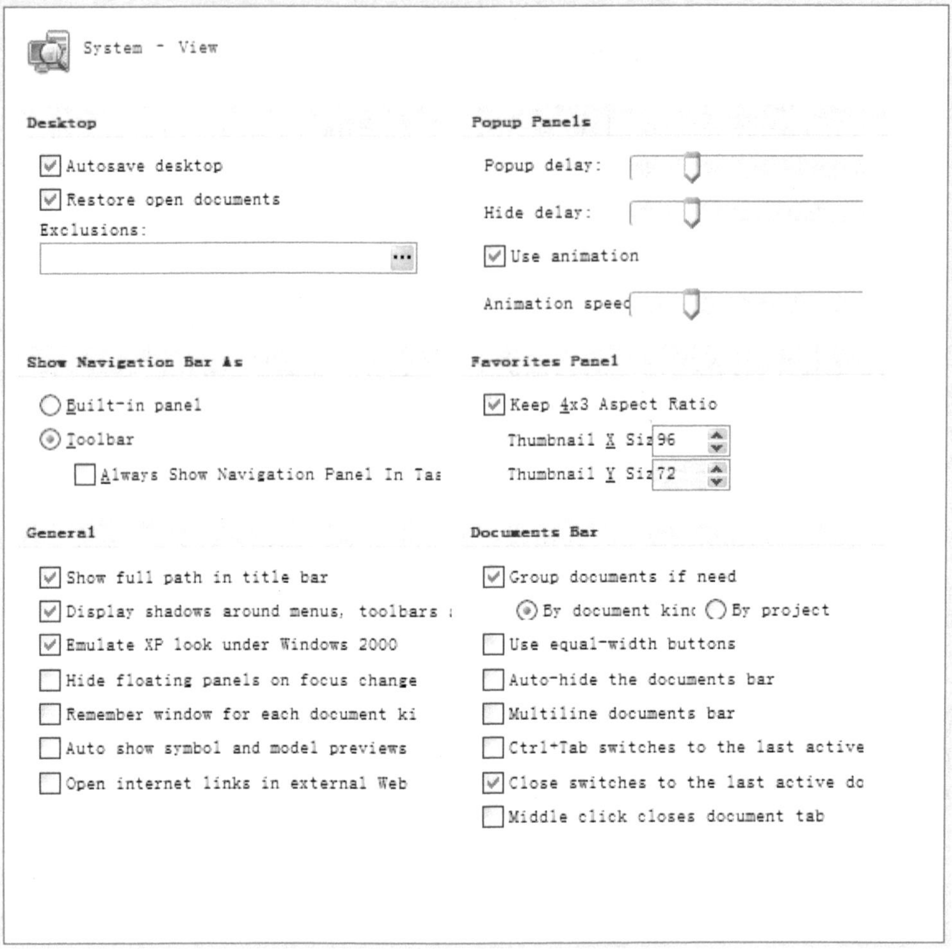

图 1-39 系统参数设置对话框——视图参数选项

视图参数中有 6 个分组框，分别是桌面设置、面板显隐速度设置、导航器显示方式、面板规格设置、常规参数显示方式和文档显示方式。现将常用的两个分组框的部分功能介绍如下。

1. 桌面设置（Desktop）

可用于设定系统关闭时，是否自动保存定制的桌面（实际上就是工作区）选项。

（1）Autosave Desktop——自动保存桌面：选中该项，则系统关闭时将自动保存自定制桌面及文件窗口的位置和大小。

（2）Restore open documents——自动保存打开的文档。

2. 面板显隐速度设置（Popup Panels）

可用于调整弹出式面板的弹出及消隐过程的等待时间，还可以选择是否使用动画效果。

（1）Popup delay——弹出延迟：选项右边的滑块可改变面板显现时的等待时间。滑块越向右调节，等待时间越长；滑块越向左调节，等待时间越短。

（2）Hide delay——隐藏延迟：选项右边的滑块可改变面板隐藏时的等待时间。同样滑块越向右调节，等待时间越长；滑块越向左调节，等待时间越短。

（3）Use animation——使用动画：选中该项，则面板显现或隐藏时将使用动画效果。

（4）Animation speed——动画速率：右边的滑块用来调节动画的动作速度。若不想让面板显现或隐退时等待，则应取消该复选项。

1.7.3 透明效果参数设置

透明效果（Transparency）参数设置对话框如图 1-40 所示。

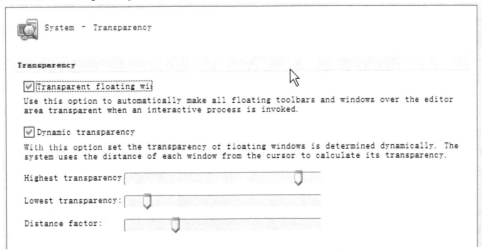

图 1-40 系统参数设置对话框——透明效果参数设置选项

在透明效果参数设置选项中有 2 个复选项和 3 个滑块，其功能分别介绍如下。

（1）Transparent floating windows——透明浮动窗口：选中该项，编辑器工作区上的浮动工具栏及其他对话框将以透明效果显示。

（2）Dynamic transparency——动态透明：选中该项，则启用动态透明效果。

（3）Highest transparency——最高透明度：滑块越向右调节，最高上限越高。

（4）Lowest transparency——最低透明度：滑块越向右调节，最低透明度越低。

（5）Distance factor——距离因素：右边的滑块设定光标距离浮动工具栏、浮动对话框或浮动面板为多少时，透明效果消失。

1.7.4 导航参数设置

导航（Navigation）参数设置对话框如图 1-41 所示。其中的选项主要用于高亮方式、导航工作面板工作状态、工作内容和显示精度的设置。

1.7.5 默认路径设置

默认路径为文档和库指定路径，当打开文档和搜索库时这个路径将被采用。默认路径（Default Locations）设置对话框如图 1-42 所示。

1.7.6 项目面板视图参数设置

项目面板（Projects Panel）的视图显示方式有 7 种，可以通过系统参数设置对话框对每一种视图进行设置。项目面板视图参数设置对话框如图 1-43 所示。

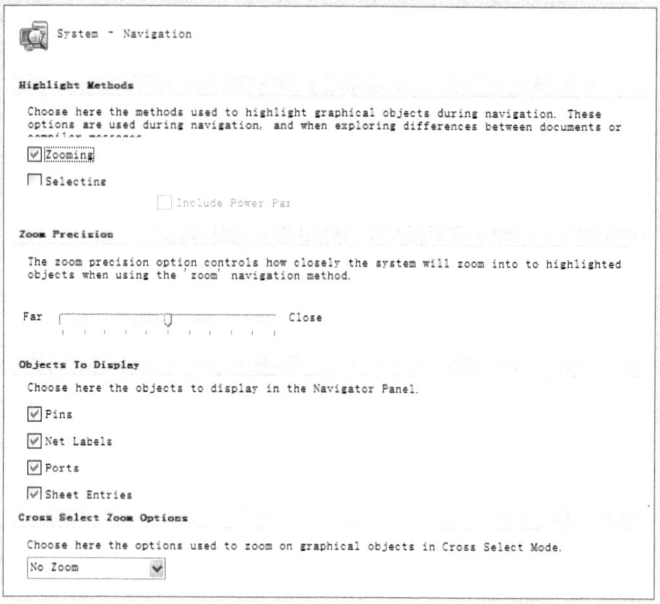

图 1-41　系统参数设置对话框——导航参数设置选项

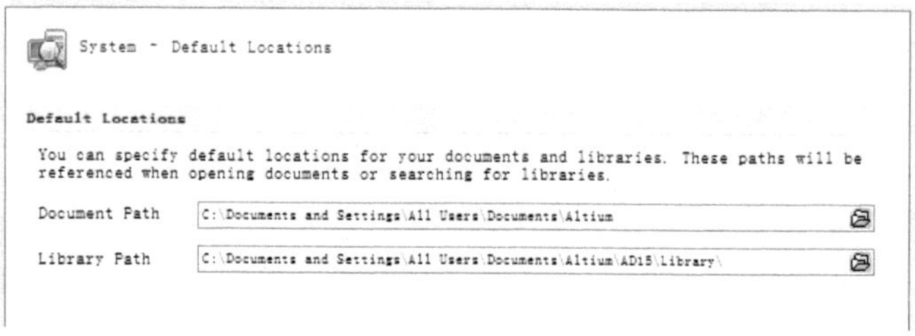

图 1-42　系统参数设置对话框——默认路径选项

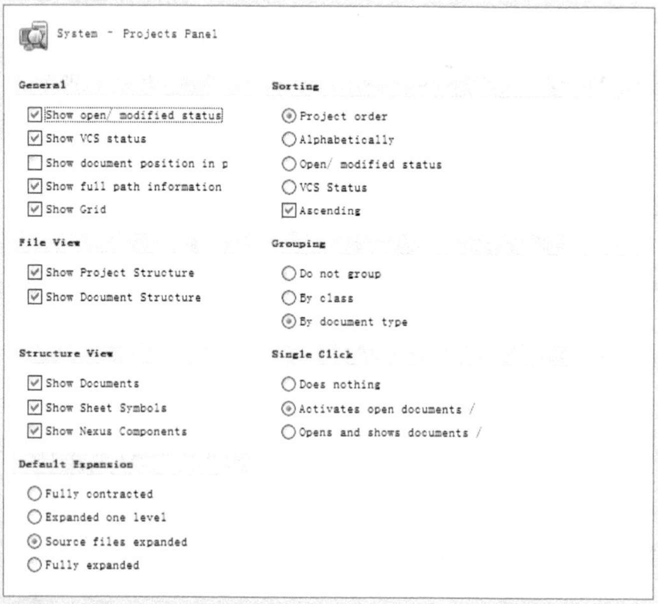

图 1-43　系统参数设置对话框——项目面板视图参数设置选项

限于篇幅，系统其他参数的设置暂不介绍，望读者自己熟悉其操作，了解其功能。

习题 1

1-1 简述 Altium Designer 的组成。
1-2 简述在 Altium Designer 中创建各种文件的组织形式。
1-3 简述操作控制工作【Files】面板的 3 种工作状态。

第 2 章　原理图编辑器及参数

原理图编辑器是完成原理图设计的主要工具。因此，熟悉原理图编辑器的使用和相关参数的设置是十分必要的。为此，本章主要介绍原理图编辑器的启动、编辑界面、部分菜单命令、图纸设置及其参数设置方法。

2.1　启动原理图编辑器方式

启动原理图编辑器有多种方式，这里介绍两种方式：从【Files】面板启动和从主菜单启动。

2.1.1　从【Files】面板启动原理图编辑器

（1）启动 Altium Designer 系统。

（2）单击系统面板标签 ，在其弹出的菜单中选择【Files】命令，打开【Files】面板，如图 2-1 所示。

（3）在【Files】面板的"Open a document"分组框中双击原理图文件，启动原理图编辑器，打开一个已有的原理图文件。

（4）在【Files】面板的"Open a project"分组框中双击项目文件"接触式防盗报警电路.PrjPcb"，弹出的【Projects】面板如图 2-2 所示，在【Projects】面板中双击原理图文件，启动原理图编辑器，打开一个已有项目中的原理图文件。

图 2-1　【Files】面板　　　　　　图 2-2　【Projects】项目面板

2.1.2　从主菜单中启动原理图编辑器

利用菜单命令启动原理图编辑器有 3 种常用的方法。

（1）执行菜单命令【File】→【New】→【Schematic】，新建一个原理图设计文件，启动原理图编辑器。

（2）执行菜单命令【File】→【Open】，在选择打开文件对话框中双击原理图设计文件，启动原理图编辑器，打开一个已有的原理图文件。

（3）执行菜单命令【File】→【Open Project...】，在选择打开文件对话框（见图2-3）中双击项目文件，弹出项目面板。在项目面板中，单击原理图文件，启动原理图编辑器，打开已有项目中的原理图文件。

图2-3 选择打开文件对话框

2.2 原理图编辑器界面介绍

原理图编辑器主要由菜单栏、工具栏、编辑窗口、面板标签、信息栏、已激活面板标签和已激活面板组成，如图2-4所示。

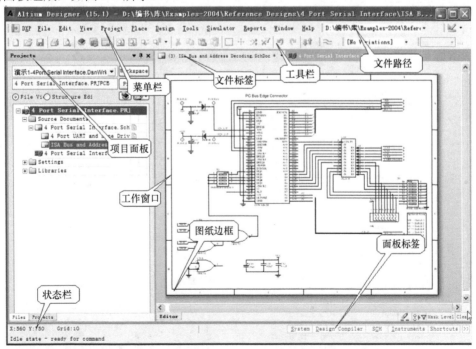

图2-4 原理图编辑器

（1）菜单栏：编辑器所有的操作都可以通过菜单命令来完成，菜单中有下画线的字母为热键，大部分带图标的命令在工具栏中有对应的图标按钮。

（2）工具栏：编辑器工具栏的图标按钮是菜单命令的快捷执行方式，熟悉工具栏图标按钮功能可以提高设计效率。

（3）文件标签：激活的每个文件都会在编辑窗口顶部显示相应的文件标签，单击文件标签可以使相应文件处于当前编辑窗口。

（4）文件路径：当前文件存储路径。

（5）工作窗口：各类文件显示的区域，在此区域内可以实现原理图的编辑。

（6）状态栏：显示光标的坐标和栅格大小。

2.3 原理图编辑器常用菜单及功能

原理图编辑器菜单栏包括【File】、【Edit】、【View】、【Project】、【Place】、【Design】、【Tools】、【Reports】、【Window】、【Help】。这些菜单就原理图编辑器来说，应该是一级菜单，它们里面有的还有二级、三级菜单。这里选择几个常用的菜单给予简单介绍。

2.3.1 文件菜单

文件【File】菜单命令的主要功能是关于文件的相关操作，如新建、保存、更名、打开、打印等，如图2-5所示。

2.3.2 编辑菜单

编辑【Edit】菜单命令的主要功能是用于原理图的绘制，包含图件的选中、复制、粘贴和移动等，如图2-6所示。

图2-5 文件【File】菜单

图2-6 编辑【Edit】菜单

2.3.3 显示菜单

显示【View】菜单命令的主要功能是管理工具栏、状态栏和命令行是否在编辑器中显示，控制各种工作面板的打开和关闭，设置图纸显示区域，如图 2-7 所示。

2.3.4 项目菜单

项目【Project】菜单命令主要涉及项目文件的有关操作，如新建项目文件、编译项目文件等，如图 2-8 所示。

图 2-7　显示【View】菜单　　　　图 2-8　项目【Project】菜单

2.4 原理图编辑器界面配置

原理图编辑器界面的配置主要是指工具栏和工作面板状态、打开的数量和所在部位。原理图编辑器界面的配置应以简单实用为原则，完全没有必要把所有的工具或面板全部打开，因为那样会使整个工作界面显得零乱，特别是配置较低的计算机会影响运行速度。一般情况下，工具栏选择显示标准工具栏【Schematic Standard】和布线工具栏【Wiring】，其他使用系统默认设置即可，如图 2-9 所示。

配置方法是从【View】下拉菜单【Toolbars】中选中要显示的工具栏。单击工具栏名称，其左侧会出现图标☑，表示被选中（见图 2-10），相应的工具栏会出现在编辑器界面上。

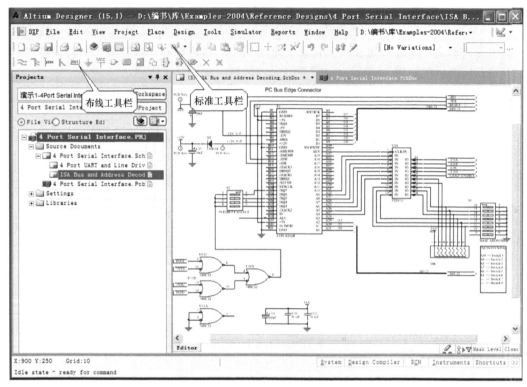

图 2-9 原理图编辑器基本配置界面

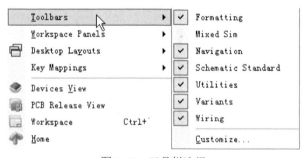

图 2-10 工具栏选择

2.5 图纸参数设置

原理图是要绘制在图纸上的,所以图纸的设置是一个比较重要的环节。在原理图编辑器中,图纸的设置由图纸设置对话框来完成,主要包括图纸的大小、方向、标题栏、边框、图纸栅格、捕获栅格、自动寻找电气节点和图纸设计信息等参数。下面介绍图纸的设置方法。

执行菜单命令【Design】→【Document Options...】或右击,执行图纸设置选项命令【Document Options...】,弹出图纸设置对话框,如图 2-11 所示。

2.5.1 图纸规格设置

图纸规格设置有两种方式：标准格式（Standard Style）和自定义格式（Custom Style）。

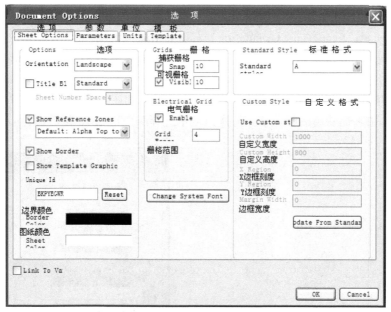

图 2-11　图纸设置对话框

1. 标准格式设置方法

单击标准格式分组框 Standard Style 的下拉按钮 ▼，弹出如图 2-12 所示的下拉列表框，从中选择适当的图纸规格。光标在下拉列表框中上下移动时，有一个高亮条会跟着光标移动，当合适的图纸规格变为高亮时单击（如 A4），A4 即被选中，当前图纸的规格就被设置为 A4 幅面。

2. 自定义格式设置方法

有时标准格式的图纸不能满足设计要求，就需要自定义图纸大小，在图纸设置对话框中的自定义格式分组框进行设置。

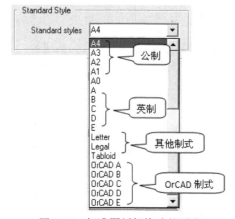

图 2-12　标准图纸规格选择列表

首先选中使用自定义格式（Use Custom Style）项，单击其右侧的方框，方框内出现"√"号即表示选中，同时相关的参数设置项变为有效，这种选择方法称为勾选，如图 2-11 所示。在对应的文本框中输入适当的数值即可。

其中，3 项参数含义如下：

（1）X 边框刻度（X Region）——X 轴边框参考坐标刻度数，所谓的刻度数即等分格数；
（2）Y 边框刻度（Y Region）——Y 轴边框参考坐标刻度数；
（3）边框宽度（Margin Width）——边框宽度改变时边框内文字大小将跟随宽度变化。

2.5.2　图纸选项设置

图纸选项包括图纸方向、颜色、是否显示标题栏和是否显示边框等选项。图纸选项的设置通过选项（Options）分组框的选项来完成。

1．图纸方向的设置

如图 2-13 所示,单击方向(Orientation)右边的下拉按钮 ,在出现的下拉列表中选择图纸方向。下拉列表中有两个选择项:水平放置(Landscape)和垂直放置(Portrait)。

2．设置图纸颜色

图纸颜色的设置包括图纸边框颜色(Border Color)和图纸颜色(Sheet Color)两项,设置方法相同。单击它们右边的颜色框,将弹出一个选择颜色对话框(Choose Color),如图 2-14 所示。

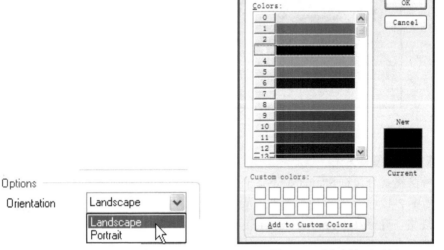

图 2-13　选择图纸方向　　　　图 2-14　选择颜色对话框

选择颜色对话框中有 3 种选择颜色的方法,即基本颜色(Basic)、标准颜色(Standard)和自定义(Custom),从这 3 个颜色列表(Colors)中单击一种颜色,在新选定颜色栏(New)中会显示相应的颜色,然后单击 OK 按钮,完成颜色选择。

【编者说明】颜色设置在系统中很多地方都要用到,这种颜色设置对话框比较常见,设置方法也比较简单,以后将不再介绍。

3．设置标题栏

如图 2-11 所示,在选项分组框中勾选标题栏(Title Block),单击右边的下拉按钮 ,从弹出的下拉列表中选择一项。此下拉列表共有两项:标准模式(Standard)和美国国家标准协会模式(ANSI)。另外,选项分组框内的显示模板标题(Show Template Graphics),用于设置是否显示模板图纸的标题栏,如不勾选,编辑器窗口和文件打印时都不会出现标题栏。

4．设置边框

图纸边框的设置也在图纸设置对话框的选项分组框内,如图 2-11 所示。共有两项:显示参考边框(Show Reference Zones)和显示图纸边界(Show Border),都是勾选有效。

2.5.3　图纸栅格设置

图纸栅格的设置在图纸设置对话框的栅格(Grids)分组框内,如图 2-11 所示。包括捕获栅格(Snap)和可视栅格(Visible)两个选项。设置方法为勾选有效,其右侧的文本框中输入要设定的数值，数值越大栅格就越大。

捕获栅格（Snap）是图纸上图件的最小移动距离（捕获栅格有效时）。

可视栅格（Visible）是图纸上显示的栅格距离，即栅格的宽度。

图纸栅格颜色在系统参数设置中的图形编辑参数设置对话框里设置，参见图 2-14。

2.5.4 自动捕获电气节点设置

自动捕获电气节点设置在图纸设置对话框的电气栅格（Electrical Grid）分组框，如图 2-11 所示。设置方法与图纸栅格设置方法相同。

勾选该项有效时，系统在放置导线时以光标为中心，以设定值为半径，向周围搜索电气节点，光标会自动移动到最近的电气节点上，并在该节点上显示一个"米"字形符号，表示电气连接有效。应当注意的是，要想准确地捕获电气节点，自动寻找电气节点的半径值应比捕获栅格值略小。

2.5.5 快速切换栅格命令

【View】菜单和【Right Mouse Click】右键菜单中的栅格设置【Grids】子菜单具有快速切换栅格的功能，如图 2-15 所示。

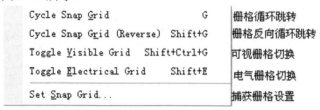

图 2-15 【Grids】子菜单

（1）执行【Cycle Snap Grid】或【Cycle Snap Grid(Reverse)】命令，可以切换是否捕获栅格。

（2）执行【Toggle Visible Grid】命令，可以切换是否显示栅格。

（3）执行【Toggle Electrical Grid】命令，可以切换电气栅格是否有效，即是否自动捕获电气栅格。

（4）执行【Set Snap Grid...】命令，可以在弹出的捕获栅格大小对话框中设置合适的数值，以确定图件在图纸上的最小移动距离，如图 2-16 所示。

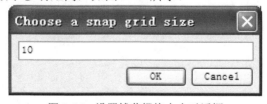

图 2-16 设置捕获栅格大小对话框

2.5.6 图纸设计信息填写

单击图 2-11 图纸设置对话框中的参数（Parameters）标签即可打开图纸设计信息对话框，如图 2-17 所示。

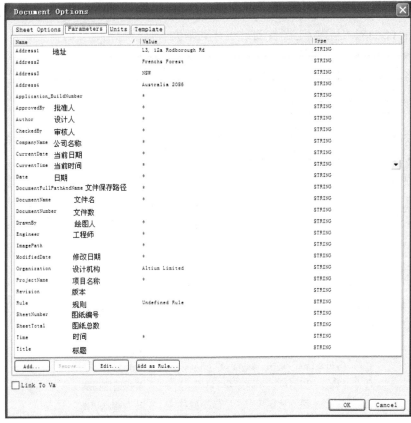

图 2-17　图纸设计信息对话框

填写方法有两种。

（1）单击要填写参数名称的 Value 文本框，该文本框中的"*"号变为高亮选中状态，两边对应的 Name 和 STRING 也变为高亮选中状态，此时可直接在文本框中输入参数。

（2）单击要填写参数名称所在行的任意位置，使该行变为高亮选中状态，然后单击对话框下方的编辑按钮 Edit...，进入参数编辑对话框（Parameter Properties），如图 2-18 所示，双击要填写参数名称所在行的任意位置也可以直接进入参数编辑对话框。

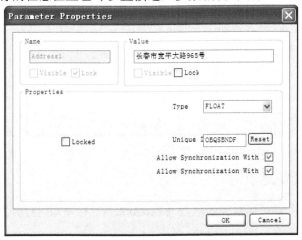

图 2-18　参数编辑对话框

在 Value 区域的文本框中填写参数，在 Properties 分组框中选择相应的参数，然后单击 OK 按钮确定。

需要特别注意的是，图 2-17 中添加规则 Add as Rule... 按钮所涉及的参数，是 PCB 布线规则的设置，详细设置方法见后面有关 PCB 布线规则设置章节的内容。

2.5.7 绘图单位设置

单击图 2-11 中的单位选择（Units）标签即可打开单位选择对话框，如图 2-19 所示。勾选相应的选项，即可完成对所用单位"英制"或"公制"的选取。

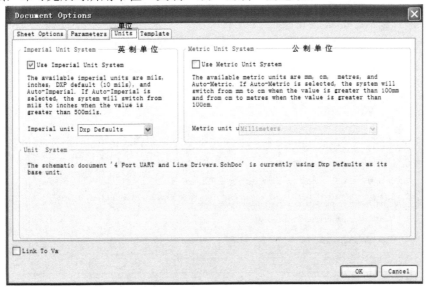

图 2-19 单位选择对话框

2.6 原理图编辑参数设置

合理设置原理图编辑参数可有效提高绘图效率和绘图效果。原理图编辑参数的设置在 Altium Designer 系统参数设置对话框中，打开 Altium Designer 系统参数设置对话框的方法有两种：

（1）菜单命令启动：执行菜单命令【Tools】→【Schematic Preferences...】。

（2）右键菜单启动：在空白处右击，从右键菜单中选择执行【Preferences】命令，即可启动系统参数设置对话框，如图 2-20 所示。从图中左列可以看到，原理图参数(Schematic)是系统参数 10 项中的 1 项，它含有 11 个选项。下面对其几个重要的选项予以介绍。

2.6.1 常规参数设置

图 2-20 所示为常规（Schematic-General）参数设置对话框，图中汉字部分为各参数的相应解释。一些功能从解释上就可以理解，这里只讲述在设计原理图过程中比较重要的几项功能设置，其他参数的功能在以后用到时再详细介绍。

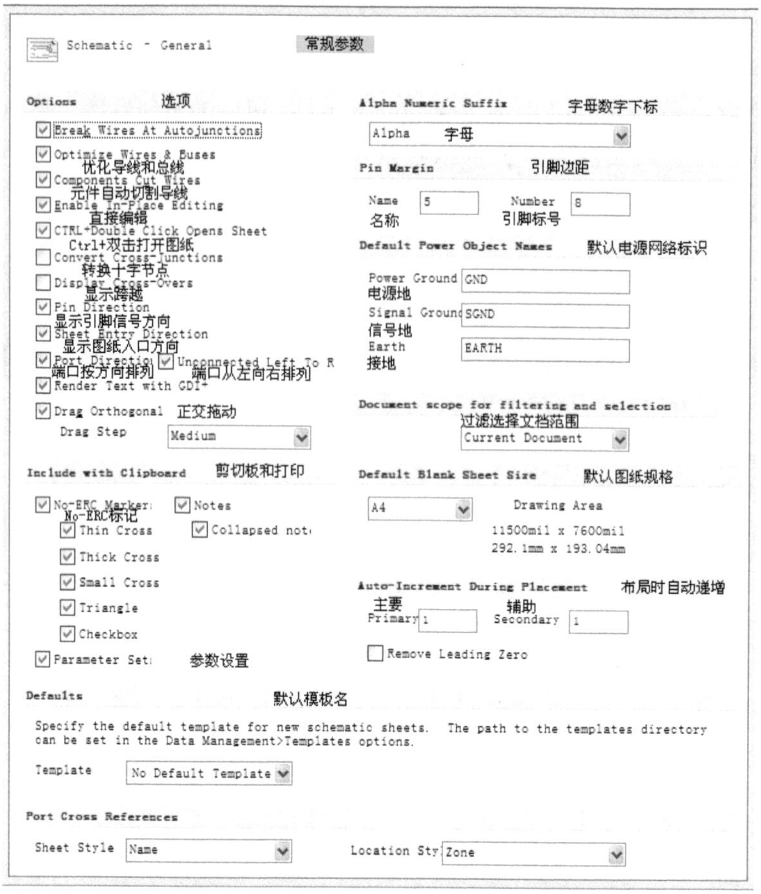

图 2-20　系统（常规）参数设置对话框

1. 选项（Options）分组框

该分组框中的选项功能，用来设置绘制原理图时的一些自动功能。

（1）正交拖动（Drag Orthogonal）的功能是当拖动一个元件时，与元件连接的导线将与该元件保持直角关系。若未选中该选项时，将不保持直角关系(注：该功能仅对菜单拖动命令【Edit】→【Move】→【Drag】和【Drag Selection】有效)。

（2）优化导线和总线（Optimize Wires & Buses）的功能是可以防止导线、贝塞尔曲线或者总线间的相互覆盖。

（3）元件自动切割导线（Components Cut Wires）的功能是将一个元件放置在一条导线上时，如果该元件有两个引脚在导线上，则该导线自动被元件的两个引脚分成两段，并分别连接在两个引脚上。

（4）直接编辑（Enable In-Place Editing）的功能是当光标指向已放置的元件标识、字符、网络标号等文本对象时单击（或按快捷键F2），可以直接在原理图编辑窗口内修改文本内容，而不需要进入参数属性对话框（Parameter Properties）。若该选项未勾选，则必须在参数属性对话框中编辑修改文本内容。

（5）转换十字节点（Convert Cross-Junctions）的功能是在两条导线的 T 形节点处增加 1 条导线形成十字交叉时，系统自动生成 2 个相邻的节点。

（6）显示跨越（Display Cross-Overs）的功能是在未连接的两条十字交叉导线的交叉点显

示弧形跨越，如图 2-21 所示。

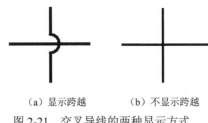

（a）显示跨越　　（b）不显示跨越

图 2-21　交叉导线的两种显示方式

（7）显示引脚信号方向（Pin Direction）的功能是在元件的引脚上显示信号的方向▷。

2．引脚边距（Pin Margin）分组框

该分组框中的参数是设置元件符号上引脚名称、引脚标号与元件符号轮廓边缘的间距。

3．剪切板和打印（Include with Clipboard and Prints）分组框

（1）No-ERC 跟随（No-ERC Markers）的功能是在使用剪切板进行复制操作或打印时，对象的"No-ERC"标志将随图件被复制或打印。

（2）参数设置（Parameter Sets）的功能是在使用剪切板进行复制操作或打印时，对象的参数设置将随图件被复制或打印。

4．字母数字下标（Alpha Numeric Suffix）分组框

该分组框中有 2 个单选项。当选中 Alpha 时，子件的后缀为字母；当选中 Numeric 时，子件的后缀为数字。

2.6.2　图形编辑参数设置

单击系统参数设置对话框图形编辑（Graphical Editing）选项，进入图形编辑参数设置对话框，如图 2-22 所示。

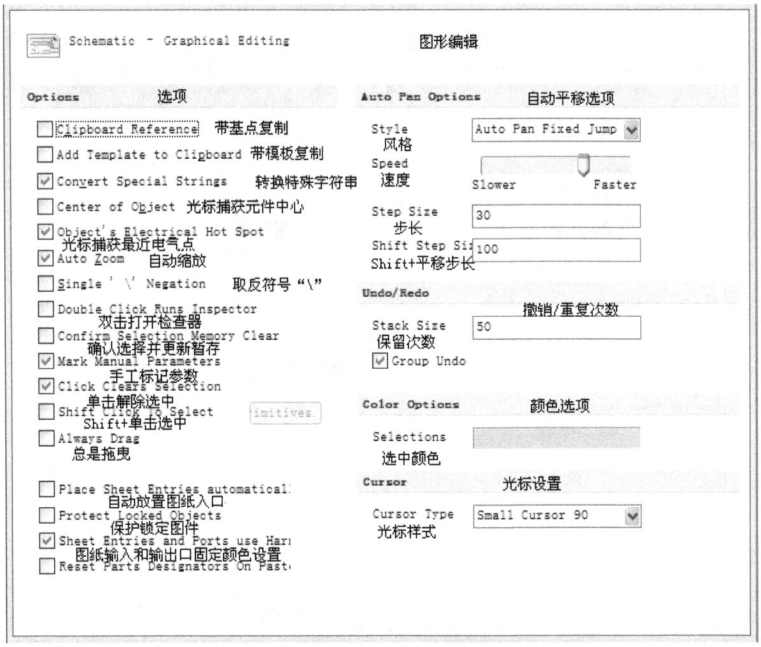

图 2-22　图形编辑参数设置对话框

图 2-23 基本单元选择对话框

1．带模板复制（Add Template to Clipboard）

勾选该项，在复制（Copy）和剪切（Cut）图件时，将当前文件所使用的模板一起进行复制。如果将原理图作为 Word 文件的插图时，在复制前应将该功能取消。

2．单击解除选中（Click Clears Selection）

勾选该项，在原理图编辑窗口选中目标以外的任何位置单击，都可以解除选中状态。未勾选该项时，只能通过菜单命令【Edit】→【Deselect】或单击取消所有选择快捷工具按钮，解除选中状态。

3．双击打开检查器（Double Click Runs Inspector）

勾选该项，在原理图中双击一个对象时，弹出的不是对象属性对话框，而是检查器（Inspector）面板。

4．Shift+单击选中（Shift+Click To Select）

勾选该项，并单击 Primitives... 按钮，打开基本单元选择对话框，如图 2-23 所示。勾选其中的基本单元，也可以全部勾选。以后选中对象时必须用 Shift +鼠标左键。

2.6.3　编译器参数设置

单击系统参数设置对话框编译器（Compiler）选项，进入编译器设置对话框，如图 2-24 所示。

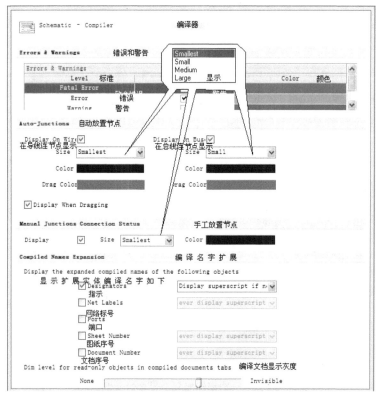

图 2-24 编译器参数设置对话框

1．错误和警告分组框（Errors & Warnings）

该分组框中主要设置编译器编译时所产生的错误和警告是否显示及显示的颜色。

2．自动放置节点分组框（Auto-Junctions）

（1）勾选后自动放置节点，该分组框是在画连接导线时，只要导线的起点或终点在另一条导线上（T形连接时）、元件引脚与导线T形连接或几个元件的引脚构成T形连接时，系统就会在交叉点上自动放置一个节点。如果是跨过一条导线（即十字形连接），系统在交叉点不会自动放置节点。所以两条十字交叉的导线，如果需要连接，必须手动放置节点。如果没有勾选自动放置节点选项，系统不会自动放置电气节点，需要时，设计者必须手动放置节点。

（2）设置节点的大小；

（3）设置节点的颜色。

3．手工放置节点分组框（Manual Junctions Connection Status）

勾选后可手工操作放置节点，也可选择节点的颜色和大小。

2.6.4 自动变焦参数设置

单击系统参数设置对话框自动变焦(Auto Focus)选项，进入自动变焦参数设置对话框，如图2-25所示。主要设置在放置图件、移动图件和编辑图件时是否使图纸显示自动变焦等功能。

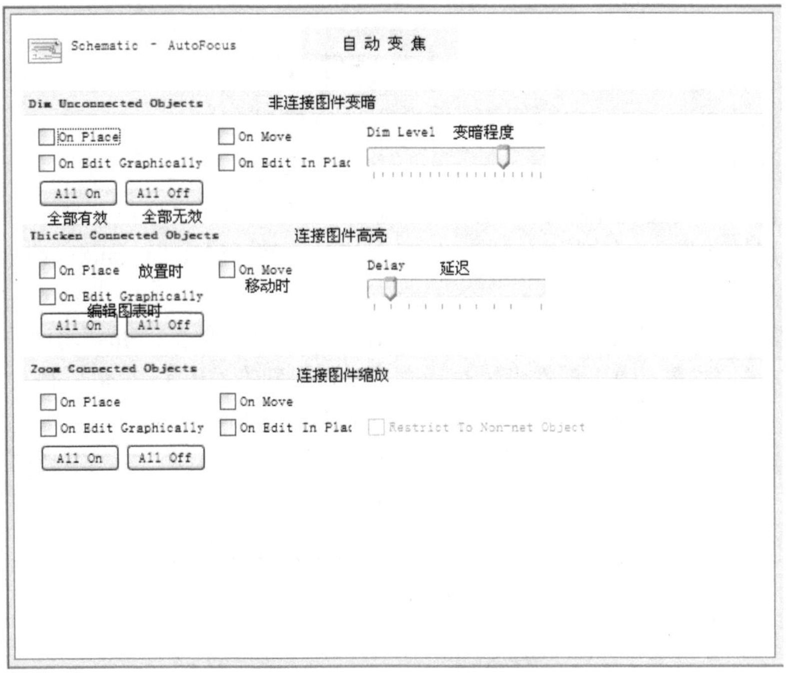

图 2-25 自动变焦参数设置对话框

1．非连接图件变暗分组框（Dim Unconnected Objects）

该分组框中设置非关联图件在有关的操作中是否变暗和变暗程度。

2．连接图件高亮分组框（Thicken Connected Objects）

该分组框中设置关联图件在有关的操作中是否变为高亮。

3．连接图件缩放分组框（Zoom Connected Objects）

该分组框中设置关联图件在有关的操作中是否自动变焦显示。

2.6.5 常用图件默认参数设置

单击系统参数设置对话框默认参数(Default Primitives)标签，进入默认参数设置对话框，如图 2-26 所示。

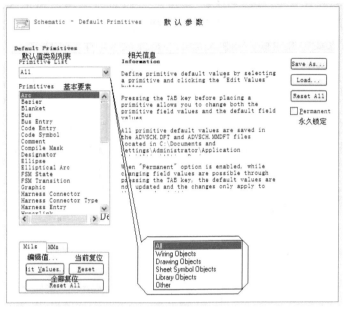

图 2-26 默认参数设置对话框

1．工具栏的对象属性选择

单击默认值类别列表（Primitive List）的下拉按钮，弹出一个下拉列表，其中包括几个工具栏的对象属性选择，一般选择"All"，包括全部对象都可以在"Primitives"窗口显示出来。

2．属性设置

例如，在默认值参数设置对话框的"Primitives"窗口内，单击"Bus"使其处于选中状态，然后单击 Edit Values... 按钮，弹出属性设置对话框；或直接双击"Bus"也可以启动属性设置对话框，如图 2-27 所示。在 Bus 属性设置对话框中可以修改设置有关的参数，如总线宽度和总线颜色。设置完成后，单击 OK 按钮确认，退回到图 2-26 界面，如果需要可以继续设置其他图件的属性。

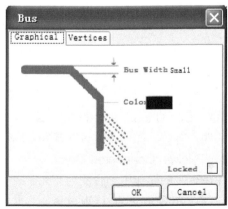

图 2-27 Bus 属性设置对话框

3. 复位属性

在选中图件时，单击 `Reset` 按钮，将复位图件的属性参数，即复位到安装的初始状态。单击 `Reset All` 按钮，将复位所有图件对象的属性参数。

4. 永久锁定属性参数

勾选永久锁定（Permanent）选项，即永久锁定了属性参数。该项有效时，在原理图编辑器中通过 `Tab` 键激活属性设置，改变的参数仅影响当前放置，即取消放置后再放置该对象时，其属性仍为锁定的属性参数。如果该项无效，在原理图编辑器中通过 `Tab` 键激活属性设置，改变的参数将影响以后的所有放置。

习题 2

2-1 熟悉原理图编辑器的启动方法。
2-2 熟悉原理图编辑器的菜单命令。
2-3 熟悉系统参数的设置方法。
2-4 练习修改常用组件的默认属性。

第 3 章　原理图设计实例

原理图设计主要是利用 Altium Designer 提供的原理图编辑器绘制、编辑原理图，目的是绘制电路图，同时也为 PCB 设计和电路仿真打下一个重要基础。本章通过一个实例，学习 Altium Designer 电路原理图的绘制方法。

3.1　原理图设计流程

原理图的设计流程图如图 3-1 所示。

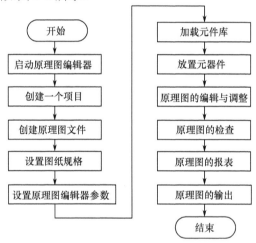

图 3-1　原理图设计流程图

（1）启动原理图编辑器（见第 2 章 2.1 节），原理图的设计是在原理图编辑器中进行的，只有激活原理图编辑器，才能绘制电路原理图，并对其进行编辑。

（2）创建一个项目（见第 1 章 1.6 节），Altium Designer 引入设计项目的概念。在电路原理图的设计过程中，一般先建立一个项目。该项目定义了项目中的各个文件之间的关系，用其来组织与一个设计有关的所有文件，如原理图文件、PCB 文件、输出报表文件等，以便相互调用。

（3）创建原理图文件（见第 1 章 1.6 节），创建原理图文件也叫作链接或添加原理图文件，即将要绘制原理图文件链接到所创建项目上来。

（4）设置图纸规格（见第 2 章 2.5 节），Altium Designer 原理图编辑器启动后，首先要对绘制的电路有一个初步的构思，设计好图纸大小。设置合适的图纸大小是设计好原理图的第一步。图纸大小是根据电路图的规模和复杂程度而定的。一般情况下，可以使用系统的默认图纸尺寸和相关设置，在绘图过程再根据实际情况调整图纸设置，或在绘图完成后再调整。

（5）设置原理图编辑器系统参数（见第 2 章 2.6 节），如设置栅格大小和类型、光标类型等，大多数参数可以使用系统默认值。

（6）放置元器件，根据电路原理图的要求，放置元件、导线和相关图件等。这里一定要注意元件封装的设定，以便于为 PCB 制板提供设计相应参数。

（7）原理图的编辑与调整，利用 Altium Designer 原理图编辑器提供的各种工具，对图纸上的图件进行编辑和调整，如参数修改、元件排列、自动标识和各种标注文字等，构成一个完整的原理图。

（8）原理图的检查，所谓原理图检查是指电气规则检查，是电路原理图设计中进行电路设计完整性与正确性的有效检测方法，是电路原理图设计中的重要步骤。

（9）原理图的报表，利用原理图编辑器提供的各种报表工具生成各种报表，如网络表、元件清单等，同时对设计好的原理图和各种报表进行存盘，为印制电路板的设计做好准备。

（10）原理图的输出。

3.2　原理图的设计

本节通过一个应用实例来讲解电路原理图设计的基本过程。如图 3-2 所示是一个接触式防盗报警电路。当无人接触电极 M 时，通过电阻 R1、R2、R3 和 R4 参数相应的设置，使 U1 的 6 脚输出高电平，通过 D1、Q1 和 Q2 的作用，保证 U2 的 4 脚为低电平，振荡电路停振，扬声器无声；一旦有人触摸到电极 M 时，人体感应的杂波信号输入到 U1 的反向输入端 2 脚，输出端 6 脚为低电平，U2 的 4 脚为高电平，电路起振，扬声器发出响亮的"嘟嘟——"报警声。

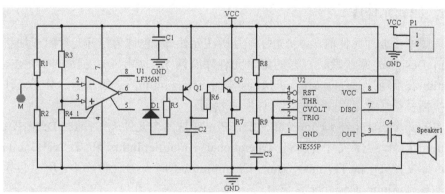

图 3-2　接触式防盗报警电路

3.2.1　创建一个项目

项目名称为"接触式防盗报警电路"。

首先，启动原理图编辑器，方法见第 2 章 2.1 节相关内容；其次，余下步骤见 1.6.2 节操作方法。

3.2.2　创建原理图文件

在 3.2.1 节所创建项目中，再创建"接触式防盗报警电路"原理图文件，方法见 1.6.3 节相关内容的操作步骤。

完成后如图 3-3 所示。

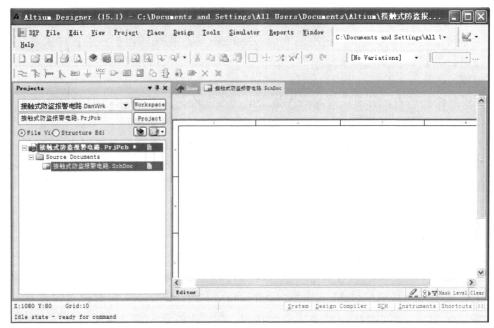

图 3-3　新建项目和原理图文件的原理图编辑器

本例中的图纸规格和系统参数均使用系统的默认设置。所以，这两项不用再重新设置。

3.2.3　加载元件库

在原理图纸上放置元件前，必须先打开其所在元件库（也称为打开元件库或加载元件库）。

Altium Designer 系统默认打开的集合元件库有两个：常用分立元器件库 Miscellaneous Devices.Intlib 和常用接插件库 Miscellaneous Connectors.Intlib。一般常用的分立元件原理图符号和常用接插件符号都可以在这两个元件库中找到。

本例中的两个集成电路 LF356N 和 NE555P 不在这两个元件库中，而在 D:\编书\Library\ST Microelectronics 库文件夹中的 ST Operational Amplifier.Intlib 和 D:\编书\Library\Texas Instruments 库文件夹中的 TI Analog Timer Circuit.Intlib 两个集合元件库中。所以必须先把这两个元件库加载到 Altium Designer 系统中。

加载元件库命令在菜单【Design】中，如图 3-4 所示。

（1）执行菜单命令【Design】→【Add/Remove Library...】，弹出元件库加载/卸载元件库对话框（Add Remove Libraries），如图 3-5 所示。

元件库加载/卸载对话框的已安装窗口中显示系统默认加载的两个集合元件库。

（2）在元件库加载/卸载对话框中，单击 Install... 按钮，弹出打开库文件对话框，如图 3-6 所示。默认路径指向系统安装目录下的 C:\Program Files\Altium\ AD15\Library。

（3）单击图 3-6 中的"ST Microelectronics"文件夹，打开文件夹。单击元件库 ST Operational Amplifier.Intlib，该元件库名称出现在打开库文件对话框的"文件名"文本框中，如图 3-7 所示。最后单击 打开(O) 按钮，在元件库加载/卸载对话框中显示刚才加载的元件库。

（4）用同样的方法将 NE555P 所在元件库加载到系统中，如图 3-8 所示。

（5）在图 3-8 中单击 Close 按钮，关闭对话框。此时就可以在原理图图纸上放置已加载元件库中的元件符号了。

图 3-4 【Design】菜单

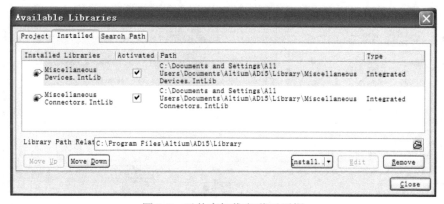

图 3-5 元件库加载/卸载对话框

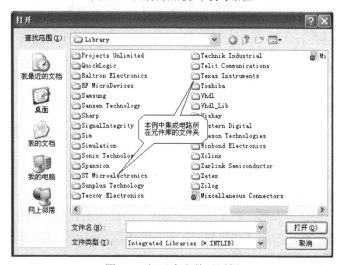

图 3-6 打开库文件对话框

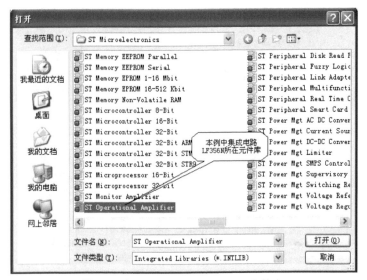

图 3-7　打开 ST Microelectronics 文件夹

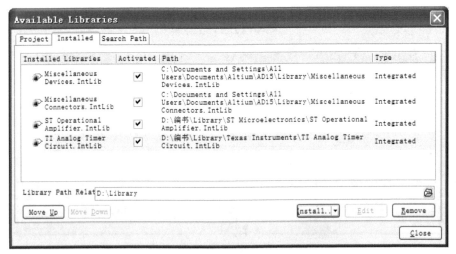

图 3-8　加载元件库后的加载/卸载对话框

3.2.4　放置元件

元件的放置方法常用的有两种，一种是利用库文件面板放置元件，另一种是利用菜单命令放置元件。本节采用第一种放置元件的方法。

1．打开库文件面板（Libraries）

（1）执行菜单命令【Design】→【Browse Library...】或单击面板标签 System ，选中库文件面板 ✓ Libraries ，弹出库文件面板，如图 3-9 所示。

（2）在库文件面板中，单击当前元件库文本框右侧的 ▼ 按钮，在其列表框中单击 ST Operational Amplifier.Intlib 集合库，将其设置为当前元件库。

在库文件面板的元件列表框中列出了当前元件库中的所有元件，单击元件名称，可以在原理图元件符号框内看到元件的原理图符号。在元件附加模型列表框中单击元件封装模型，元件模型显示框中就会显示元件的封装符号。

·44·

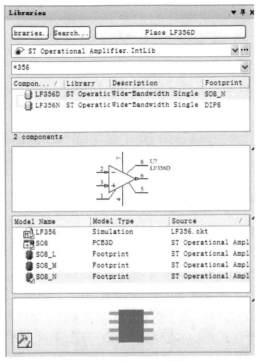

图 3-9 库文件面板

2．利用库文件面板放置元件

（1）在库文件面板的元件列表框中双击 LF356N，或在选中 LF356N 时单击 Place LF356N 按钮，库文件面板变为透明状态，同时元件 LF356N 的符号附着在光标上，跟随光标移动，如图 3-10 所示。此时，每按一次空格键，元件将逆时针旋转 90°；按 X 键左右翻转，按 Y 键上下翻转。

（2）将元件移动到图纸的适当位置单击，将元件放置到该位置。

（3）此时系统仍处于元件放置状态，光标上仍有同一个待放的元件，再次单击又会放置一个相同的元件，这就是相同符号元件的连续放置。

（4）单击鼠标右键，或按 Esc 键即可退出元件放置状态。

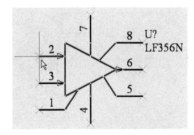

图 3-10 元件放置状态

采用同样的方法，将 TI Analog Timer Circuit.Intlib 集合库置为当前库，放置元件 NE555P；将 Miscellaneous Connectors.Intlib 集合库置为当前库，放置 Header2；将 Miscellaneous Devices.Intlib 集合库置为当前库，放置其他分立元件，如电阻 Res2、无极性电容 Cap、扬声器 Speaker、三极管 NPN 和 PNP 等。

本例采用先放置元件，再布局和放置导线的方法绘制原理图，放置完元件后的原理图编辑区如图 3-11 所示。

特别需要注意的是，用库文件面板放置元件时，系统不提示给定元件的标注信息（如元件标识、标称值大小、封装符号等），除封装符号系统自带外，其余的参数均为默认值，在完成放置后都需要编辑。本章原理图中大部分元件的注释和标称值均被隐藏。

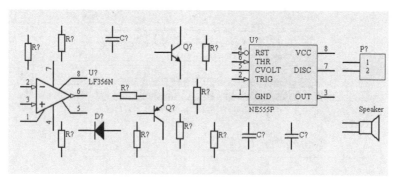

图 3-11 放好元件的原理图编辑区

3．移动元件及布局

原理图布局是指将元件符号移动到合适的位置。

一般放置元件时可以不必考虑布局和元件参数问题，将所有元件放置在图纸中即可。元件放置完成后我们再来考虑布局问题，这样绘制原理图的效率比较高。

原理图布局时应按信号的流向从左向右、电源线在上、地线在下的原则布局。

（1）将光标指向要移动的目标元件，按住鼠标左键不放，出现大十字光标，元件的电气连接点显示有虚"×"号，移动光标，元件即被移走，如图 3-12 所示。

（2）把元件移动到合适的位置放开鼠标左键，元件就被移动到该位置，如图 3-13 所示。

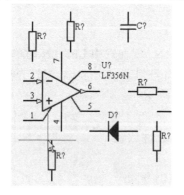
图 3-12 元件移动状态

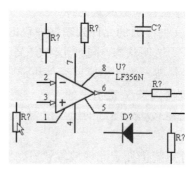
图 3-13 元件被移动到新位置

3.2.5 放置导线

图 3-14 放置导线时的光标

导线是指元件电气点之间的连线 Wire。Wire 具有电气特性，而绘图工具中的 Line 不具有电气特性，不要把两者搞混。具体步骤如下：

（1）执行菜单命令【Place】→【Wire】或单击布线工具栏的 按钮，光标变为如图 3-14 所示的形状，即出现大十字光标（系统默认形状，可以重新设置）。

（2）光标移动到元件的引脚端（电气点）时，光标中心的"×"号变为一个红"米"字形符号，表示导线的端点与元件引脚的电气点可以正确连接，如图 3-15 所示。

（3）单击，导线的起点就与元件的引脚连接在一起了，同时确定了一条导线的起点，如图 3-16 所示。移动光标，在光标和导线起点之间会出现一条线，这就是所要放置的导线。此时，利用快捷键 Shift+空格键可以在 90°、45°、任意角度和点对点自动布线形 4 种导线放置模式间切换。图 3-16 所示为任意角度模式。

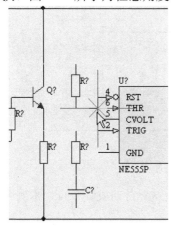
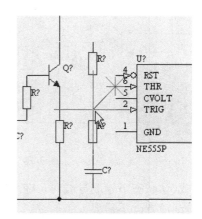

图 3-15 导线起点与元件引脚电气点正确连接示意图   图 3-16 任意角度模式下的导线放置

（4）将光标移到要连接的元件引脚上单击，这两个引脚的电气点就用导线连接起来了。如果需要导线改变方向，在转折点单击，然后就可以继续放置导线到下一个需要连接在一起的元件引脚上。

（5）系统默认放置导线时，单击的两个电气点为导线的起点和终点，即第一个电气点为导线的起点，第二个电气点为终点。起点和终点之间放置的导线为一条完整的导线，无论中间是否有转折点。一条导线放置完成后，光标上不再有导线与图件相连，回到初始的导线放置状态（见图 3-14），此时可以开始放置下一条导线。如果不再放置导线，右击就可以取消系统的导线放置状态。

按图 3-2 所示的布局和导线连接方式将原理图中所有的元件用导线连接起来，如图 3-17 所示。

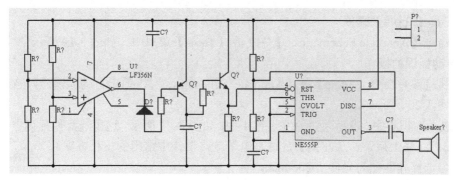

图 3-17 完成导线连接的原理图

3.2.6 放置电源端子

（1）在布线工具栏中单击 按钮，光标上出现一个网络标号"VCC"的"T"形电源符号，放置在原理图中（共 2 个），如图 3-18 所示。

（2）在布线工具栏中单击 按钮，光标上出现一个网络标号"GND"的电源地符号，放置在原理图中（共 3 个），如图 3-18 所示。

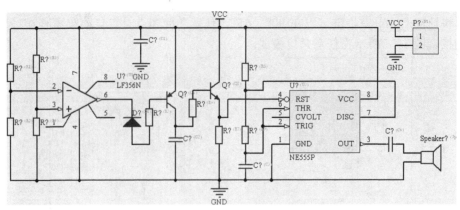

图 3-18 放置全部图件的原理图

系统在默认状态下绘制导线时，在"T"形导线交叉点会自动放置节点，本例中的节点全部为系统自动放置，不需要人工放置。

3.3 原理图的编辑与调整

原理图图件的放置工作完成后，还不能说原理图已经绘制完毕，因为图中元件的属性还不符合要求（主要指元件标识和标称值），下面来完成这些工作。

3.3.1 自动标识元件

给原理图中的元件添加标识符是绘制原理图一个重要步骤。元件标识也叫元件序号，自动标识通称为自动排序或自动编号。添加标识符有两种方法：手工添加和自动添加。手工添加标识符需要一个一个地编辑，比较烦琐，也容易出错。系统提供的自动标识元件功能很好地解决了这个问题。下面介绍利用系统提供的自动标识元件功能给元件添加标识符的方法。

1. 工具【Tools】菜单

注释命令【Annotate Schematics...】在工具【Tools】菜单中，如图 3-19 所示。

2. 自动标识的操作

（1）执行菜单命令【Tools】→【Annotate Schematics...】，弹出自动标识元件(Annotate)对话框，如图 3-20 所示。

（2）选择标识顺序。表示顺序的方式有 4 种，如图 3-21 所示。这里选元件标识方案"Down Then Across"（先上后下，从左到右，这是电子电路设计中常用的一种方案）。

（3）勾选操作匹配为元件"Comment"。

（4）勾选当前图纸名称"接触式防盗报警电路.SchDoc"（系统默认为选中，即从当前图纸启动自动标识元件对话框时，该图纸默认为选中状态）。

（5）使用索引控制，勾选起始索引，系统默认的起始号为 1，习惯上不必改动，如需改动可以单击右侧的增减按钮，或直接在其文本框内输入起始号码。对于单张图纸来说，此项可以不选。改变起始索引号码主要是针对一个项目设计中有多张原理图图纸时，保证各张图纸中元件标识的连续性而言的。

（6）单击更新列表 Update Changes List 按钮，弹出如图 3-22 所示信息框。单击 OK 按钮确认后，建议更改列表中的建议编号列表即按要求的顺序进行编号，如图 3-23 所示（不同类型元件标识相互独立)。在图 3-20 中，可以单击 Designator 按钮使元件标识列表排序。

图 3-19　工具【Tools】菜单

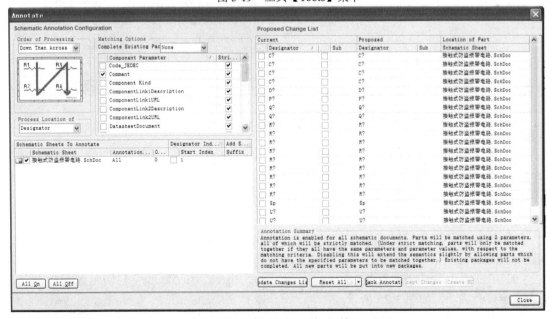

图 3-20　自动标识元件对话框

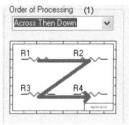 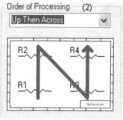 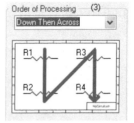 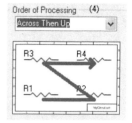

(a) 先上后下、从左到右　　(b) 先下后上、从左到右　　(c) 先上后下、从左到右　　(d) 先下后上、从左到右

图 3-21　自动标识顺序方式

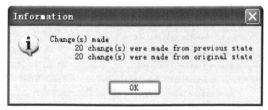

图 3-22　更新元件标识信息框

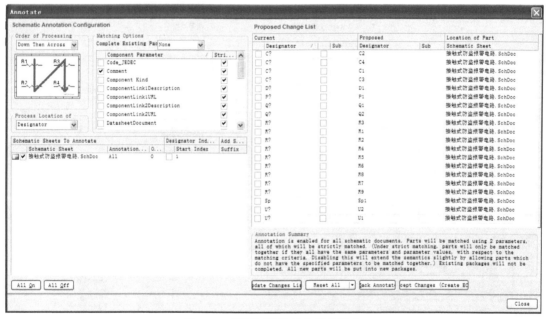

图 3-23　更新标识的部分元件列表

（7）单击接受修改（创建 ECO 文件）Accept Changes (Create ECO) 按钮，弹出项目修改命令对话框（Engineering Change Order），如图 3-24 所示。在项目修改命令对话框中显示自动标识元件前后的元件标识变化情况，左下角的 3 个命令按钮分别用来校验编号是否修改正确、执行编号修改并使修改生效、生成自动标识元件报告。

（8）单击图 3-24 中的校验修改 Validate Changes 按钮，验证修改是否正确，"Check"栏显示"√"标记，表示正确。

（9）单击图 3-24 中的执行修改 Execute Changes 按钮，"Check"和"Done"栏同时显示"√"标记，说明修改成功，如图 3-25 所示。

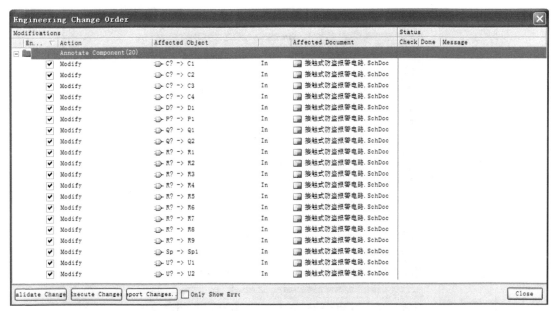

图 3-24 项目修改命令对话框

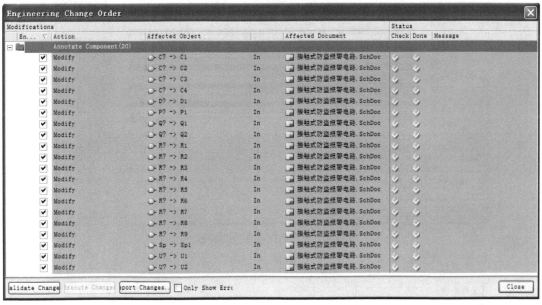

图 3-25 执行修改后的项目修改命令对话框

（10）单击图 3-24 中的 Report Changes... 按钮，生成项目变化顺序报告，弹出该报告对话框，如图 3-26 所示。

（11）在图 3-26 中，单击 Close 按钮，退回到图 3-24 项目修改命令对话框。

（12）在项目修改命令对话框中，单击 Close 按钮，完成自动标识元件，退回到自动标识元件对话框（见图 3-20），单击 Close 按钮，图 3-18 中的元件按要求进行了自动排序，如图 3-27 所示。

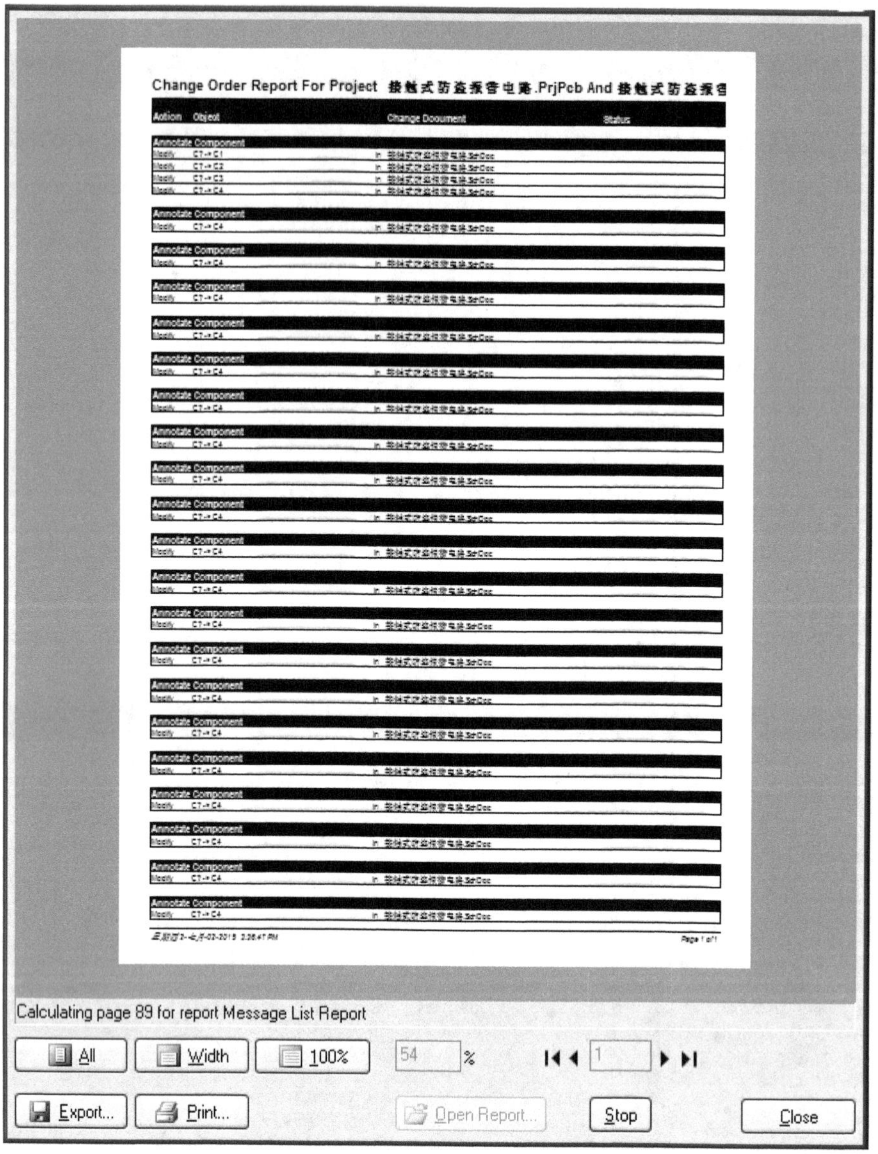

图 3-26 项目变化顺序报告对话框

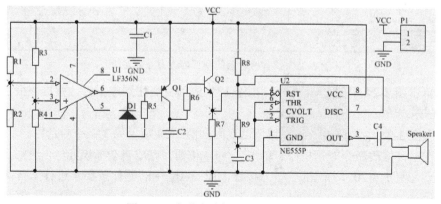

图 3-27 完成自动标识元件的原理图

3.3.2 其他注释命令

（1）静态注释命令【Annotate Schematics Quietly…】

执行菜单命令【Tools】→【Annotate Schematics Quietly...】，系统对当前原理图进行快速自动标识。没有 3.3.1 节的中间过程，仅提示有多少个元件被标识，单击"Yes"按钮即完成自动标识。

（2）标注所有器件命令【Force Annotate All Schematics…】

执行菜单命令【Tools】→【Force Annotate All Schematics...】，系统对当前项目中所有原理图文件进行强制自动标识。不管原来是否有标识，系统都将按照默认的标识模式重新自动标识项目中的所有原理图文件。

（3）复位标号命令【Reset Schematics Designators…】

执行菜单命令【Tools】→【Reset Schematics Designators...】，将当前原理图中所有元件复位到未标识的初始状态。

（4）反向标注命令【Back Annotate Schematics…】

执行菜单命令【Tools】→【Back Annotate Schematics...】，利用原来自动标识时生成的 ECO 文件，将改动标识后的原理图恢复到原来的标识状态。

3.3.3 元件参数的直接标识和编辑

系统在默认状态下放置分立元件时，原理图上元件符号旁会出现 3 个字符串：元件标识、元件注释和标称值。如放置电阻时，"R?"为元件标号，"Res2"为元件注释，"1K"为系统默认的元件标称值。元件注释是元件的说明，一般为元件在元件库中的元件名称。元件标称值是系统进行仿真时元件的主要参数，也是将来生成元件清单和制作实际电路的主要依据。所有的字符串都在图纸中出现，会使整个电路图显得繁杂，一般情况下仅显示元件标号和元件标称值即可。

下面以电阻为例介绍利用系统的元件参数编辑功能，在原理图上直接标识或编辑这些参数。

1. 原理图上元件参数的直接标识

双击原理图上所要编辑的元件，如图 3-27 中的电阻 R1，即可弹出元件属性对话框，如图 3-28 所示。

勾选元件属性对话框中"Properties"分组栏中"Comment"项的"Visible"并选中"Parameters"分组栏中的"Value"，单击 OK 按钮确认，图 3-27 元件电阻 R1 变化如图 3-29 所示。

删除原理图上元件的标识去掉勾选即可。

2. 原理图上元件参数的直接编辑

元件参数的直接编辑和直接标识的操作类似。仍以图 3-29（b）中的电阻 R1 标识编辑后为例，双击电阻 R1 的标称值"1K"，即可弹出参数编辑对话框，改写"Value"栏中"1K"为"10k"后，如图 3-30 所示。

单击 OK 按钮确认后，原理图上"R1"参数编辑前后如图 3-31 所示。

3.3.4 标识的移动

标识的移动与移动元件的方法基本相同。如将光标指向"R1"，按住鼠标左键，出现十字光标，移动"R1"到合适的位置即可。如果放置位置不能符合要求，可以将图纸的捕获栅格设置小，然后再移动放置。

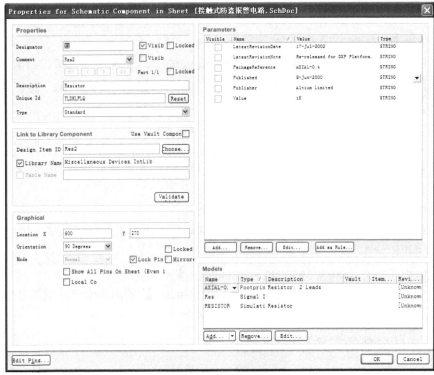

图 3-28　元件属性对话框

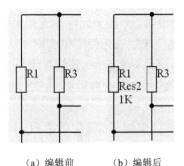

（a）编辑前　　（b）编辑后

图 3-29　原理图上元件参数直接标识示意图

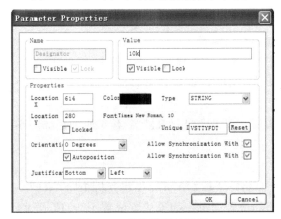

图 3-30　参数编辑对话框

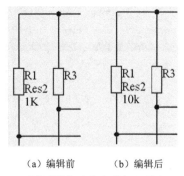

(a) 编辑前　　　(b) 编辑后

图 3-31　原理图上元件参数标识编辑示意图

3.4　原理图的检查

电路原理图绘制完成后,要进行检查工作。因为原理图与其他图的内容不同,不是简单的点和线,而是代表着实际的电气元件和它们之间的相互连接。因此,它们不仅仅只具有一定的拓扑结构,还必须遵循一定的电气规则(Electrical Rules)。

电气规则检查(Electrical Rules Check,ERC)是进行电路原理图设计过程中非常重要的步骤之一;原理图的电气规则检查是发现一些不应该出现的短路、开路、多个输出端子短路和未连接的输入端子等。

电气规则检查针对原理图中所用元件,若元件输入端有定义,则对该元件的输入端进行是否有输入信号源的检查;若没有直接信号源,系统会提出警告。最好的办法是在该端放置"No ERC"。

Altium Designer 主要通过编译操作对电路原理图进行电气规则和电气连接特性等参数的自动检查,并将检查后产生的错误信息在【Messages】工作面板中给出,同时在原理图中标注出来。用户可以对检查规则进行恰当设置,再根据面板中提供的错误信息反过来对原理图进行修改。

当然,进行电气规则检查并不是编译的唯一目的,还要创建一些与被编译项目相关的数据库,用于同一项目内文件交叉引用。

编译操作首先要对错误报告类型、电气连接矩阵、比较器、ECO 生成、输出路径、网络表选项和其他项目参数进行设置,然后 Altium Designer 系统将依据这些参数对项目进行编译。

限于篇幅,这里只简单介绍与当前设计相关的参数含义与设置方法。

3.4.1　编译参数设置

1. 错误报告类型设置

设置电路原理图的电气检查规则,当进行文件编译时系统将根据此设置对电路原理图进行电气规则检查。

执行菜单命令【Project】→【Project Options】,弹出错误报告类型(Error Reporting)设置对话框,如图 3-32 所示。

图 3-32 中,报告模式(Report Mode)栏表示违反规则的程度,在下拉列表中有 4 种模式可供选择。设置时可充分利用右键菜单中的 9 种方式,可对 4 种模式之一进行快速选择设置。

在没有特殊需要时,一般使用系统的默认设置。设置系统默认方式的操作是:单击 `To Installation Defa` 按钮,弹出确认对话框,单击 `OK` 按钮确认即可。

图 3-32　错误报告类型对话框

2. 电气连接矩阵设置

设置电路连接方面的检测规则,当进行文件编译时,系统将根据此设置对电路原理图进行电路连接检查。

在图 3-32 中,单击电气连接矩阵(Connection Matrix)标签,进入电气连接矩阵对话框,如图 3-33 所示。

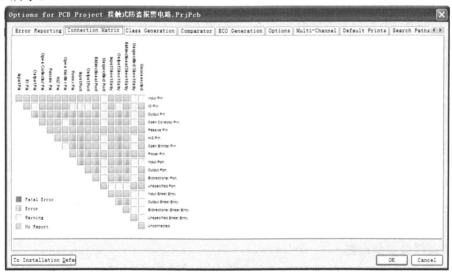

图 3-33　电气连接矩阵对话框

将光标移到矩阵中需要产生错误报告的条件的交叉点时,光标变为小手,单击交叉点的方框选择报告模式,共 4 种模式可供选择,用不同的颜色代表,每单击一次切换一次模式;也可以利用右键菜单快速设置。本例使用系统的默认设置,所以不必修改。

3. 两点注意事项

(1)电气规则检查针对原理图中的所用元件,若元件输入端有定义,则对该元件的输入端进行是否有输入信号源的检查;若没有直接信号源,系统会提出警告。如果用户想忽略这种警告，可以在该点放置忽略检测（No ERC）。

（2）在进行电路原理图的检测时，如果用户想忽略某点的电气检测，可以在该点放置忽略检测（No ERC）。

4．类型设置

用于项目编译后产生网络类型的选择，包括总线网络类、元件网络类和特殊网络类。

在图3-32中，单击类型设置（Class Generation）标签，进入类型设置对话框，如图3-34所示。

图3-34 类型设置对话框

利用勾选，用户可以设置相应的网络类型。一般情况下，使用系统的默认设置即可。

5．比较器设置

比较器用于两个文档进行比较，当进行文件编译时系统将根据此设置进行检查。

在图3-32中，单击比较器（Comparator）标签，进入比较器设置对话框，如图3-35所示。

图3-35 比较器设置对话框

设置时在参数模式（Mode）的下拉列表中选择给出差别（Find Differences）或忽略差别（Ignore Differences），在对象匹配标准（Object Matching Criteria）分组框中设置匹配标准。一般情况下，使用系统的默认设置即可。

6．设置输出路径和网络设置

在图3-32中，单击选项（Options）标签，进入选项设置对话框，如图3-36所示。

· 57 ·

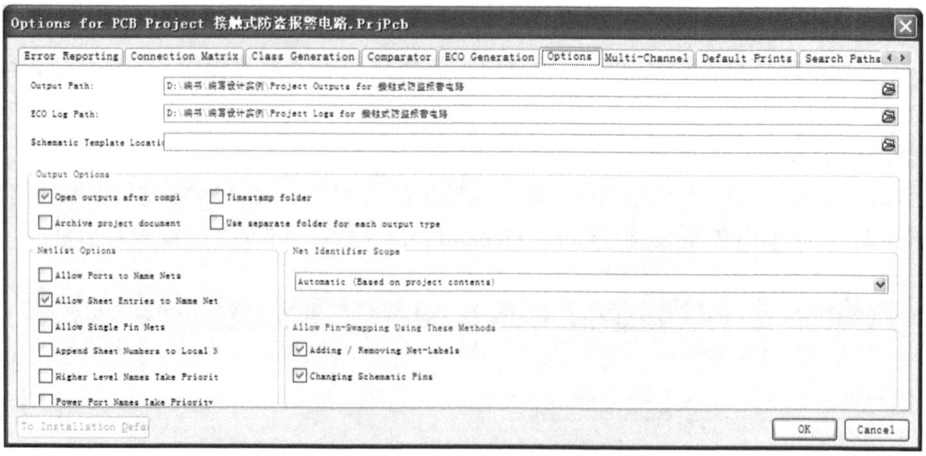

图 3-36　文本选项对话框

在该对话框中可以在输出路径（Output Path）栏中设定报表的保存路径，本例使用默认路径；在输出选项（Output Options）中有 4 个复选项，勾选该选项，可设置输出文件的方式；在网络选项（Netlist Options）中，有 6 个复选项，一般选取原则是：项目中只有一张原理图（非层次结构）时选第一项，项目为层次结构设计时选第二、三项，也可以复选；在网络鉴定范围（Net Identifier Scope）中有 4 个选项，单击右边的 ∨ 按钮，在下拉列表中有 4 种可以选择网络标识认定。

3.4.2　项目编译与定位错误元件

1. 项目编译

当完成编译参数的设置后，就可以对项目进行编译了。Altium Designer 系统为用户提供了两种编译：一种是对原理图进行编译，一种是对工程项目进行编译。

对原理图进行编译，执行菜单命令【Project】→【Compile Document 接触式防盗报警电路.SchDoc】，即可对原理图进行编译。

对工程项目编译，执行菜单命令【Project】→【Compile PCB Project 接触式防盗报警电路.PrjPcb】，即可对整个工程项目进行编译。

无论哪种编译，编译后系统都会通过【Messages】面板给出一些错误或警告；没有错误或放置"No ERC"标志，【Messages】面板是空的。

2. 定位错误元件

定位错误元件是原理图检查时必须要掌握的一种技能。Altium Designer 系统在定位错误上为用户提供了很大方便，编译操作后如果没有错误，【Project】下拉菜单中编译指令栏上就不会出现错误信息指针；如果有错误，【Project】下拉菜单中编译指令栏上就会出现错误信息指针，如图 3-37 所示的下面两行为错误信息指针。

图 3-37　显示错误信息指针的【Project】下拉菜单

使用【Messages】面板定位错误器件或位置：

单击错误信息指针，弹出【Messages】面板，在面板上有信息列表，双击列表中的错误选项，系统会自动定位错误元件。

如果【Messages】面板没有自动弹出，单击面板标签 System ，选中 ✓ Messages ，打开【Messages】面板。

为了更好地了解这一操作的使用方法，在原理图中故意设置一些错误。将图 3-27 中上边的电源 VCC 脱离开接线，然后保存；编译后，按照上述操作后可得到错误元件定位图，如图 3-38 所示。

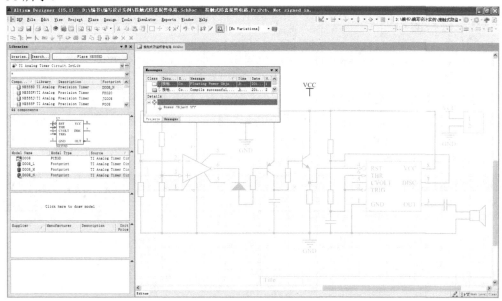

图 3-38 错误元件定位图

由图 3-38 上信息告知，电源 VCC 脱离电路；系统的过滤器过滤出错误图件，并且在原理图高亮显示这个图件，且区域放大显示，其他图件均变为暗色。

单击图纸的任何位置都可以关闭过滤器，或单击编辑窗口右下角的 Clear 按钮，或单击工具栏的 按钮取消过滤。

上述过程仅是提示项目编译时产生的错误信息和位置，纠正这些错误还需要对原理图进行编辑和修改。编辑改正所有的错误，直到编译后没有错误为止，才能够为进一步的设计工作提供正确的设计数据。

3.5 原理图的报表

原理图编辑器可以生成许多报表，如材料清单、简易材料清单报表、项目层次报告和元件交叉引用等，可用于存档、对照、校对及设计 PCB 时使用。本节只介绍材料清单和简易材料清单报表的生成方法。

3.5.1 报告菜单

Altium Designer 提供了专门的工具来完成元件的统计和报表的生成、输出，这些命令集中在【Reports】菜单里，如图 3-39 所示。

图 3-39 【Reports】菜单

3.5.2 材料清单

材料清单也称为元件报表或元件清单，主要报告项目中使用元器件的型号、数量等信息，也可以用作采购。

1．生成材料清单报表的过程。

（1）打开项目"接触式防盗报警电路.PrjPcb"，打开"接触式防盗报警电路.SchDoc"。

（2）执行菜单命令【Reports】→【Bill of Materials】，弹出报表管理器对话框，如图 3-40 所示。报表管理器对话框用来配置输出报表的格式。

图 3-40 报表管理器对话框

- All Columns——所有行栏，列出了所有可用的信息。通过单击相应信息名称右侧的复选框，可以选择显示窗口要显示的信息，出现"√"时显示窗口显示相应信息。
- Grouped Columns——群组栏，默认为封装（Footprint）和注释（Comment）。需要进行群组显示时，在其所有行(All Columns) 栏中，用光标指向要显示的信息名称，按住鼠标左键，拖动该名称至群组，放开鼠标左键，该信息名称即被复制到群组中，同时显示窗口显示按该信息名称分类的信息内容。例如，如果需要显示元件的标称值，将"Value"项拖到群组，并将"Comment"和"Footprint"项拖回所有行栏，如图 3-41 所示。其显示窗口最右侧显示各元件的标称值。

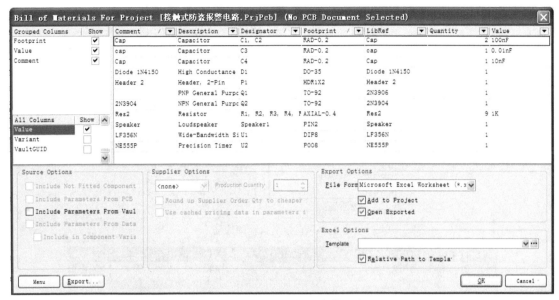

图 3-41 群组显示的报表管理器

- 显示窗口顶部的信息名称同时也是一个排序按钮。单击显示窗口顶部的信息名称旁的 ▼ 按钮，弹出一个下拉菜单，其中列出了原理图所使用元件的信息。单击其中任意一条，显示窗口将显示与该信息具有相同属性的所有元件，如图 3-42 所示。还原显示窗口，单击显示窗口左下方的 × 按钮。

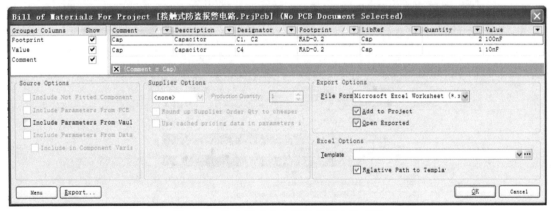

图 3-42 指定显示电容属性的报表管理器

- 在 Comment 下拉菜单中单击【Custom…】选项，打开自定义自动筛选器设置对话框，如图 3-43 所示。通过设置筛选条件和条件间的逻辑关系，筛选出符合条件的元件。

2．输出材料清单报表

应用 Microsoft Excel 软件保存报表。

操作步骤如下：

（1）设置好所有相关的选项。

（2）单击图 3-40 中的 Export... 按钮，弹出对话框，保存后自动打开报表，如图 3-44 所示。

（3）查看【Projects】面板，生成的报表已经加到项目中，如图 3-45 所示。

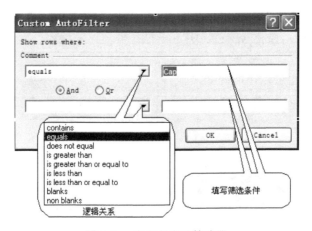

图 3-43 自定义自动筛选器

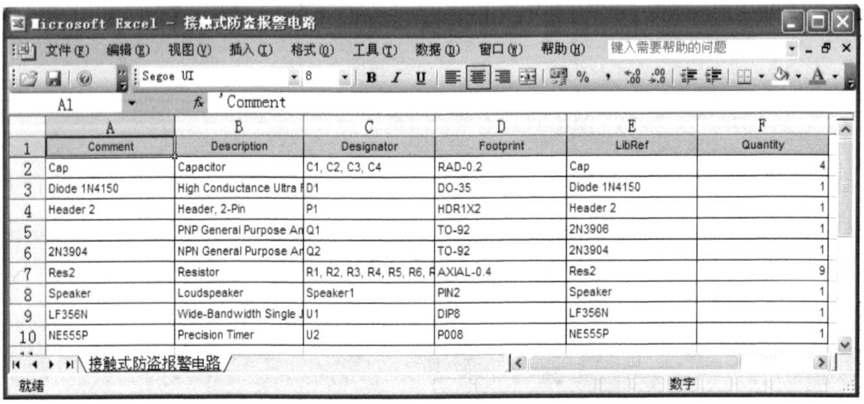

图 3-44 生成 Excel 格式的元件报表

图 3-45 Excel 格式的元件报表加到项目中

3.5.3 简易材料清单报表

（1）执行菜单命令【Reports】→【Simple BOM】，生成简易材料清单报表。默认设置时生成两个报表文件："接触式防盗报警电路.BOM"和"接触式防盗报警电路.CSV"，被保存在当前项目中，同时文件名添加到【Projects】面板中，如图 3-46 和图 3-47 所示。

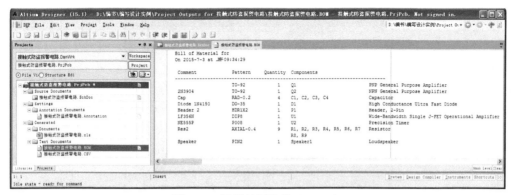

图 3-46　简易材料清单（.BOM）

图 3-47　简易材料清单（.CSV）

（2）简易材料清单按元件名称分类列表，内容有元件名称、封装、数量、元件标识等。

生成项目中的其他报表与生成原理图报表的过程类似，读者可以自己尝试，这里不再详细介绍。

3.6　原理图的打印输出

原理图绘制完成后，往往要通过打印机或绘图仪输出，以供技术人员参考、存档。在默认状态下，Altium Designer 系统的打印输出为标准图纸。为了满足不同的需要，在打印前应进行必要的设置。

3.6.1　打印页面设置

与 Word 等软件相似，Altium Designer 系统在打印原理图前，也需要进行一些必要的参数设置，具体步骤如下：

（1）打开需要打印输出的原理图文件。

（2）执行菜单命令【File】→【Page Setup…】，弹出原理图打印属性对话框，如图 3-48 所示。

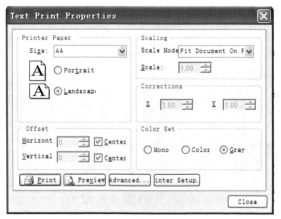

图 3-48 原理图打印属性对话框

(3) 在对话框中可以设置打印页面的大小、打印范围、输出比例和打印颜色等参数。

3.6.2 打印预览和输出

与 Word 等软件相似，打印输出之前，可以先预览，以便纠正错误。打印预览和输出的步骤如下：

(1) 打开需要打印输出的原理图文件。

(2) 执行菜单命令【File】→【Print Preview...】，弹出原理图预览对话框，如图 3-49 所示。

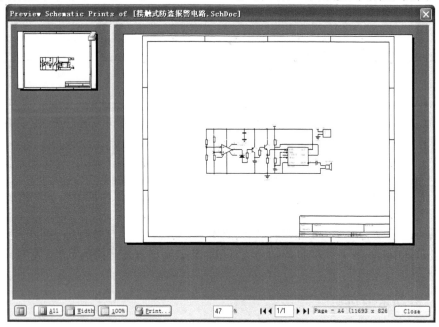

图 3-49 原理图预览对话框

(3) 预览检查无误后，单击图 3-49 下方的 Print... 按钮，弹出打印机属性对话框，如图 3-50 所示。

(4) 该对话框中的选项与 Windows 环境下其他打印机的选项类似，只需要设置好打印机名、打印范围和打印页数等参数后，单击 OK 按钮，即可打印输出原理图纸。

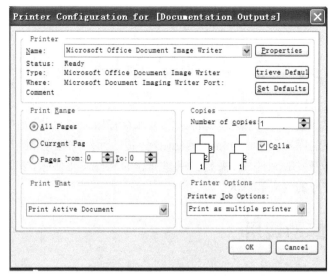

图 3-50 打印机属性对话框

习题 3

3-1 练习原理图文件的建立与保存。
3-2 练习通过库文件面板放置原理图元件的方法。
3-3 练习项目的编译方法。
3-4 练习图纸的打印方法。

第4章 原理图元件库的使用

绘制原理图时要放置元件，而这些元件又常常保存在原理图元件库中。因此在放置元件之前，要添加元件所在的库；尽管 Altium Designer 内置的元件库已经相当完整，如果用户使用的是特殊的元件或新开发的元件，就需要自己建立新的元件及元件库。本章将介绍元件库的调用、创建以及元件符号的建立和修改。

4.1 元件库的调用

在 Altium Designer 元件库里有两个通用元件库，库中包含的是电阻、电容、三极管、二极管、开关、变压器及连接件等常用的分立元件，分别为 Miscellaneous Devices 和 Miscellaneous Connectors。在首次运行 Altium Designer 时，这两个库作为系统默认库被加载，但允许操作者将其移除。

除此之外，Altium Designer 系统还包含国内外知名半导体元器件制造公司所生产元件的元件库，这些公司的元件库在 Altium Designer 软件包中以文件夹的形式出现，文件夹中是根据该公司元件类属进行分类后的库文件，每一子类中又包含从几只到数百只不等的元件。有些元件由于很多家公司都有生产，所以会出现在多个不同的库中，这些元件的具体命名通常会有细微差别，我们称这类元件为兼容（或可互换）元件。

这些元件库虽然种类繁多，但分类很明确，一般以元器件的生产商分类，在每一类中又根据元件的功能进一步划分，在绘制原理图之前，要根据所用的元件，将相应的元件库找到并加载到系统中去。

本节将要介绍元件库的调用。所谓元件库的调用，包括元件库的搜索、元件库的加载与卸载。

4.1.1 有效元件库的查看

加载到系统中的元件库被称为有效元件库，只有存在于有效元件库中的元件在绘制原理图时才能被调用。查看有效文件库的方法是：

（1）执行菜单命令【Design】→【Browse Library...】或单击面板标签 System ，选中库文件面板 ✓ Libraries ，弹出库文件【Libraries】面板，如图 4-1 所示。

（2）在图 4-1 中，单击库查看按钮，弹出有效库文件（Available Libraries）对话框，从中可以看到 Miscellaneous Devices 和 Miscellaneous Connectors 两个默认库，还有一些其他的元件库，如图 4-2 所示。

4.1.2 元件库的搜索与加载

很多情况下，用户只知道元件的名称而不知道该元件究竟在哪个原理图元件库中，元件库的搜索就是根据所用的元件名称来查找相应的元件库。

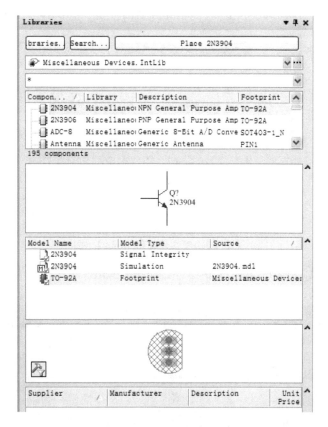

图 4-1 库文件【Libraries】面板

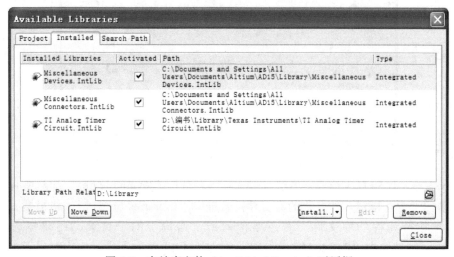

图 4-2 有效库文件（Available Libraries）对话框

加载到系统中的元件库被称为有效元件库，与有效元件库对应的元件库一般称为备用元件库。备用元件库存放在系统文件夹里，只有成为有效元件库，其中所含的元件才能被使用。

元件库的搜索与加载的步骤是：

（1）执行菜单命令【Design】→【Browse Library...】或单击面板标签 System，选中库文件面板 Libraries，弹出库文件【Libraries】面板，如图 4-3 所示。

• 67 •

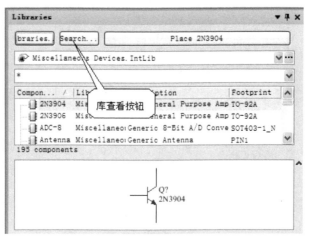

图 4-3 库文件【Libraries】面板

（2）在库文件【Libraries】面板中，单击库查看按钮，弹出搜索库文件（Libraries Search）对话框，如图 4-4 所示。

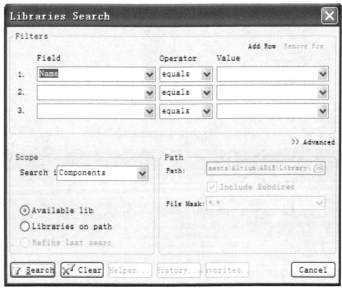

图 4-4 搜索库文件（Libraries Search）对话框

"Scope"选项区中有 3 种搜索方法可供选择。若选中"Available lib"，即从所有可用的库文件中自动搜索含有指定元件名称的库文件；若选中"Libraries on path"，将根据用户指定的路径来搜索相应元件的库文件，若还要搜索指定路径下的子目录，还要勾选"Include Subdirectories"；若选中"Refine last search"，库文件【Libraries】面板中当即显示相应元件上次搜索结果。

（3）指定搜索方法后，再在搜索库文件（Libraries Search）对话框"Filters"选项区的相应栏处输入要搜索元件的名称或名称中的部分关键字，如图 4-5 所示。

（4）单击图 4-5 左下方的 Search 按钮，自动关闭搜索库文件"Libraries Search"对话框并进行搜索，结果在库文件【Libraries】面板显示，如图 4-6 所示。

（5）单击图 4-6 中的 Place LF356N 按钮，可放置新搜索的 LF356N 元件到当前的原理图上。

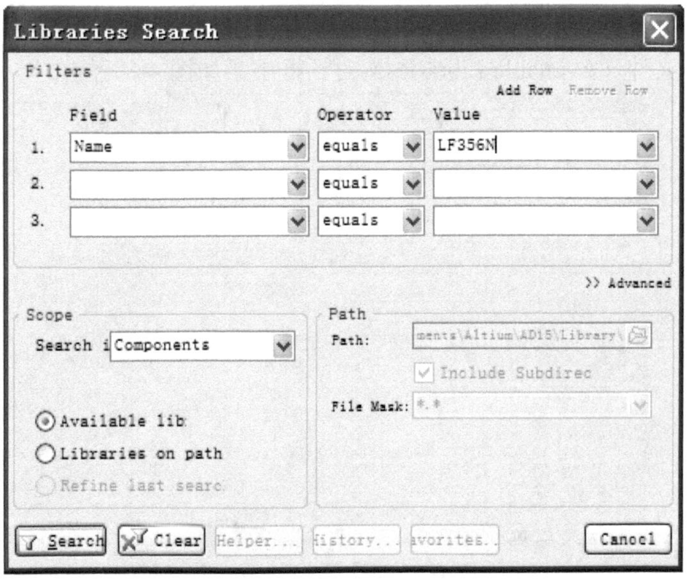

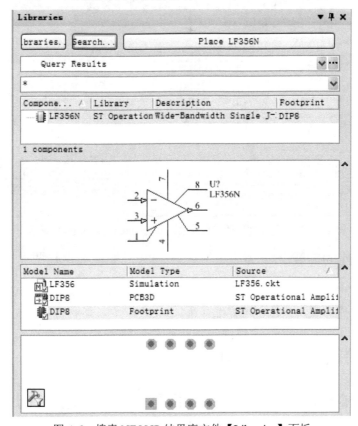

图 4-5 添加搜索内容搜索库文件（Libraries Search）对话框

图 4-6 搜索 NE555P 结果库文件【Libraries】面板

（6）如果元件所在库没有加载，自动关闭搜索时将弹出如图 4-7 所示的加载元件库对话框，在元件栏中显示没有元件可供选择。

（7）因为本例选用的 LF356N 在元件库 ST Operational Amplifier 中。将要使用的元件的所在元件库和元件库的文件夹，可单击图 4-2 中的 Install Library 按钮，按提示操作，即可加载所要的元件库。例如，将接触式防盗报警电路中用的元件 LF356N 所在的 ST Operational Amplifier 元件库加载到有效库文件（Available Libraries）对话框中，如图 4-8 所示。

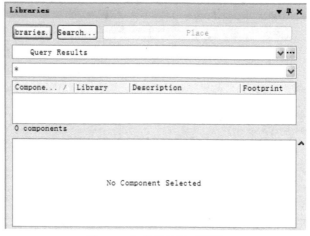

图 4-7　加载元件库对话框

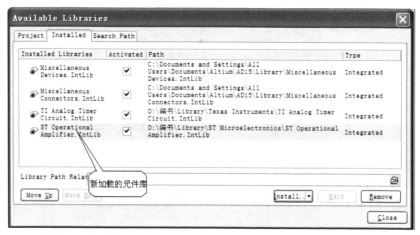

图 4-8　加载新元件库的有效库文件（Available Libraries）对话框

4.1.3　元件库的卸载

单击图 4-8 中的 Move Up 或 Move Down 按钮，选中需要卸载的元件库后，单击 Remove 按钮，则可将相应的元件库卸载，在此不再详细介绍。

4.2　元件库的编辑管理

所谓的元件库的编辑管理，就是进行对新元件原理图符号的制作、已有元件原理图符号的修订和新的库建立等。

元件的原理图符号制作、修订和元件库的建立是使用 Altium Designer 的元件库编辑器和元件库编辑管理器来进行的，在进行上述操作之前，应熟悉原理图元件库编辑器和元件库编辑管理器。

4.2.1 原理图元件库编辑器

1．原理图元件库编辑器启动

在当前设计管理器环境下，执行菜单命令【File】→【New】→【Library】→【Schematic Library】，新建默认文件名为"Schlib1.SchLib"的原理图库文件（保存文件时可以更改文件名和保存路径），同时启动原理图元件库编辑器，如图 4-9 所示。

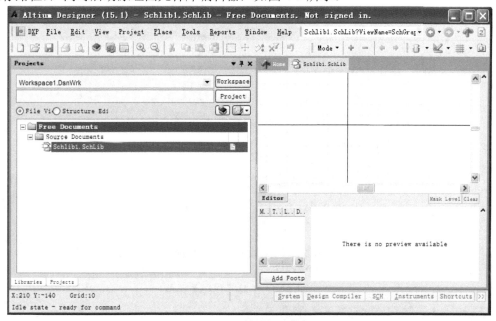

图 4-9　原理图文件库编辑器

2．原理图文件库编辑器界面

元件库编辑器与原理图编辑器的界面相似，主要由主工具栏、菜单栏、常用工具栏和编辑区等组成。不同的是，在编辑区里有一个"十"字形坐标轴，将元件编辑区划分为 4 个象限。象限的定义和数学上是一样的，即右上角为第一象限、左上角为第二象限、左下角为第三象限、右下角为第四象限。一般用户在第四象限进行元件的编辑工作。

除此之外，尽管 Altium Designer 系统中各种编辑器的风格是统一的，并且部分功能是相同的，但元件库编辑器根据自身的需要，还有其独有的功能。如【Tools】菜单和【Place】菜单中的子菜单【IEEE Symbols】等，下面将分别介绍。

4.2.2　工具菜单

工具【Tools】菜单如图 4-10 所示。

（1）新建元件命令【New Component】是创建一个新元件，执行该命令后，弹出新建元件命名对话框，如图 4-11 所示。命名并确认后即可在编辑窗口放置组件，开始创建新元件。

（2）删除元件命令【Remove Component】用来删除当前正在编辑的元件，执行该命令后出现删除元件询问框，如图 4-12 所示，单击 Yes 按钮确定删除。

（3）删除重复元件命令【Remove Duplicates...】用来删除当前库文件中重复的元件，执行该命令后出现删除重复元件询问框，如图 4-13 所示，单击 Yes 按钮确定删除。

图 4-10 工具【Tools】菜单

图 4-11 新建元件命名对话框

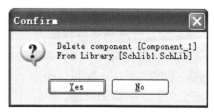

图 4-12 删除元件询问框

（4）重新命名元件命令【Rename Component...】用来重新命名当前元件，执行该命令后出现重新命名元件对话框，如图 4-14 所示，在文本框中输入新元件名，单击 OK 按钮确定。

图 4-13 删除重复元件询问框

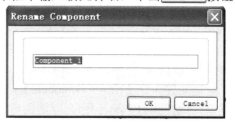

图 4-14 重新命名元件对话框

（5）复制元件命令【Copy Component...】用来将当前元件复制到指定的元件库中，执行该命令后出现目标库选择对话框，如图 4-15 所示，选中目标元件库文件，单击 OK 按钮确定，或直接双击目标元件库文件，即可将当前元件复制到目标库文件中。

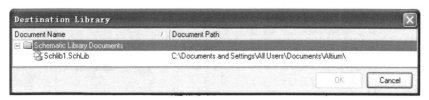

图 4-15 目标库选择对话框

（6）移动元件命令【Move Component...】用来将当前元件移动到指定的元件库中，执行该命令后出现目标库选择对话框，操作方式与复制元件命令【Copy Component...】类似。

（7）添加子件命令【New Part】，当创建多子件元件时，该命令用来增加子件，执行该命令后开始绘制元件的新子件。

（8）删除子件命令【Remove Part】用来删除多子件元件中的子件。

（9）转到子菜单【Goto】中的命令用来快速定位对象。子菜单中包含功能命令及其解释，如图 4-16 所示。

在打开库文件时显示的是第一个元件，需要编辑其他元件时要用【Goto】子菜单中的命令来定位。

（10）查找元件命令【Find Component...】的功能是启动元件检索对话框"Search Libraries"，该功能与原理图编辑器中的元件检索相同。

（11）更新原理图命令【Update Schematics】，用来将文件库编辑器对元件所做的修改更新到打开的原理图中。执行该命令后出现信息对话框，如果所编辑修改的元件在打开的原理图中未用到或没有打开的原理图，出现的信息框如图 4-17 所示。

图 4-16 【Goto】子菜单

图 4-17 无更新信息框

如果所编辑修改的元件在打开的原理图中用到，则出现的信息框如图 4-18 所示，单击 OK 按钮，原理图中的对应元件将被更新。

（12）原理图参数设置命令【Schematic Preferences...】与 2.6 节原理图编辑参数设置方法相同。

（13）文档选项命令【Document Options...】用来打开工作环境设置对话框，如图 4-19 所示。有两种选项功能："Library Editor Options"库编辑选项功能类似于原理图编辑器中的文件选项命令【Design】→【Options...】；"Units"单位设置有两种选项：一种是英制，另一种是公制。

图 4-18 有更新信息框

（14）元件属性命令【Component Properties...】用来编辑修改元件的属性参数。

4.2.3 标准符号菜单

【Place】菜单中的子菜单标准符号【IEEE Symbols】各项的功能如图 4-20 所示。在制作元件时，IEEE 标准符号是很重要的，它们代表着该元件的电气特性。

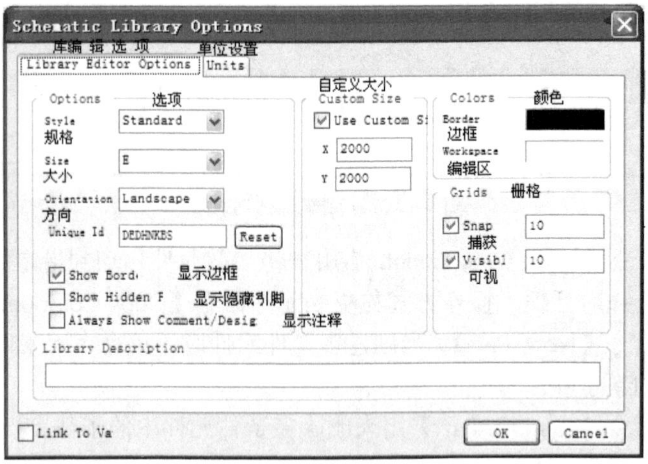

图 4-19　工作环境设置对话框

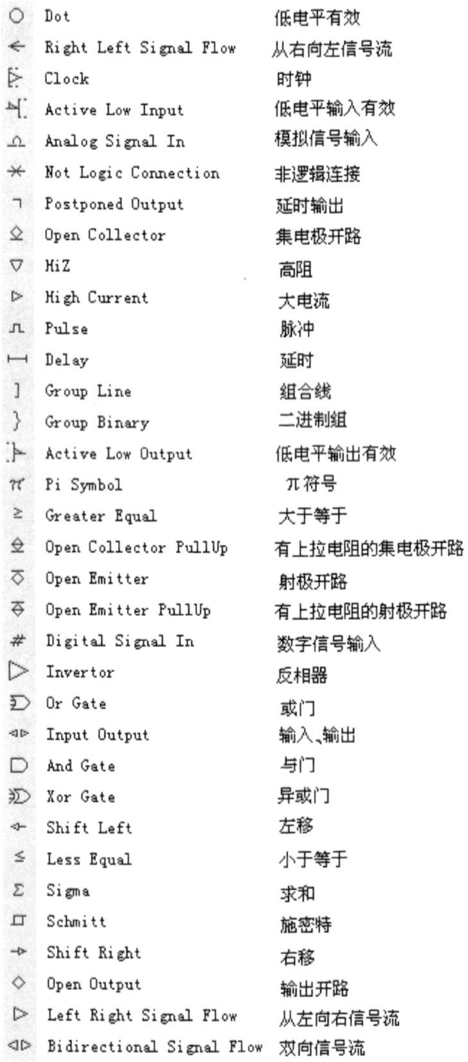

图 4-20　标准符号【IEEE Symbols】子菜单 IEEE 符号

放置 IEEE 电气标准符号命令【IEEE Symbols】中的符号放置与元件放置相似。在元件库编辑器中所有符号放置时，按空格键旋转角度和按 X、Y 键的镜像功能均有效。

4.2.4 元件库编辑管理器

在介绍如何制作元件和创建元件库前，应先熟悉元件库编辑管理器的使用，以便制作新元件或创建新元件库后可以进行有效的管理。下面介绍元件库编辑管理器的组成和使用方法。

结合已经建立项目元件库的原理图元件编辑环境，单击元件库编辑管理器的选项卡"SCH Library"，可弹出元件库编辑管理器如图 4-21 所示。可以看到元件库编辑管理器有 5 个区域：空白文本框区域、Components（元件）区域、Aliases（别名）区域、Pins（引脚）区域和 Model（元件模式）区域。

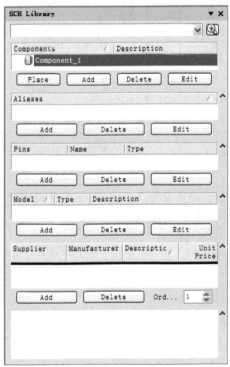

图 4-21　元件库编辑管理器

1．空白文本框区域

该区域用于筛选元件。当在该文本框中输入元件名的开始字符后，在元件列表中将会显示以这些字符开头的元件。

2．Components（元件）区域

当打开一个元件库时，该区域就会显示该元件库元件名称和功能描述；该区域还有 4 个按钮，主要用于元件的放置、添加、删除和编辑。

（1）Place 按钮：将所选的元件放置到原理图上。操作的方法是，用光标在元件列表中选定将要放置的元件，则该元件原理图符号在元件库编辑器编辑区中的第四象限里显示出来；单击 Place 按钮后，系统自动切换到原理图设计界面，该元件出现在原理图编辑器的编辑区中；同时原理图元件库编辑器退到后台运行。

（2）Add 按钮：添加元件，将指定的元件添加到该元件库中。单击 Add 按钮后，按提示操作，可将指定元件添加到元件组中。

（3）Delete 按钮：从元件库中删除元件。操作与 Place 按钮类似。

（4）Edit 按钮：编辑元件的相关属性。单击该按钮后，弹出库元件属性对话框，如图 4-22 所示。

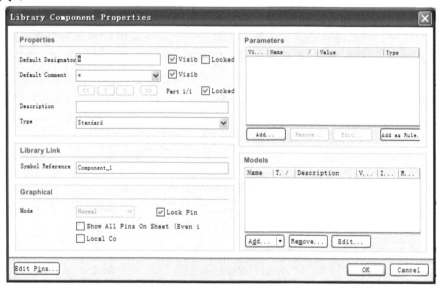

图 4-22　库元件属性对话框

库元件属性对话框中主要选项意义如下：
- Default Designator：用于设置元件默认流水号，例如"U?"。
- Comment：用于填写元件注释。
- Description：元件功能描述。
- Type：元件的分类。
- Models for：元件模型，将在后面进行介绍。

3．Aliases（别名）区域

该区域主要用来设置所选中元件的别名。

4．Pins（引脚）区域

该区域主要用于显示已经选中的元件引脚名称和电气特性等信息。该区域有添加、删除和编辑 3 个按钮，功能如下：

（1）Add 按钮：向选中的元件添加新的引脚。

（2）Delete 按钮：从选中的元件中删除引脚。

（3）Edit 按钮：编辑选中元件的引脚属性。在 Pins（引脚）区域用光标选定一个引脚，单击 Edit 按钮后，弹出引脚属性对话框，关于引脚属性将在引脚编辑中介绍。

5．Model（元件模式）区域

该区域主要用于指定元件的 PCB 封装、信号的完整性或仿真模型等。

4.3　新元件原理图符号绘制

下面在原理图编辑器环境中，利用前面已经介绍的工具绘制一个元件的原理图符号。以如

图 4-23 所示的 GU555 定时器为例,并将其保存在"自建原理图符号库"中。具体操作如下:

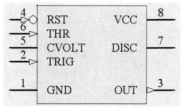

图 4-23　GU555 定时器

1. 进入编辑模式

单击菜单命令【File】→【New】→【Schematic Library】,系统进入原理图文件库编辑工作界面,默认文件名为 Schlib1.Schlib,如图 4-24 所示。

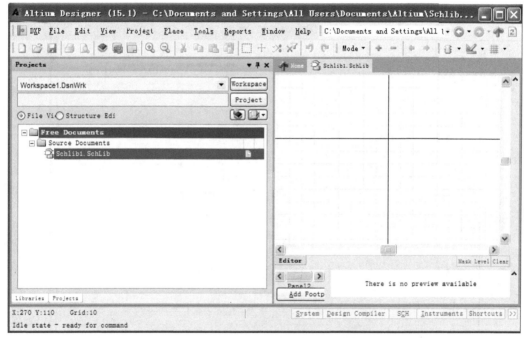

图 4-24　原理图文件库编辑工作界面

2. 绘制矩形

(1) 执行菜单命令【Place】→【Rectangle】,出现十字光标,并带有一个有色矩形框。

(2) 将矩形框放到编辑区中的第四象限,单击确认矩形位置,如图 4-25 所示。

(3) 激活矩形,可随意改变矩形框大小;在放置引脚等符号时,可根据实际情况修改矩形的宽窄或大小;右击退出放置状态。

3. 绘制引脚

执行菜单命令【Place】→【Pin】,可将编辑模式切换到放置引脚模式,此时光标指针旁会多出一个大十字和一条短线,默认短线序号从 1 开始;在放置引脚时,若按空格键一次,可将引脚旋转 90°。按照上述方法,绘制出 8 根引脚,如图 4-26 所示。

4. 编辑引脚

双击需要编辑的引脚,如 1 号引脚,弹出引脚属性对话框,如图 4-27 所示。

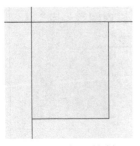 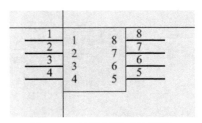

图 4-25　矩形绘制　　　　　图 4-26　放置引脚后的图形

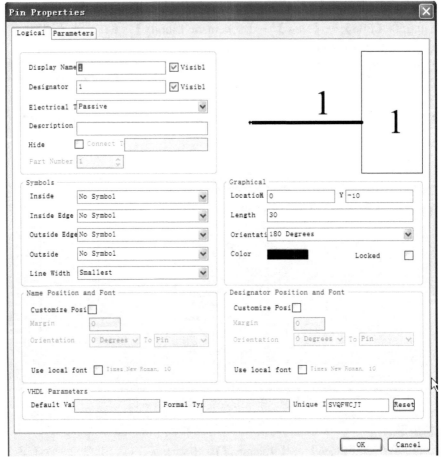

图 4-27　引脚属性对话框

引脚属性对话框中主要选项意义如下：
- Display Name：用来设置引脚名，是引脚端的一个符号，用户可以进行修改。
- Designator：用来设置引脚号，是引脚上方的一个符号，用户可以进行修改。
- Electrical Type：用来设定引脚的电气属性。
- Description：用来设置引脚的属性描述。
- Hide：用来设置是否隐藏引脚。
- Part Number：用来设置复合元件的子元件号。例如，一块 74LS00 集成电路芯片含有 4 个子元件。
- Symbols：在该操作框中，用来设置引脚的输入或输出符号。Inside 用来设置引脚在元件内部的表示符号；Inside Edge 用来设置引脚在元件内部边框上的表示符号；Outside 用来设置引脚在元件外部的表示符号；Outside Edge 用来设置引脚在元件外部的边框上的表示符号。这些符号一般是 IEEE 符号。

按照图 4-23 所示的 555 定时器元件引脚的功能编辑其 8 个引脚。例如，编辑图 4-27 中的 1 号引脚，将 Display Name 原内容"1"，改为"RST"；将 Designator 原内容"1"，改为"4"；将 Electrical Type 原内容"Passive"，改为"Input"；将 Outside Edge 原内容"No Symbol"，改为"Dot"；将 Outside 原内容"No Symbol"，改为"Right Left Signal Flow"。编辑后引脚属性对话框如图 4-28 所示，再单击 OK 按钮确认。

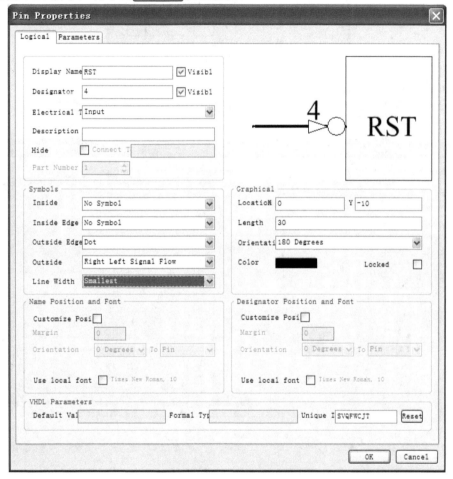

图 4-28　编辑后引脚属性对话框

与此类似，可编辑其余 7 个引脚，编辑引脚属性后的图形如图 4-29 所示。

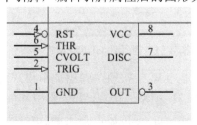

图 4-29　编辑引脚属性后的图形

5. 命名新建元件

执行菜单命令【Tools】→【Rename Component】,打开 "Rename Component" 即元件命名对话框,如图 4-30 所示,将新建元件名称改为 "GU555",执行菜单命令【File】→【Save】,将新建元件 555 定时器保存到当前元件库 "Schlib1.Schlib" 文件中。

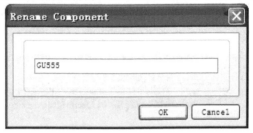

图 4-30 元件命名对话框

6. 添加封装

执行菜单命令【Tools】→【Component Properties】,弹出库元件 GU555 属性对话框,如图 4-31 所示。

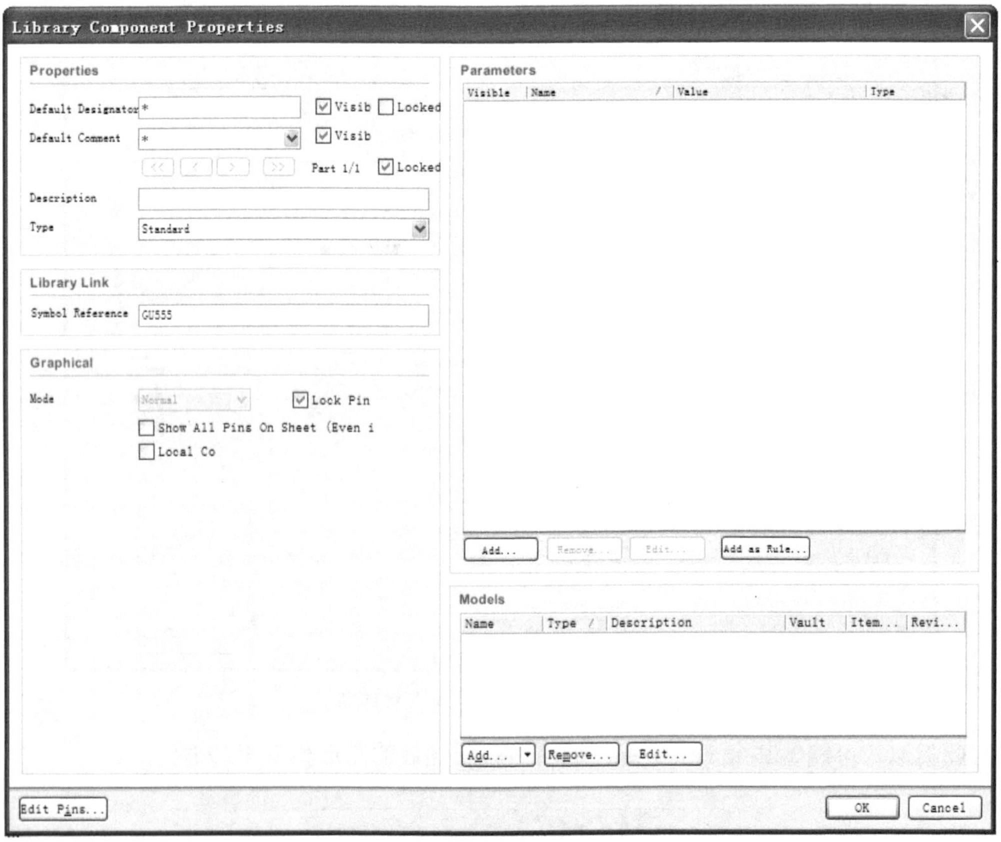

图 4-31 库元件 GU555 属性对话框

单击 "Models" 功能框下的 Add... 按钮,弹出加新模式对话框,如图 4-32 所示。

新模式有 5 种:PCB 封装、3D 模型、仿真、Ibis 模型和信号完整性。在此只介绍 PCB 封装,其他模式在后面介绍。单击 OK 按钮,弹出 PCB 封装对话框,如图 4-33 所示。

· 80 ·

图 4-32　加新模式对话框

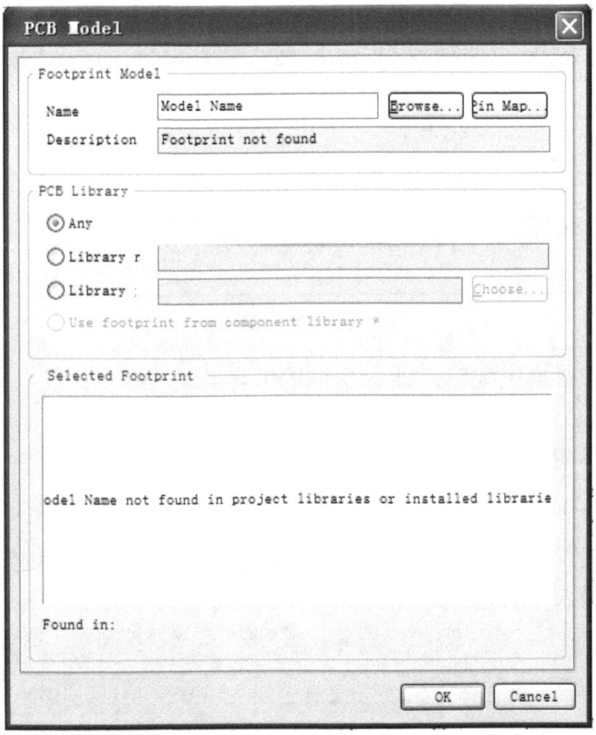

图 4-33　PCB 封装对话框

单击 Browse... 按钮，再选中 DIP-8，弹出 PCB 封装库浏览对话框，如图 4-34 所示。

图 4-34　PCB 封装库浏览对话框

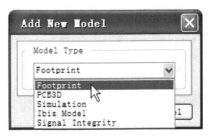

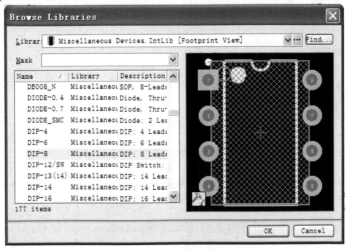

单击 OK 按钮确认，即可给 GU555 元件添加上封装。

注意：若库浏览器(Browse Libraries)为空白，原因是当前库中没有封装库。利用库文件搜索，装载相应的封装库。

7．引脚的集成编辑

单击图 4-31 中的 Edit Pins... 按钮，弹出引脚编辑器，如图 4-35 所示。

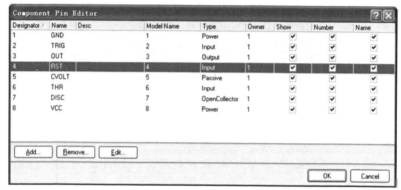

图 4-35　引脚编辑器

在此可以对引脚进行集中编辑，或一次性的编辑。

4.4　新建元件库

在原理图元件库编辑器中，执行菜单命令【Save】→【As】，出现文件存储目标文件夹对话框，在文件名一栏输入"自建原理图元件库"，如图 4-36 所示。

图 4-36　文件存储目标文件夹对话框

单击 保存(S) 按钮，如图 4-37 所示，生成新建元件库。

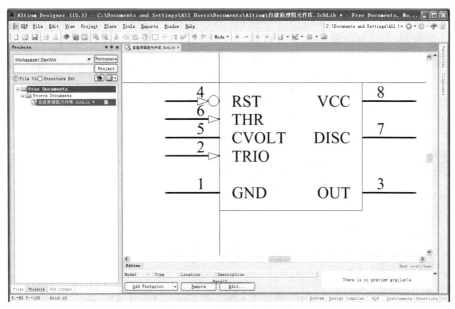

图 4-37 生成新建元件库

元件 GU555 就包含在"自建原理图元件库"的元件库中,如果调用 GU555 元件,只需将"自建原理图元件库"加载到系统中,取用 GU555 即可。

4.5 生成项目元件库

在绘制好原理图时,为了方便原理图图件管理和编辑,应该生成项目元件库;若原理图中有自己新建的原理图元件符号,就更有必要生成该项目的元件库。下面以第 3 章原理图设计"接触式防盗报警电路"为例来说明建立项目元件库的步骤。

(1)打开设计原理图项目文件"接触式防盗报警电路.PrjPcb",如图 4-38 所示。

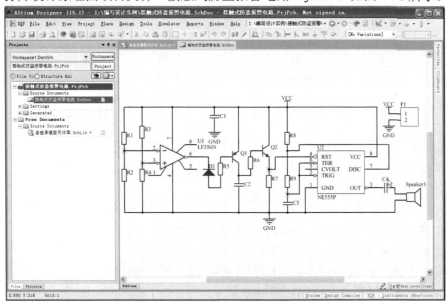

图 4-38 原理图项目文件——接触式防盗报警电路.PrjPcb

（2）执行菜单命令【Design】→【Make Project Library】，确认后系统即可生成与项目名称相同的元件库文件，并弹出原理图库元件编辑器编辑画面，如图 4-39 所示。

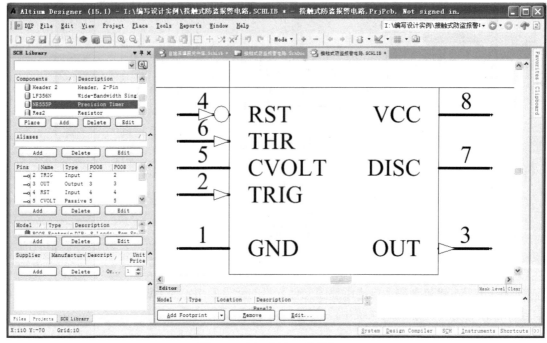

图 4-39　原理图库元件编辑器

4.6　生成元件报表

在元件库编辑器编辑环境中，可以生成 3 种报告：元件报表（Component Report）、元件库报表（Library List Report）和元件规则检查报表（Component Rule Check Report）。

【Reports】菜单命令如图 4-40 所示。

图 4-40　元件库报表子菜单

（1）元件报表命令【Component】用来生成当前元件的报表文件，执行该命令后，系统直接建立元件报表文件，并成为当前文件。报表中显示元件的相关参数，如元件名称、组件等信息。例如 NE555P 的元件报表如图 4-41 所示。

（2）元件库报表命令【Library List】用来生成当前元件库的报表文件，内容有元件总数、元件名称和描述。执行该命令后，系统直接建立元件库报表文件，并成为当前文件。以"接触式防盗报警电路"项目库为例，其元件库报表如图 4-42 所示。

（3）报表设置命令【Library Report...】用来设置报表存储路径、报表内容和颜色等。执行该命令后，可在其对话框中操作，如图 4-43 所示。

图 4-41　元件 NE555P 报表

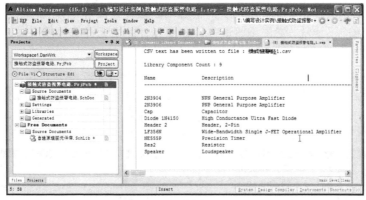

图 4-42　"接触式防盗报警电路"的元件库报表

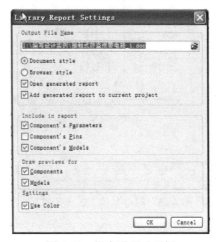

图 4-43　报表设置对话框

（4）元件规则检查报表命令【Component Rule Check...】用来生成元件规则检查的错误报表，执行该命令后进入元件库规则检查选择对话框，如图 4-44 所示。

选择不同的检查选项，将输出不同的检查报告。

图 4-44 元件库规则检查选择对话框

4.7 修订原理图符号

所谓的修订原理图符号，就是调整元件符号的引脚的位置。

电子工程技术人员在绘制电路图时，为恰当地表达设计思想，增强图纸的可读性，同时使绘制出的电路紧凑而不凌乱，常常需要调整原理图元件库中元件符号的引脚的位置，下面举例进行介绍。

在图 4-36 所示的原理图元件库编辑环境中，用光标指向要移动的引脚，按住鼠标左键不放并移动鼠标，引脚也随着移动，若转动可同时按空格键，将该引脚放置到预定位置，释放鼠标左键，便完成了一次引脚移动。本例移动 5 号引脚和 7 号引脚，与图 4-37 相比，可以看出，两引脚交换了位置，如图 4-45 所示。

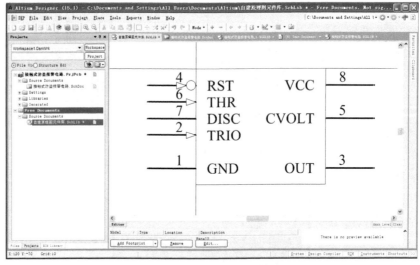

图 4-45 修订后的 555 元件符号

习题 4

4-1 熟悉原理图文件库编辑器的菜单命令。

4-2 创建一个元件原理图符号。

4-3 用常用的原理图元件创建一个自己的元件库。

4-4 修改一个原理图符号。

第 5 章　原理图设计常用工具

所谓的常用工具一般包括工具栏工具、窗口显示设置和各种面板功能等内容，这些工具或操作内容在绘制电路原理图时经常被使用。为此，本章将介绍原理图绘制中常用的工具和操作方法。

5.1　原理图编辑器工具栏简介

工具栏中的工具按钮，实际上是菜单命令的快捷方式。大部分菜单命令前带有图标的，都可以在工具栏中找到对应的图标按钮。

原理图编辑器的工具栏共有 7 种类型。所有工具栏的打开和关闭都由菜单命令【View】→【Toolbars】来管理。工具栏【Toolbars】菜单命令如图 5-1 所示（在有工具栏显示的位置右击，也可以弹出此菜单）。

图 5-1　工具栏【Toolbars】菜单命令

工具类型名称前有"√"的表示该工具栏已被激活，在编辑器中显示，否则没有显示。工具栏的激活习惯上叫作打开工具栏。单击工具栏【Toolbars】菜单命令，切换工具栏的打开和关闭状态。

原理图编辑器工具栏图标如图 5-2 所示。

图 5-2　原理图编辑器工具栏图标

原理图编辑器工具栏从属性上大致可分为 3 类，即电路图绘制类、信号相关类和文本编辑类。最常用的工具栏是电路图绘制类。

电路图绘制类包括布线工具栏（Wiring）和实用工具栏（Utilities）。

信号相关类包括混合信号仿真工具栏（Mixed Sim）和原理图标准工具栏（Schematic

Standard）。

文本编辑类包括格式化工具栏（Formatting）、导航工具栏（Navigation）和原理图标准工具栏（Schematic Standard）中的大部分工具。

【编者说明】图形绘制类工具绘制的图形没有电气属性，只起标注作用，这是图形绘制工具"Drawing"和布线工具"Wiring"的区别。

5.2 工具栏的使用方法

（1）工具栏在原理图编辑器中可以有两种状态：固定状态和浮动状态，如图 5-3 所示。光标在工具栏中，且未选中任何工具时，按下鼠标左键不放，光标变为 ✥，工具栏即可被拖走。将工具栏拖到编辑窗口的四周都可以使其处于固定状态。

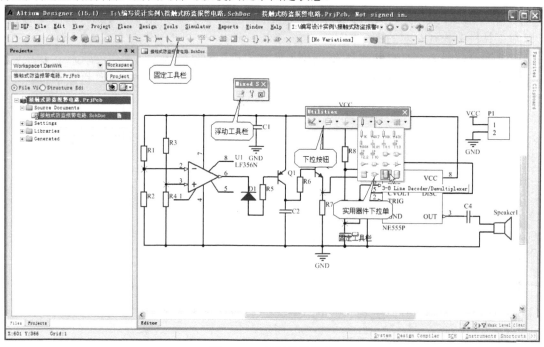

图 5-3 工具栏放置状态

（2）工具栏中带有下拉按钮的工具，单击该工具时，即弹出其下拉菜单，从弹出的下拉菜单中选中要用的器件进行操作。

（3）工具栏中带有颜色框时（主要指文本格式工具栏），单击颜色框即弹出颜色选择条或颜色选择对话框，选择需要的颜色。

5.3 窗口显示设置

有关窗口显示设置的命令全部在【Window】菜单中，如图 5-4 所示。

【Window】菜单命令主要是针对编辑器同时打开多个文件而言的。下面以同时打开 3 个文件为例介绍有关命令的使用方法。

图 5-4 【Window】菜单

打开"接触式防盗报警电路.PrjPcb"项目中的 3 个设计文件："接触式防盗报警电路.SchDoc"、"接触式防盗报警电路.BOM"和"接触式防盗报警电路.CSV"。在打开文件时，编辑器的编辑窗口以默认的层叠方式显示，使每个窗口的文件标签可见，当前窗口是活动窗口，它被显示在其他窗口之上，文件标签为浅色。要改变当前窗口，只需单击相应窗口的文件标签即可。

5.3.1 混合平铺窗口

执行菜单命令【Window】→【Tile】，系统将打开的所有窗口平铺，并显示每个窗口的部分内容，如图 5-5 所示。文件标签为浅色的是活动窗口，单击窗口的任意位置，都可以使该窗口切换为活动窗口，即当前窗口。

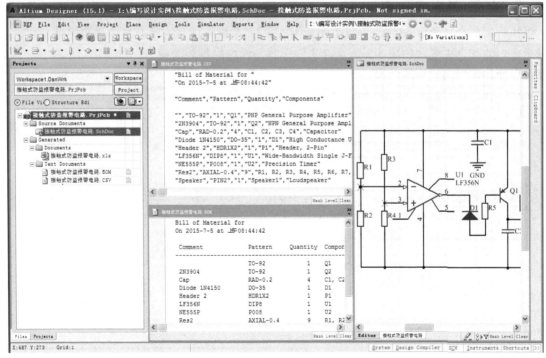

图 5-5 平铺窗口

5.3.2 水平平铺窗口

执行菜单命令【Window】→【Tile Horizontally】，系统将打开的所有窗口水平平铺，并显示每个窗口的部分内容，如图 5-6 所示。文件标签为浅色的是活动窗口，单击窗口的任意位置，都可以使该窗口切换为活动窗口。

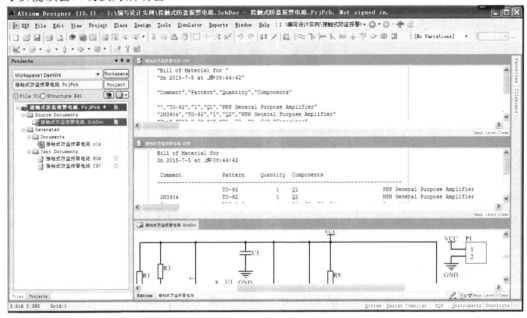

图 5-6 水平平铺窗口

5.3.3 垂直平铺窗口

执行菜单命令【Window】→【Tile Vertically】，系统将打开的所有窗口垂直平铺，并显示每个窗口的部分内容，如图 5-7 所示。文件标签为浅色的是活动窗口，单击窗口的任意位置，都可以使该窗口切换为活动窗口。

图 5-7 垂直平铺窗口

5.3.4 恢复默认的窗口层叠显示状态

在图 5-6 窗口显示模式下，鼠标右键菜单中的"Merge All"命令具有恢复窗口层叠显示状态的功能，执行此命令后，窗口即恢复为默认的层叠显示状态。

5.3.5 在新窗口中打开文件

Altium Designer 系统具有支持当前文件在新窗口中显示的功能。在当前文件的文件标签处右击,弹出右键菜单,单击在新窗口打开命令【Open In New Window】。当前文件在新打开的 Altium Designer 系统设计窗口中显示,即此时在桌面上会有两个 Altium Designer 系统设计界面。Altium Designer 系统可以打开多个设计窗口。

5.3.6 重排设计窗口

当桌面上有两个或两个以上 Altium Designer 系统设计窗口时,可以用重排窗口命令使这些设计界面全部显示在桌面上。

执行菜单命令【Window】→【Arrange All Windows Horizontally】,所有设计界面水平平铺显示,类似【Tile Horizontally】命令的结果。

执行菜单命令【Window】→【Arrange All Windows Vertically】,所有设计界面垂直平铺显示,类似【Tile Vertically】命令的结果。

5.3.7 隐藏文件

Altium Designer 系统具有支持隐藏当前文件的功能。在当前文件的文件标签处右击,弹出右键菜单。

单击【Hide Current】命令,隐藏当前文件(包括文件标签)。

单击【Hide All Documents】命令,隐藏所有打开的文件(包括文件标签)。

执行隐藏文件命令后,【Window】菜单中会新出现一个恢复隐藏命令【Unhide】。【Unhide】中包含所有被隐藏的文件名称,单击文件名称即可使该文件处于显示状态。

5.4 工作面板

Altium Designer 系统在各个编辑器中大量地使用了工作面板(Workspace Panel),简称为面板。所谓面板是指集同类操作于一身的隐藏式窗口。这些面板按类区分,放置在不同的面板标签中。

本节以第 3 章中建立的"接触式防盗报警电路.PrjPcb"为例,介绍几种常用工作面板的使用方法。

首先打开"接触式防盗报警电路.PrjPcb"项目,进入原理图编辑器,执行菜单命令【Project】→【Compiler PCB Project】,编译该项目。

5.4.1 工作面板标签

原理图编辑器共有 5 个面板标签:设计编译器面板标签 Design Compiler 、帮助面板标签 Help 、仪器架面板标签 Instruments 、系统面板标签 System 和原理图面板标签 SCH 。

1. 打开面板的方法

(1)单击菜单命令【View】→【Workspace Panels】,选择要打开的面板。

(2)单击原理图编辑器右下角的面板标签,从弹出的菜单中选择要打开的面板。

2．面板标签及面板的名称

（1）设计编译器面板标签 Design Compiler 中共有 3 个面板，如图 5-8 所示。

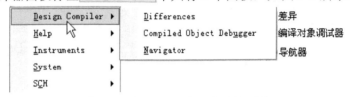

图 5-8　编译器面板标签包含的面板

（2）帮助面板标签 Help 中有 1 个面板，"快捷键"给出了各种操作的快捷键对应表，如图 5-9 所示。

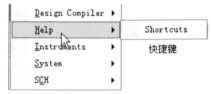

图 5-9　帮助面板标签包含的面板

（3）仪器架面板标签 Instruments 中共有 3 个面板，如图 5-10 所示。这 3 个面板主要是针对系统外挂开发设备的。

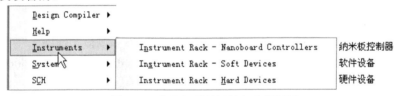

图 5-10　仪器架面板标签包含的面板

（4）系统面板标签 System 中共有 12 个面板，如图 5-11 所示。

图 5-11　系统面板标签包含的面板

（5）原理图面板标签 SCH 中共有 4 个面板，如图 5-12 所示。

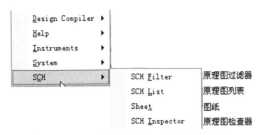

图 5-12 原理图面板标签包含的面板

5.4.2 剪贴板面板功能

1. 剪贴板（Clipboard）面板的保存功能

在原理图绘制和编辑过程中，所有的复制操作都会在剪贴板面板中被依次保存，最近的一次在最上面，如图 5-13 所示。

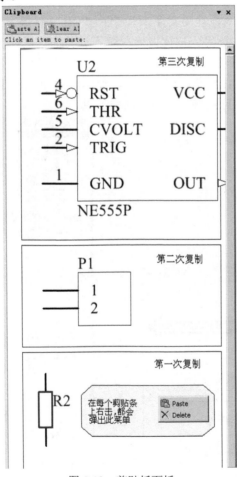

图 5-13 剪贴板面板

2. 剪贴板面板的粘贴功能

（1）单独粘贴功能。单击剪贴板面板中要粘贴的一条内容，该剪贴条中保存的图件就会附着在光标上，在图纸的适当位置单击，图件即被粘贴到图纸上。在一个剪贴条上右击，会弹出一个右键菜单，选择 Paste，也具有同样功能。

(2)全部粘贴功能。单击剪贴板面板的 Paste All 按钮,在图纸中可依次粘贴剪贴板中所保存的全部内容,粘贴顺序与剪贴板中从上至下的保存顺序相同。

3. 清除剪贴板的内容

(1)单独清除。在要删除的剪贴条上右击,从弹出的右键菜单中选择 Delete,即可清除该条内容。

(2)全部清除。单击剪贴板面板的 Clear All 按钮,剪贴板面板中所保存的全部内容都会被清除。

5.4.3 收藏面板功能

收藏面板(Favorites)的功能类似网页浏览器中的收藏夹,可以将常用的文件放在里面以方便调用。

1. 为收藏面板添加内容

(1)打开要收藏的文件(原理图文件、库文件、PCB 文件等),打开收藏面板(Favorites)。光标指向编辑器窗口的文件标签,按住鼠标左键不放并拖动鼠标,拖动到收藏面板窗口,如图 5-14 所示。

(2)放开鼠标左键,弹出添加收藏对话框,如图 5-15 所示。或在收藏面板上右击,弹出收藏面板管理菜单,作出相应的操作,也有同样效果。

图 5-14 收藏面板及收藏操作

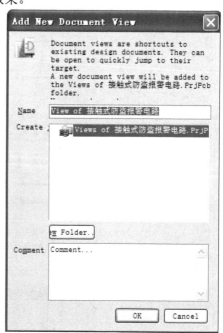

图 5-15 添加收藏对话框

(3)单击 OK 按钮,文件即被添加到收藏面板中,如图 5-16 所示。

(4)在收藏面板中选择不同的显示模式,可改变收藏的显示风格,如图 5-17 所示。

2. 清除收藏面板的内容

(1)在收藏面板上右击,弹出收藏面板管理菜单,如图 5-18 所示。

(2)单击删除文档选项,即从收藏面板中删除了选中的文件。

从上述菜单上也可以作出有关收藏面板的相关操作,这里不再做详细介绍。

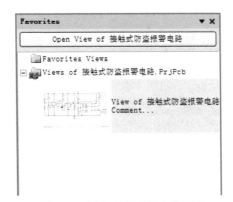 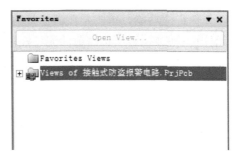

图 5-16 添加收藏后的收藏面板　　　　图 5-17 收藏面板的另一种显示模式

图 5-18 整理面板管理菜单

5.4.4 导航器面板功能

在原理图编辑器中,导航器面板(Navigator)的主要功能是快速定位,包括元件、网络分布等。导航器面板位于编译器面板标签 Design Compiler 中,编译器面板标签中的面板功能是针对编译器设置的,所以要想使用其中的面板功能,必须先对文件或项目进行编译。

执行菜单【View】→【Workspace Panels】→【Design Compiler】→【Navigator】,打开导航器面板,如图 5-19 所示。

图 5-19 导航器面板

1. 导航器面板的定位功能

定位功能是指图件的高亮放大显示功能，目的是突出显示相关图件。

（1）元件定位功能。单击导航器面板第二栏"Instance"列表中的元件，编辑器窗口放大显示该元件（变焦显示），其他图件变为浅色（掩模功能），如图 5-20 所示。

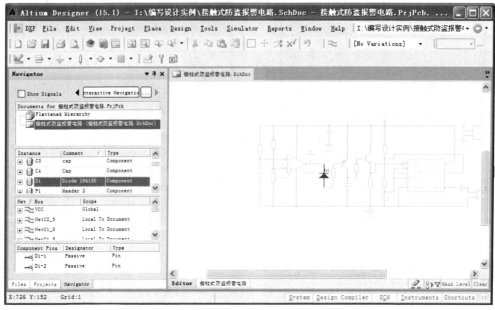

图 5-20　导航器面板的元件定位功能

（2）网络定位功能。单击导航器面板第三栏网络/总线（Net/Bus）列表中的网络名称，编辑器窗口放大显示该网络的导线、元件引脚（包括引脚名称和序号）和网络名称，其他图件被掩模，变为浅色（包括被选中引脚所属元件的实体部分）。该功能仅针对具有电气特性的图件。如图 5-21 所示。

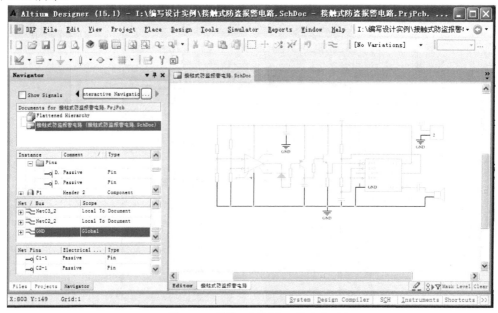

图 5-21　导航器面板的网络定位功能

(3)交互导航功能。单击导航器面板的交互导航 Interactive Navigation 按钮，出现大十字光标，单击原理图中的图件，与之关联的图件被定位，如图 5-22 所示。同时导航器面板各栏也显示相应内容。

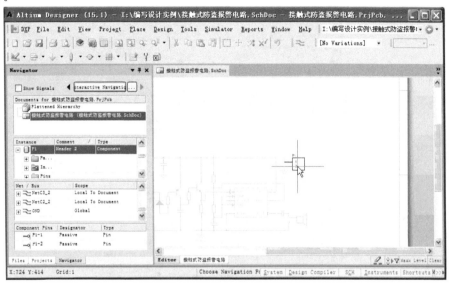

图 5-22 导航器面板的交互导航功能

导航器面板的定位功能在 PCB 编辑器中也适用。

2．调整掩模程度

（1）单击编辑器窗口（见图 5-3）右下角的掩模程度调整器 Mask Level 按钮，弹出掩模程度调整器，如图 5-23 所示。

图 5-23 掩模程度调整器

（2）拖动 Dim 滑块，向上减小，向下增大。

3．取消掩模

取消掩模的方法有多种，在编辑器窗口的任何位置单击，或单击编辑器窗口（见图 5-3）右下角的 Clear 按钮，都可以取消掩模。

5.4.5 过滤器面板功能

列表面板（SCH Filter）位于面板标签"SCH"中的第一行。原理图过滤器面板允许通过逻辑语言来设置过滤器，即设置过滤器的过滤条件，从而使过滤更准确、更快捷。

所谓过滤是指快速定位元件、网络等相关图件，被过滤的相关图件以编辑器窗口的中心为中心高亮显示(或变焦显示)，其他图件采用掩模功能变为浅色。

执行菜单命令【View】→【Workspace Panels】→【SCH】→【SCH Filter】，打开原理图过滤器面板，如图 5-24 所示。

1．过滤功能

（1）用户可在 Find items matching these criteria 栏中输入查询条件，以便更准确地显示要查看的信息。输入的查询条件，必须符合系统的语法规则。如果不会输入，可以请助手帮助。单击助手 Helper 按钮，打开查询助手对话框，如图 5-25 所示。

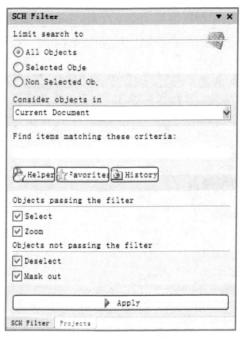

图 5-24 原理图过滤器面板

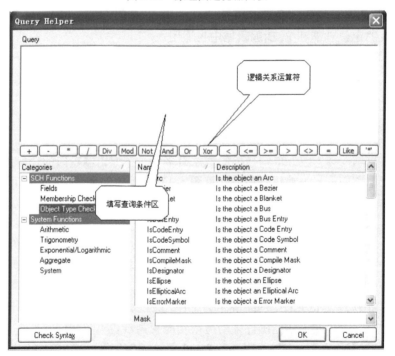

图 5-25 查询助手对话框

（2）在图 5-25 中输入查询条件语句的语法要求比较严格，初学者可利用类别分组框中列出的类别和与之对应的名称来输入。

例如，选择类别原理图功能（SCH Functions）中的对象类型表单（Object Type Checks）。双击右侧名称（Name）列表框中的 Is Part（部件），Is Part 即被填写到查询条件框（Query）中。单击 OK 按钮，退回到原理图过滤器面板。单击 Apply 按钮，原理图编辑窗口中所有符合条件的图件导线被选中并正常显示,而非导线图件被掩模,显得灰暗,如图 5-26 所示。

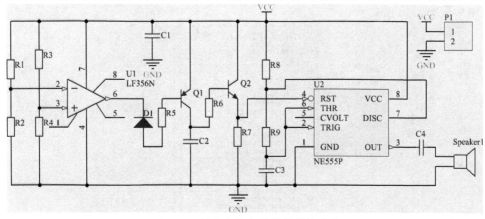

图 5-26 符合查询条件的图件被选中

(3) 原理图过滤器下方为过滤显示方式,若添加勾选 "Zoom" 项,过滤器会以变焦方式显示选中的图件导线,如图 5-27 所示。

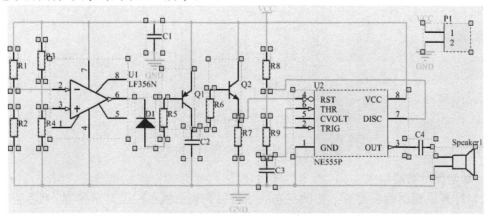

图 5-27 选择 Zoom 的过滤模式显示

2. 记忆功能

原理图过滤器面板对已执行的操作有记忆功能,单击 Favorites 按钮和 History 按钮,在弹出的对话框中可以实现对历史操作进行编辑、重复调用、加入收藏等功能。

5.4.6 列表面板功能

原理图列表面板(SCH List)位于面板标签 "SCH" 的第二行中。执行菜单命令【View】→【Workspace Panels】→【SCH】→【SCH List】,打开原理图列表面板,如图 5-28 所示。

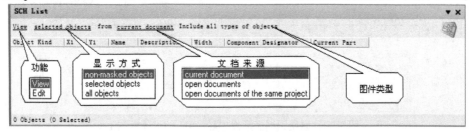

图 5-28 原理图列表面板

从图 5-28 中可以清楚知道原理图列表面板有两种功能，即查阅和编辑；有 4 个选项，其中图件类型如图 5-29 所示。

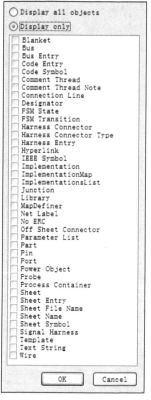

图 5-29 原理图列表面板中图件类型

1．互动显示功能

（1）打开原理图列表面板。初始状态的原理图列表面板各栏无显示内容。"功能"设置"View"，显示方式设置"selected objects"，文档来源设置"current document"，图件类型勾选"Part"，单击当前文档"接触式防盗报警电路.SchDoc"图纸中的图件，例如 D1。如图 5-30 所示的原理图列表中，立即显示 D1 的设计数据。

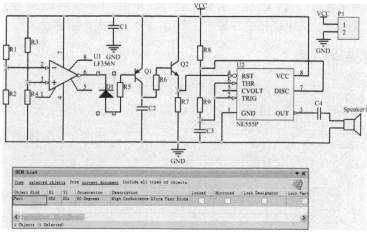

图 5-30 原理图列表面板中显示 D1 的设计数据

(2)单击原理图编辑区的空白处,原理图面板中立即无内容显示,此操作有清楚显示内容的功效。

(3)变换单击图纸中的不同图件,列表面板中的显示内容会同时跳转。

2. 编辑功能

在原理图列表面板上还可以对编辑文档中的图件进行锁定操作,其操作方法简单易行,用户可自行练习。

5.4.7 图纸面板功能

图纸面板(Sheet)位于面板标签"SCH"的第三行中。执行菜单命令【View】→【Workspace Panels】→【SCH】→【Sheet】,打开图纸面板,如图5-31所示。

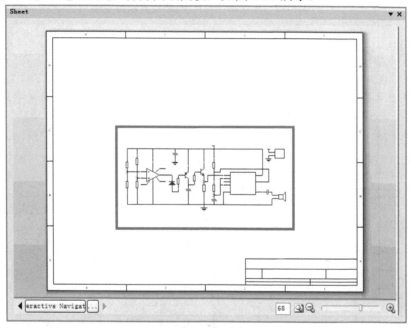

图5-31 图纸面板

(1)单击 按钮,实现适合全部图件的显示功能,与菜单命令【View】→【Fit All Objects】作用相同。

(2)单击 和 按钮或拖动显示比例调节滑块,实现缩小和放大功能。直接在比例文本框中输入数字,视图按该比例显示。

(3)将光标移到图纸面板预览框的显示区域框(默认为红色)内时,光标变为 ,按住鼠标左键可拖动显示区域框,从而改变显示中心的位置。

5.4.8 检查器面板功能

原理图检查器面板(SCH Inspector)位于面板标签"SCH"的第四行中。执行菜单命令【View】→【Workspace Panels】→【SCH】→【SCH Inspector】,打开原理图检查器面板,并选择当前文档"接触式防盗报警电路.SchDoc"图纸中的电源VCC后,结果如图5-32所示。

其选项的设置、功能和操作与原理图列表面板相似。

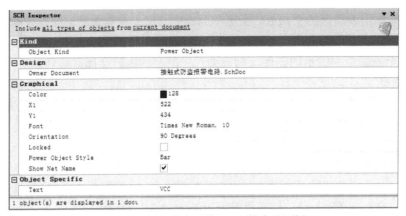

图 5-32 原理图中元件 VCC 检查器面板

5.5 导线高亮工具——高亮笔

编辑器窗口（见图 5-3）右下角的 🖉 按钮是一个导线高亮工具——高亮笔。高亮笔具有以下几项功能。

（1）与元件相连导线的高亮显示功能。单击 🖉 按钮，出现十字光标，单击原理图中的元件实体（例如，原理图上方的 GND）部分，与该元件相连的导线高亮显示，如图 5-33 所示。

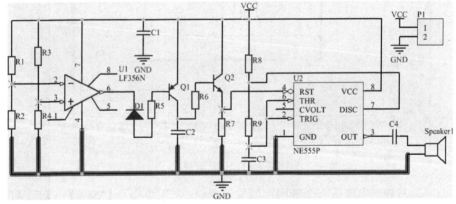

图 5-33 与 GND 相连导线高亮显示

（2）取消导线高亮显示功能。单击编辑器窗口右下角的 Clear 按钮，取消高亮显示。

（3）默认状态下，编辑器窗口只能高亮显示选中的一组关联导线。如果要高亮显示多次选中的导线，使用高亮笔的同时按下 Shift 键即可。

（4）高亮笔有效时，按空格键切换高亮笔的颜色。

习题 5

5-1 练习文件显示方式。

5-2 练习工作面板打开或关闭方式。

5-3 练习高亮笔的使用方法。

第 6 章 原理图编辑常用方法

在原理图设计时，时常要对原理图中的图件进行调整，也称为编辑。Altium Designer 系统提供了对原理中的图件进行编辑的方法。例如，某一元件或某一组元件及某一区域内（外）的元件的选取、复制、删除、移动或排列等。

本章将介绍这些通用编辑方法，还将介绍原理图的全局编辑方法。

6.1 编辑菜单

通用编辑方法包括选取、剪切、复制、粘贴、删除、移动、排列等，这些命令集中在编辑【Edit】菜单中，如图 6-1 所示。

图 6-1 编辑【Edit】菜单

6.2 选取图件

选取图件是其他编辑功能实现的前提，只有图件被选取后才能对其进行编辑操作。图件处于被选取的状态时也称为选中。

Altium Designer 系统一般有 3 种选中状态指示：句柄、文本框、高亮条。图件主要由句柄指示其选中状态；文本框适用图件主要是字符串、标记、节点、电源端子等；高亮条主要用于菜单命令、文件名称等。如图 6-2 所示。在选中状态指示中，句柄和文本框的颜色在系统参数设置中的图形编辑参数设置对话框里设置。

图 6-2 选中状态的 3 种指示形式

6.2.1 选取菜单命令

执行菜单命令【Edit】→【Select】后，有 6 个选取命令和 1 个选取状态切换命令，如图 6-3 所示。

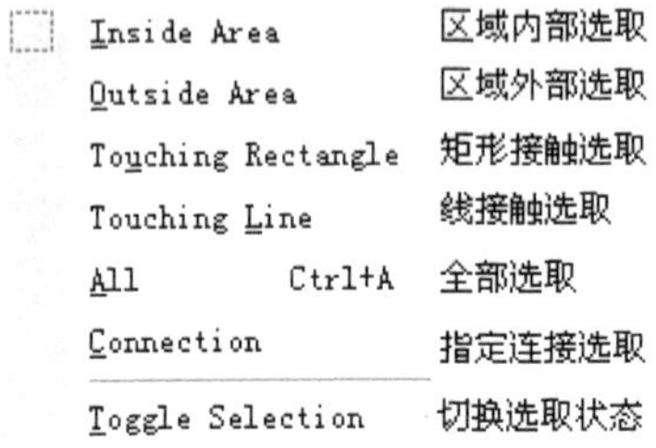

图 6-3 选取【Select】菜单

1. 区域内部选取【Inside Area】命令

执行该命令，出现十字光标，在图纸上单击，移动光标会出现一个矩形虚线框。再单击，矩形虚线框内的所有图件都被选中。但如果一个图件超出一半的部分在虚线框外时，该图件将不被选中。也就是说，要用区域内部选取命令选取图件时，被选取图件的 1/2 以上部分必须包含在虚线框内。

2. 区域外部选取【Outside Area】命令

执行该命令的结果和上一个命令正好相反，它选中的是虚线框外部的图件。

3. 矩形接触选取【Touching Rectangle】命令

执行该命令，出现十字光标，在图纸上单击，移动光标会出现一个矩形虚线框。

4. 线接触选取【Touching】命令

执行该命令，出现十字光标，在图纸上单击，移动光标会出现一条线，再单击，与该线接触的所有图件都被选中。

5. 全部选取【All】命令

执行该命令后，当前图纸中的所有图件都被选中。

6. 指定连接选取【Connection】命令

指定连接选取命令只能选取有电气连接的相关图件，无电气属性的图件不能被该命令选中。它的操作图件是导线、节点、网络标号、输入/输出端口和元件引脚（不包括元件实体部分）等。

执行该命令后，出现十字光标，在操作图件上单击，与被选中图件相连接的有电气属性的图件都被选中，并且高亮显示（过滤器功能）。此时只能对过滤出的图件进行编辑，高亮的元件引脚只是元件的一部分，不能算作完整的图件，所以不能对其进行编辑。该命令是一个多选命令，即可以连续选取多个图件。

注意：与该命令选取图件相连的元件也会出现一个类似句柄的方框,但它只是提示性符号，提示该元件与选取图件有连接关系，而不是说该元件被选取。元件被选取时，句柄的小方块是实心的，此处则是空心的。

7. 切换选取状态【Toggle Selection】命令

该命令用于切换图件的选取状态，即在选取和不选取两种状态间进行切换。

执行该命令后，出现十字光标，在图件上单击。如果该图件原来被选中，则它的选中状态被取消；如果该图件原来未被选中，则它变为选中状态。

6.2.2 直接选取方法

直接选取是指不执行菜单命令或单击工具栏按钮，而在图纸上用光标直接进行选取。

（1）在图纸上按住鼠标左键并拖动光标，出现一个虚线框，放开鼠标左键，虚线框内的图件即被选中。这种方法是区域内选取命令的快速操作，主要用于多个图件的选取。

（2）将光标放在图件上单击，图件即被选中。

在操作上述 2 种选取时，按住 Shift 键，可执行多次选取操作。Shift 键同时也对其他选取命令有效。

系统参数中可以设置 Shift + 单击，作为直接选取方法。参见本书 2.6.2 节。

6.2.3 取消选择

执行菜单命令【Edit】→【DeSelect】后有 6 个取消选择命令和 1 个切换选取状态命令，如图 6-4 所示。

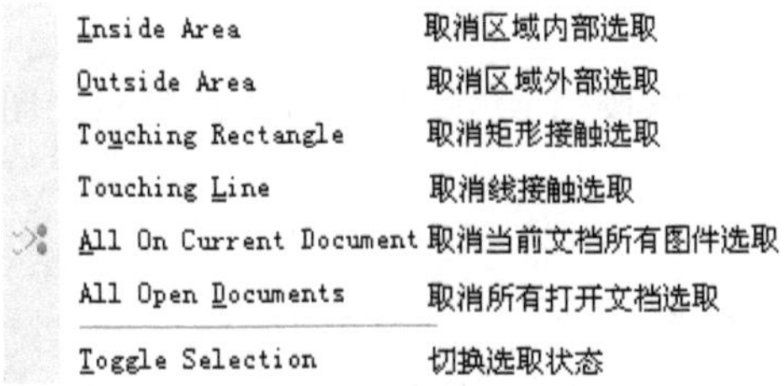

Inside Area	取消区域内部选取
Outside Area	取消区域外部选取
Touching Rectangle	取消矩形接触选取
Touching Line	取消线接触选取
All On Current Document	取消当前文档所有图件选取
All Open Documents	取消所有打开文档选取
Toggle Selection	切换选取状态

图 6-4　取消选择【DeSelect】菜单

1. 用菜单命令取消选取

与【Select】选取子菜单命令相比较，前 6 个命令功能恰好相反，最后 1 个命令功能完全相同。【All On Current Documents】是将所有当前打开文件中图件的选取状态取消；【All Open Documents】是将所有打开文件中图件的选取状态取消。

2. 直接取消选取的方法

当多个图件被选中时，如果想解除个别图件的选取状态，可将光标移到相应的图件上单击，即取消该图件的选取状态。该方法对取消单个图件的选中状态也有效。

当多个图件被选中时，如果想解除全部图件的选取状态，在图纸的未选中区域单击即可。最好是在空白处单击，如果在原理图图件上单击，在取消原选中图件时，被单击图件将被选中（系统参数设置中的图形编辑参数设置对话框（见图 2-22）中必须勾选 ☑ Click Clears Selection 项）。

6.3 剪贴或复制图件

Altium Designer 系统能够使用 Windows 操作系统的共享剪贴板，更方便用户在不同的文档间"复制"、"剪切"和"粘贴"图件。如将原理图复制到 Word 文档，编辑报告或论文。

Altium Designer 系统自带的剪贴板面板(Clipboard),功能非常强大,使用方法见本书 5.4.2 节。

6.3.1 剪切

剪切是将选取的图件删除并存放到剪贴板中的过程。
(1) 选取要剪切的图件。
(2) 执行菜单命令【Edit】→【Cut】或单击标准工具栏上的 按钮,即可将图件移存到剪贴板中,同时选取的图件在编辑窗口中被删除。

注意:系统自带的剪贴板面板(Clipboard)对剪切命令无效,即不会保存剪切的内容。剪切内容被暂存在操作系统的剪贴板中,且只能保存一项,如果有新的剪切操作就会覆盖已有的内容。如果 Office 是打开的,剪切内容同时也会保存在 Office 的剪贴板中。Office 的剪贴板可以保存多次内容。

6.3.2 粘贴

粘贴是将剪贴板中的内容作为副本,放置在当前文件中。当剪切或复制图件时,操作如下:
(1) 执行菜单命令【Edit】→【Paste】或单击标准工具栏上的 按钮。
(2) 出现十字光标,并且光标上附着剪切或复制的图件,将光标移到合适的位置单击,即可在该处粘贴图件。
(3) 在执行粘贴操作时,可以按空格键旋转光标上所粘附的图件,按 X 键左右翻转,按 Y 键上下翻转。

6.3.3 智能粘贴

如果需要多次粘贴同一个图件,且要同时修改元器件的标识符时,要不断重复执行粘贴命令,就显得很不方便。使用 Altium Designer 系统中的智能粘贴,就可以很好地解决这个问题。

智能粘贴也是将剪贴板中的内容作为副本放置在当前文件中,当剪切或复制图件时可按如下步骤操作:
(1) 执行菜单命令【Edit】→【Smart Paste】命令,弹出智能粘贴参数设置对话框,如图 6-5 所示。
(2) 在【Paste Array】区中有 3 个选项,其中列(Columns)和行(Rows)都有 2 个添加项,设置如图 6-5 所示。
(3) 单击 OK 按钮,出现十字光标,并且光标上附着粘贴的阵列的图件,将光标移到合适的位置单击,即可在该处粘贴图件。
(4) 在执行智能粘贴操作时,可以按空格键旋转光标上所粘附的图件,按 X 键左右翻转,按 Y 键上下翻转。

6.3.4 复制

复制是将选取的图件复制到剪贴板中,原理图上仍保留被选取图件。
(1) 选取要复制的图件。
(2) 执行菜单命令【Edit】→【Copy】或单击标准工具栏上的 按钮。

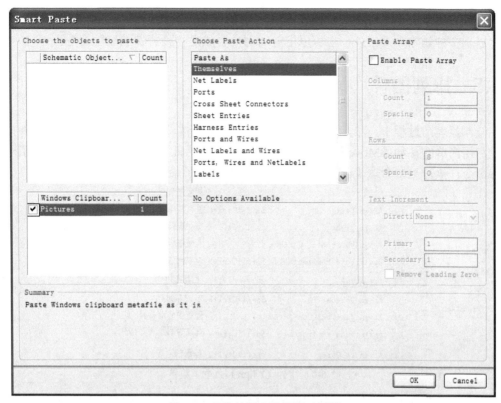

图 6-5 智能粘贴参数设置对话框

（3）同时被复制图件也保存在系统的剪贴板面板中。如果设置带模板复制（Add Template to Clipboard）有效，则在剪贴板面板中连同模板一起保存（参见本书 5.4.2 节）。

（4）单击剪贴板面板上的图件，图件和十字光标一同在编辑窗口出现，移动光标引领被复制图件到编辑窗口中某一相应位置单击，即可将图件复制。

（5）剪贴板面板（Clipboard）上可以多次保存复制内容。

6.4 删除图件

删除图件有 2 种方法，一种是个体删除，一种是组合删除。具体功能和操作如下。

6.4.1 个体删除命令

使用该命令可连续删除多个图件，且不需要选取图件。

执行菜单命令【Edit】→【Delete】，出现十字光标，将光标指向所要删除的图件，单击删除该图件。此时仍处于删除状态，光标仍为十字光标，可以继续删除下一个图件，右击（也可以按 Esc 键）退出删除状态。

6.4.2 组合删除命令

该命令的功能是删除已选取的单个或多个图件。

（1）选取要删除的图件。

(2）执行菜单命令【Edit】→【Clear】，已选图件将立刻被删除。

除以上 2 种删除命令之外，也可以把剪切功能看成是一种特殊的删除命令。

6.5 排列图件

在绘制原理图过程中，为了使原理图美观并增加可读性，有时要求原理图上的图件排列要整齐，利用简单的移动【Move】命令，很难达到要求。为此，Altium Designer 提供了一组排列对齐命令，执行菜单命令【Edit】→【Align】，弹出的子菜单如图 6-6 所示。

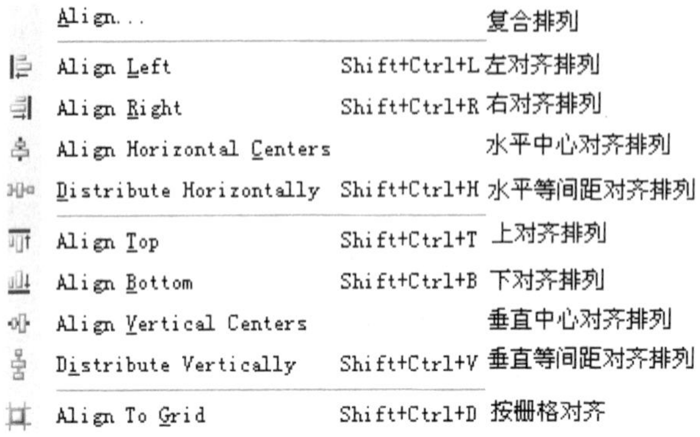

	Align...		复合排列
	Align Left	Shift+Ctrl+L	左对齐排列
	Align Right	Shift+Ctrl+R	右对齐排列
	Align Horizontal Centers		水平中心对齐排列
	Distribute Horizontally	Shift+Ctrl+H	水平等间距对齐排列
	Align Top	Shift+Ctrl+T	上对齐排列
	Align Bottom	Shift+Ctrl+B	下对齐排列
	Align Vertical Centers		垂直中心对齐排列
	Distribute Vertically	Shift+Ctrl+V	垂直等间距对齐排列
	Align To Grid	Shift+Ctrl+D	按栅格对齐

图 6-6 排列【Align】命令子菜单

使用图 6-6 排列功能的命令，使图件的布局更加方便、快捷。在启动排列命令之前，首先要选择需要排列的一组图件，所有排列对齐命令仅针对被选取图件，与其他图件无关。

（1）左对齐排列【Align Left】命令是将选取图件，向最左边的图件对齐。

（2）右对齐排列【Align Right】命令是将选取的图件，向最右边的图件对齐。

（3）水平中心对齐排列【Align Horizontal Centers】命令是将选取的图件，向最右边图件和最左边图件的中间位置对齐。执行命令后，各个图件的垂直位置不变，水平方向都汇集在中间位置，所以有可能发生重叠。

（4）水平等间距对齐排列【Distribute Horizontally】命令是将选取的图件，在最右边图件和最左边图件之间等间距放置，垂直位置不变。

（5）上对齐排列【Align Top】命令是将选取的图件，向最上面的图件对齐。

（6）下对齐排列【Align Bottom】命令是将选取的图件，向最下面的图件对齐。

（7）垂直中心对齐排列【Align Vertical Centers】命令是将选取的图件，向最上面图件和最下面图件的中间位置对齐。执行命令后，各个图件的水平位置不变，垂直方向都汇集在中间位置，所以也有可能发生重叠。

（8）垂直等间距对齐排列【Distribute Vertically】命令是将选取的图件，在最上面和最下面图件之间等间距放置，水平位置不变。

（9）按栅格对齐【Align To Grid】命令是使未位于栅格上的电气点移动到最近的栅格上（图件本身作为一个整体也会发生移动）。这个命令主要用在放置完原理图图件后，修改栅格参数，从而使元件等原理图图件的电气连接点不在栅格点上，给连线造成一定困难时，可用该功能使其修正。

（10）复合排列【Align...】命令，可以将选取的图件在水平和垂直两个方向上同时排列。

- 执行菜单命令【Edit】→【Align】→【Align...】，进入复合排列设置对话框，如图6-7所示。
- 复合排列设置对话框中有水平排列选项（Horizontal Alignment 单选项）分组栏、垂直排列选项（Vertical Alignment 单选项）分组栏和将元件移到格点上（Move Primitives to Grid）复选项，各个选项的含义与上面介绍的各项功能相同。
- 复合排列同时执行两个方向上的对齐功能，效率较高。

图6-7 复合排列设置对话框

6.6 剪切导线

剪切导线【Break Wire】命令是用来将导线中一部分切除的命令。

系统确认一条导线是以放置时的起点和终点为标记的，无论中间是否有转折点。对于导线的编辑，系统是按一条导线进行的，不能编辑一根导线中的一部分。如果要对导线的一部分进行编辑操作，就需要将导线剪断，剪切导线【Break Wire】命令就是完成这一功能的。

1. 设置剪切参数

在剪切导线之前，需要设置导线剪切的参数。该参数设置在原理图编辑设置对话框中进行。

（1）从右键快捷菜单中选择执行【DXP】→【Preferences】命令，启动原理图编辑参数设置对话框，单击剪切导线（Break Wire）标签，进入剪切导线参数设置对话框，如图6-8所示。

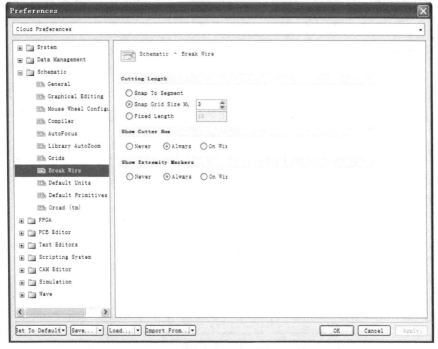

图6-8 剪切导线参数设置对话框

（2）剪切导线参数设置对话框中有 3 个分组栏，每个分组栏中都有 3 个单选项，选择不同的组合，剪切导线命令将按不同的方式剪切导线。

- 切割长度（Cutting Length）分组栏

捕获线段（Snap To Segment）选项有效时，执行剪切导线命令，将剪切光标指向整条导线。

以栅格倍数捕获（Snap Grid Size Multiple）选项有效时，执行剪切导线命令，将以当前栅格值乘以其文本框中输入的倍数确定剪切长度。如当前栅格值为 10，设置倍数为 3，则剪切长度为 30。

固定长度（Fixed Length）选项有效时，执行剪切导线命令，将以其文本框中设置的长度剪切导线。

- 显示切割框（Show Cutter Box）分组栏

从不（Never）选项有效时，执行剪切导线命令，不显示切割框。

总是（Always）选项有效时，执行剪切导线命令，总是显示切割框，不论光标在任何位置。

在导线上（On Wire）选项有效时，执行剪切导线命令，光标指向导线时才显示切割框。

- 显示切割端点标记（Show Extremity Markers）分组栏

其 3 个选项与显示切割框（Show Cutter Box）分组栏的相同，只是作用对象是切割端点标记而已。

2．剪切导线

（1）执行菜单命令【Edit】→【Break Wire】；

（2）将光标移到导线切割处，立即显示切割长度；

（3）单击 OK 按钮确定，完成切割；

（4）可连续操作。

6.7　平移图纸

在编辑原理图的过程中，尤其是当图纸较大，在当前编辑窗口不能全部显示，随时需要改变画面，以显示不同部位。Altium Designer 系统的原理图编辑环境提供了一种非常实用的平移图纸方法。

在编辑器窗口中按住鼠标右键不放，出现一只小手，如图 6-9 所示，此时移动光标，图纸会跟随光标在任意方向上移动，图纸平移到合适位置后放开右键即可。平移图纸功能在系统所有的编辑器中都可以使用。

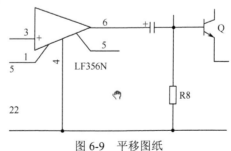

图 6-9　平移图纸

6.8 光标跳转

执行菜单命令【Edit】→【Jump】后，共有 5 个与光标跳转相关的命令，如图 6-10 所示。

（1）光标跳转到绝对原点命令【Origin】。执行该命令后，光标跳转到图纸的左下角，即绝对原点（0，0）。编辑窗口的显示中心同时也跳转到绝对原点，这种显示窗口跟踪光标的特性在其他几种跳转中也具备，以后不再特别介绍。

（2）光标跳转到新位置命令【New Location...】。执行该命令后，弹出跳转位置坐标设置对话框（见图 6-11），输入相应的坐标值，光标即跳转到设定位置。

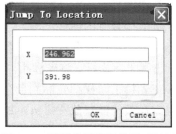

图 6-10　跳转子菜单　　　　　　　图 6-11　跳转位置坐标设置对话框

（3）光标跳转到元件命令【Jump Component】。执行该命令后，弹出跳转到元件设置对话框（见图 6-12），输入相应的元件名字，单击 OK 按钮确认后光标即跳转到设定位置。

图 6-12　跳转到元件设置对话框

（4）设置位置标记命令【Set Location Marks】。单击该命令后，弹出一个位置标记框，其中共有 10 个位置标记。单击某一个位置标记（如 1），出现十字光标，移动光标在图纸某一位置单击，该位置的坐标即被存储在位置标记 1 中。位置标记作为原理图的一部分，在原理图保存时被同时保存。

（5）光标跳转到位置标记命令【Location Marks】。该命令必须与设置位置标记命令配合使用。单击该命令后，弹出位置标记框，单击某位置标记，光标即跳转到该位置号标记所存储的位置坐标处。

6.9　特殊粘贴命令

Altium Designer 系统有 2 个特殊的粘贴命令，也可以叫作复制命令：备份【Duplicate】和橡皮图章命令【Rubber Stamp】。这 2 个命令实际上是复制、粘贴命令的组合，操作更快捷、方便。

6.9.1　备份命令

使用备份【Duplicate】命令，不需要将被选图件剪切或复制，可以直接在图纸中复制出被选图件。

（1）选取要备份的图件。

（2）执行菜单命令【Edit】→【Duplicate】。

（3）在被选图件右下方创建了一个备份，并处于选中状态，原选中的图件取消选中状态。同时将图件放到剪贴板中，但系统本身的剪贴板模板不保存该命令的结果。

6.9.2 橡皮图章命令

橡皮图章【Rubber Stamp】命令与备份【Duplicate】命令相似，使用该功能复制图件时，不需要将被选图件进行剪切或复制，可以直接复制。

（1）选取要复制的图件。

（2）执行菜单命令【Edit】→【Rubber Stamp】。

（3）出现十字光标，将光标指向已选取图件（也可以不指向）并单击，此时被选图件的拷贝将粘贴在光标上，移动光标到合适位置处单击，立即在光标位置放置一个拷贝。如果需要，还可以继续在其他位置放置拷贝，或者直接右击退出当前状态。

（4）启动该命令时，如果系统参数带基点复制"Clipboard Reference"复选项被选中，则出现十字光标，等待用户单击。单击位置即是基点。如果"Clipboard Reference"复选项未选中，则不出现十字光标，而是被选图件的拷贝直接附着在光标上。

（5）使用该命令，拷贝会自动放到剪贴板上，使用橡皮图章所放置的拷贝处于非选中状态。系统本身的剪贴板模板不保存该命令的结果。

6.10 修改参数

修改命令（Change）的功能等同于双击图件，即执行菜单命令【Edit】→【Change】，出现十字光标，在原理图图件上单击，进入属性设置对话框进行参数修改。属性设置方法见第 7 章。

6.11 全局编辑

Altium Designer 的全局编辑功能可以实现对当前文件或所有打开文件（包括已打开项目）中具有相同属性图件同时进行属性编辑的功能。

Altium Designer 的全局编辑功能的启动方式有两种：一种是执行菜单命令【Edit】→【Find similar Objects】，出现十字光标，移动十字光标并在编辑图件上单击，进入查找相似图件对话框"Find Similar Objects"；另一种是在编辑图件上右击，执行右键菜单中的【Find Similar Objects...】命令，进入查找相似图件对话框"Find Similar Objects"。

原理图中的任何图件都可以实现全局编辑功能。本节以图 3-2 所示的"接触式防盗报警电路.SchDoc"为例，介绍原理图元件和字符的全局编辑方法。

全局编辑功能在原理图编辑器和 PCB 编辑器中都可以使用，使用方法也基本相同，因此在 PCB 编辑器中将不再介绍。

6.11.1 元件的全局编辑

以更换全部电阻元件符号为例,介绍全局编辑功能的使用。

1. 查找相似图件对话框"Find Similar Objects"的设置

将光标指向图 3-2 中的任何一个电阻实体(如 R1),右击弹出右键菜单,再单击菜单中的【Find Similar Objects...】命令,即可打开"Find Similar Objects"对话框,如图 6-13 所示。

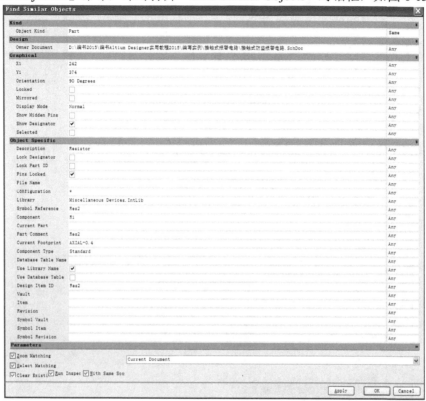

图 6-13 查找相似图件对话框

(1)按图 6-13 设置有关选项,将当前封装、元件名称和对象类型作为搜索条件,选择匹配关系为相同"Same",复选项全部勾选,其他的使用默认设置。当前封装和元件名称可以只设置其中一个的匹配关系为 Same。

(2)6 个复选项的选择与否可有多种组合,不同的组合会产生不同的运行结果。

(3)选择匹配项(Select Matching)对全局编辑功能的影响较大,如果该项无效,检查器无检查结果,后续编辑工作将无法进行。

2. 操作方法

设置完成后,有两种执行方法:一是先单击 Apply 按钮执行,不关闭对话框,再单击 OK 按钮关闭对话框,打开检查器;二是单击 OK 按钮执行,直接关闭对话框,打开检查器。本例用第 2 种方法执行搜索,打开检查器,如图 6-14 所示,只有符合条件的元件被选中,其他的图件都变为浅色(掩模功能)。

3. 利用检查器面板(SCH Inspector)的全局编辑功能

利用元件属性设置对话框一个个修改元件参数的方法比较慢,现在介绍利用检查器面板的全局编辑功能修改所有符合检索条件的元件参数。

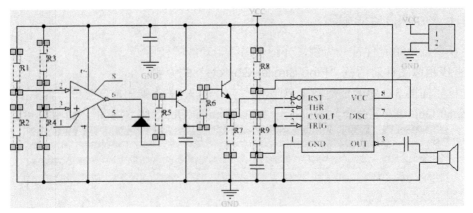

图 6-14　查找相似图件结果

在上述查找相似图件操作的基础上继续操作：

（1）单击 SCH 标签，打开检查器面板（SCH Inspector），如图 6-15 所示。

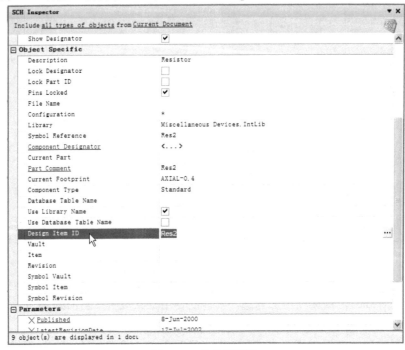

图 6-15　检查器面板

（2）单击图 6-15 中的 按钮，弹出元件参数编辑框，修改"Res2"为"Res1"，如图 6-16 所示。

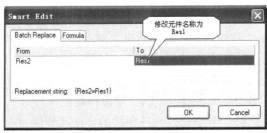

图 6-16　元件参数编辑框

（3）修改完成后，单击 OK 按钮确定，原理图中选中的元件将按修改后的参数值更改，如图 6-17 所示。检查器面板不会自动关闭，单击其右上角关闭按钮❌，关闭检查器。

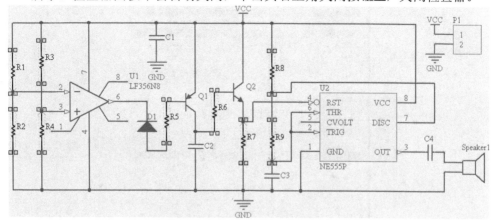

图 6-17 全局修改电阻符号

（4）单击编辑器右下角的清除 Clear 按钮，取消过滤器，使窗口恢复正常，如图 6-18 所示。

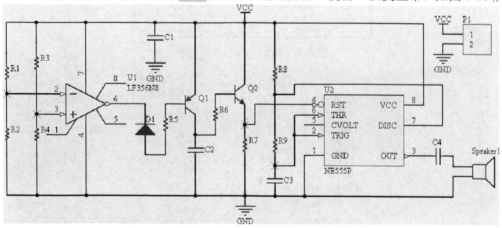

图 6-18 全局编辑后的电路图

注意：图 6-17 和图 6-18 中电阻的符号使用了非国标符号，这里只是为了直观地认识全局编辑的效果，在实际应用中请使用国标符号。

6.11.2 字符的全局编辑

相同类型的字符都可以进行全局编辑，如隐藏、改变字体等。下面介绍将元件编号字体改为粗体的方法。

1. 查找相似图件对话框"Find Similar Objects"的设置

（1）将光标指向图 3-2 中的"R3"字符，右击弹出右键菜单，然后从右键菜单中选择【Find Similar Objects...】命令，打开"Find Similar Objects"对话框，如图 6-19 所示。

（2）在对话框中选择字体"Font"的匹配关系为相同"Same"，单击 OK 按钮，选中所有元件的标识符，如图 6-20 所示。

2. 利用检查器面板（SCH Inspector）的全局编辑功能修改元件标识符字体

（1）单击 SCH 标签，打开检查器面板（SCH Inspector），如图 6-21 所示。

· 115 ·

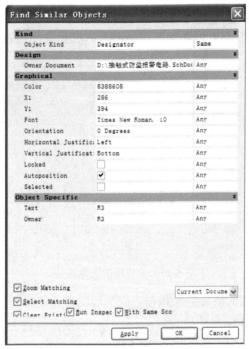

图 6-19 查找相似图件对话框

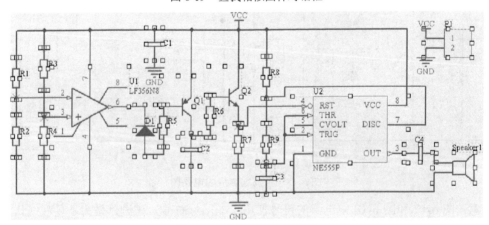

图 6-20 查找相似图件结果

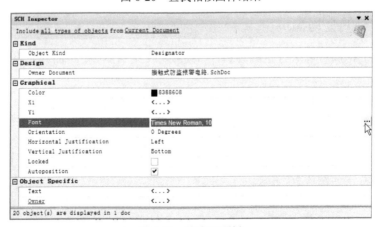

图 6-21 检查器面板

（2）单击"Font"栏后的字体选择…按钮，弹出字体选择对话框，如图6-22所示。

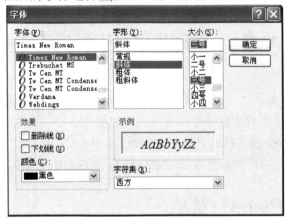

图6-22 字体选择对话框

（3）选中字形分组栏中的"斜体"，大小选择"三号"，单击 确定 按钮，图中所有元件的标识符均改为三号斜体，关闭检查器面板。

（4）单击编辑器右下角的清除 Clear 按钮，取消掩模功能，使窗口恢复正常，如图6-23所示。

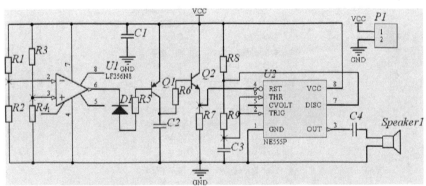

图6-23 元件标识符改为三号斜体的原理图

全局编辑不能隐藏元件标识符，但可以隐藏元件的注释文字和标称值，方法与改变字体的方法基本相似，只是在检查器面板中选中"Hide"项即可。隐藏字符不影响元件的属性，而且使图面干净、整洁。

习题6

6-1 练习原理图中图件的复制方法。

6-2 熟悉特殊粘贴命令的使用方法。

6-3 练习元件的修改方法。

6-4 练习元件的全局修改方法。

第7章 原理图常用图件及属性

在 Altium Designer 系统中绘制电路原理图的实质就是放置合适属性的图件，并将它们进行有效合理的连接。这里需要注意的是：一是如何放置图件；二是怎样设置图件的属性。

放置图件的方法很多，最直接的是利用【Place】菜单命令。本章除了介绍利用放置【Place】菜单命令放置图件的操作方法外，还介绍绘制电路原理图常用的图件属性的设置方法。

7.1 放置【Place】菜单

放置图件的命令主要集中在放置【Place】菜单中，如图 7-1 所示。

图 7-1 放置【Place】菜单

7.2 元件放置及其属性设置

在第 3 章中介绍了利用库文件面板放置元件的方法，这里介绍利用菜单命令放置元件的方法。

7.2.1 元件的放置

（1）执行菜单命令【Place】→【Part...】或单击布线工具栏的 按钮，弹出放置元件对话框，如图 7-2 所示。

（2）如果已经知道欲放置元件在已加载元件库中的准确名称和封装代号，可以直接在放置元件对话框中输入相关内容。其中，元件名称（Physical Component）栏中输入所放置元件在元件库中的名称，标识符（Designator）栏中输入所放置元件在当前原理图中的标识，元件注释（Comment）栏中输入所放置元件的注释信息，元件封装（Footprint）栏中输入所放置元件的 PCB 封装代号。

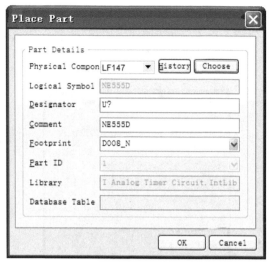

图 7-2　放置元件对话框

（3）要记清楚每个元件在元件库中的准确名称是很困难的，所以应当充分利用系统提供的工具，快速放置元件。

如果不知道元件在元件库中的准确名称，也不知道所在库，则可以用第 4 章元件检索的方法添加元件库。

在放置元件对话框中，单击元件库选择 Choose 按钮，弹出元件库浏览对话框，如图 7-3 所示。

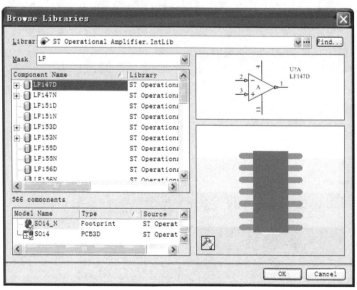

图 7-3　元件库浏览对话框

在元件库浏览对话框中，单击已加载元件库列表的下拉式按钮，在下拉列表中单击元件库名称，可将该元件库置为当前元件库。元件筛选（Mask）的功能：当元件筛选文本框清空或输入"*"号时,元件列表框中显示当前元件库中的所有元件。当输入一个字母或数字时,元件列表框中就会将其他的元件去除,只保留元件名称以输入字母或数字为起始的元件。如在元件筛选文本框中输入"NE",则元件列表窗口中只显示以"NE"为起始的元件,这一功能可快速地找到要放置的元件。

(4)找到要放置的元件后,单击元件列表框中的元件名称使元件处于选中状态(有高亮条)。单击 OK 按钮,重新回到放置元件对话框,此时对话框中的参数即为刚才选中的元件参数,如图7-4所示。

图7-4 选中元件时的放置元件对话框

(5)单击 OK 按钮,进入元件放置状态,元件的原理图符号呈浮动状态跟随光标移动,在图纸中适当的位置单击放置元件。

7.2.2 元件属性设置

双击放置的元件或在元件放置状态时按 Tab 键,弹出元件属性设置对话框,如图7-5所示。

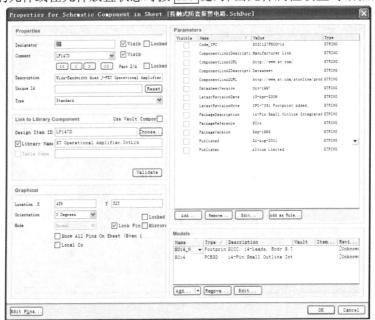

图7-5 元件属性设置对话框

设置元件属性实质上是在元件属性设置对话框中编辑元件的参数。

7.2.3 属性分组框各参数及设置

1. 标识符的设置方法

如果希望系统对元件进行自动标识，此项不必修改，一般使用系统的默认值。系统默认的标识是元件类型分类加问号的形式，如集成电路为"U?"、电阻为"R?"、电容为"C?"等。

如果不希望该元件参加系统的自动标识，可以在其文本框中输入标识符，同时勾选不允许元件自动标识项。该元件在系统自动标识时，不会改变标识符，但其标识符将是同类标识符中的一个。

另外，当指定了标识符，又勾选不允许元件自动标识时，连续放置多个该元件符号时，系统会自动递增标识符，且这些元件都不会参加系统的自动标识，除非取消该功能（这一特性不会影响到元件库中元件的默认属性）。只指定标识符，不勾选不允许元件自动标识时，连续放置多个元件时，系统也会自动递增标识符，且这些元件都可以进行自动标识。

2. 元件注释

一般用元件型号来注释，如果使用由系统产生 Altium Designer 网络表时，这些注释文字将在网络表中出现，这样便于检查标识符和元件型号的对应关系。标识符和元件注释文本框后都有一个显示复选项，勾选该项时，则对应的文本内容在原理图中显示，否则将不显示。参数列表分组框的显示复选项也具有同样的功能。

3. 子件选择

子件选择是选择多子件元件的第几个子件。所谓的多子件元件，主要是指一个集成电路中包含多个相同功能的电路模块。如图 7-3 中元件 LF147D，共有的相同模块 PartA 和 PartB，本例中选用的是 PartA。通过单击其对应的图标可以选择多子件元件中的不同子件。

连续放置多子件元件时，如果不指定标识符，只能放置系统默认的第 1 个子件。放置后可用菜单命令【Edit】→【Increment Part Number】切换子件。如果指定了标识符，如"U1"，在连续放置时，第 1 次放置时标识符是"U1A"，第 2 次放置时标识符是"U1B"。当这个元件的所有子件都放置完后，再继续放置时标识符会递增，如本例中第 3 次放置时标识符是"U2A"。

图 7-5 中元件属性分组框内的其他几项参数一般不必修改。其中元件 ID 号是由系统产生的元件唯一标识码，原理图中的每个元件都不同。

7.2.4 图形分组框各参数及设置

1. 显示隐藏引脚

主要针对集成电路的电源引脚和电源地（0 电位）引脚。系统中的集成电路元件将这两种引脚隐藏起来，为的是尽量减少原理图中的连接导线，使电路图看起来简洁明了。系统默认电源引脚的网络标号为"VCC"，电源地引脚的网络标号为"GND"。所以在绘制原理图时，相应的电源端子中一定要有这两个网络标号。

2. 锁定引脚

锁定引脚功能在默认状态下是勾选有效的。此时在原理图中，元件引脚不能单独移动，要想改变引脚在元件中的位置，必须到原理图文件库编辑器中编辑。

当锁定引脚功能不勾选时，在原理图中，元件的引脚可以任意移动。这项功能为原理图的绘制提供了极大的方便。在用导线连接两个元件引脚时，如果引脚位置不合适，可以单击选中引脚，按住鼠标左键并移动鼠标，将其放在元件的其他位置。

3．旋转角度和镜像

一般不用改变此设置，在放置元件状态时或元件处于拖动状态时，用空格键可以使元件以光标为中心逆时针旋转，每按一次空格键旋转 90°；按 Y 键上下翻转，按 X 键左右翻转。

7.2.5 参数列表分组框各参数及设置

图 7-5 中参数列表分组框中的参数，主要是为仿真设置的模型参数和 PCB 制板的设计规则。

1．添加参数

添加参数列表中缺少的参数：单击参数添加 Add... 按钮，弹出元件参数属性编辑对话框，如图 7-6 所示。在元件参数属性编辑对话框中添加参数的名称和标称值。

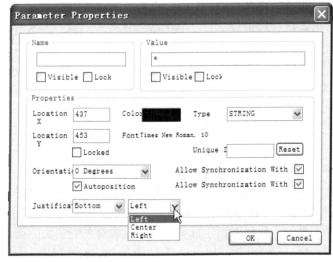

图 7-6　元件参数属性编辑对话框

2．编辑参数

对已有的参数进行编辑时，单击编辑 Edit... 按钮，弹出类似于图 7-6 所示的元件参数属性编辑对话框，在其中进行编辑。

3．添加规则

添加规则是指元件在 PCB 制板时所要求的布线规则。单击添加规则 Add as Rule... 按钮，弹出元件参数编辑对话框，单击编辑规则参数 Edit Rule Values... 按钮，弹出选择设计规则类型对话框。有关 PCB 设计规则的内容，详见第 13 章。

7.2.6 模型列表分组框各参数及设置

模型列表分组框中主要设置封装模型。

图 7-5 中列出了一种元件封装 14-Pin。如果元件与封装不匹配时，可以为元件添加或删除封装。

1．删除模型

删除模型时，选中要删除的模型（单击变为高亮），单击 Remove... 按钮删除该模型。

2．添加模型

单击添加模型 Add... 按钮，弹出添加新模型对话框，如图 7-7 所示。

(1)在添加新模型对话框中，从模型类型下拉列表中选择要添加的模型，如封装模型（Footprint），单击 OK 按钮，弹出 PCB 模型对话框，如图 7-8 所示。

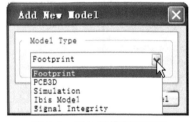

图 7-7　添加新模型对话框　　　　　图 7-8　PCB 模型对话框

（2）从图 7-8 中可以看到，对话框中的所有选项都是空的，因为还没有选择封装。单击浏览器 Browse... 按钮，弹出浏览封装库对话框，如图 7-9 所示。发现要添加的封装不在当前库，使用右上角的 3 个功能按钮 ▼ ... Find... 调用相应库，使用方法与元件检索方法类似。

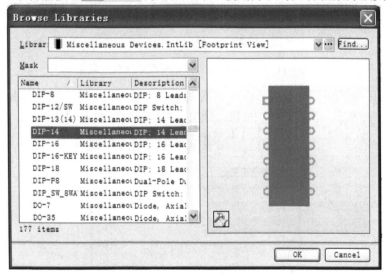

图 7-9　浏览封装库对话框

（3）直接在浏览封装库对话框的模型列表框中选择封装模型 DIP-14（单击变为高亮）。单击 OK 按钮，回到 PCB 封装模型对话框，此时对话框中有关信息已加载，如图 7-10 所示。

（4）图 7-10 中的"PCB Library"分组框内可以直接指定封装所在库。单击 OK 按钮，回到图 7-5 元件属性设置对话框。此时元件属性设置对话框中模型列表分组框内的封装名称变为"DIP-14"，如图 7-11 所示。

· 123 ·

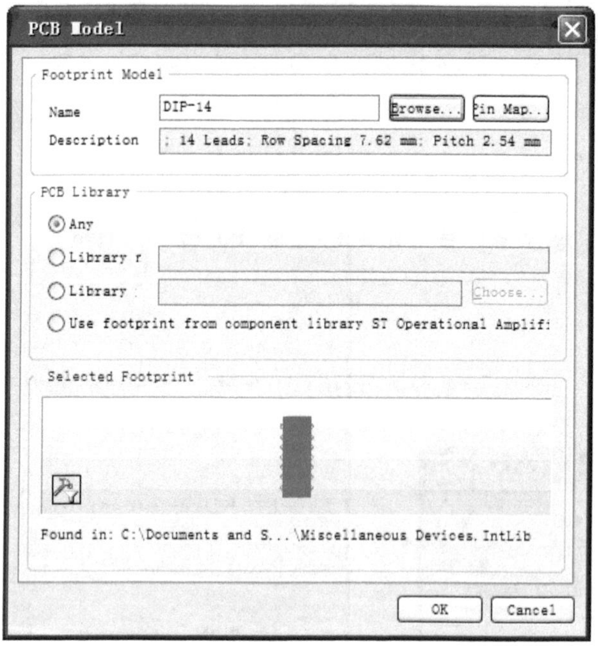

图 7-10 已加载封装的 PCB 模型对话框

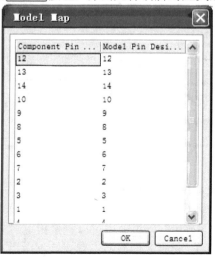

图 7-11 元件属性设置对话框模型列表分组框

（5）图 7-10 中的引脚对应关系图按钮的功能是查看元件的原理图符号和封装（PCB 符号）中的引脚对应情况。单击 Pin Map... 按钮，弹出元件引脚对应关系图对话框，如图 7-12 所示。

图 7-12 元件引脚对应关系图对话框

对话框中的两列数字分别是原理图元件符号和封装符号的引脚标识（引脚号），两者必须一一对应，完全相符，否则元件的电气连接将出现错误。

元件的属性设置是比较复杂的，如果能熟练地掌握，将极大地提高设计水平和设计效率。

7.3 导线放置及其属性设置

导线是指具有电气特性，用来连接元件电气点的连线。导线上的任意点都具有电气点的特性。

7.3.1 普通导线放置模式

（1）执行菜单命令【Place】→【Wire】或单击布线工具栏中放置导线按钮。

（2）执行放置导线命令后，出现十字光标，有一个"×"号跟随着。"×"号就是导线的电气点指示，它按图纸设置的捕获栅格跳跃。当"×"号落在元件引脚的电气点上时，它将变为红色（系统默认颜色）的"米"字形。无论是导线的起点、终点还是中间点，"×"号变为红色"米"字形时才是有效的电气连接（自动导线模式除外），否则连接无效。

（3）系统处于导线放置状态时，原理图编辑器的状态栏显示 Shift + Space to change mode : 90 Degree start，即当前放置模式为90°正交放置，Shift+空格键切换放置模式。系统提供了4种放置模式，其他3种分别是45°、任意角度和点对点自动布线模式。前3种的放置方法与第3章中已介绍的方法相同，本节重点介绍第4种放置模式。

7.3.2 点对点自动布线模式

（1）Shift+空格键切换放置模式至点对点自动布线模式 Auto Wire。为了演示点对点自动布线模式的实施，在元件D1的下侧引脚上单击以确定导线的起点，然后将光标指向一段导线的下端（不出现红色"米"字形），作为导线的终点，如图7-13所示。

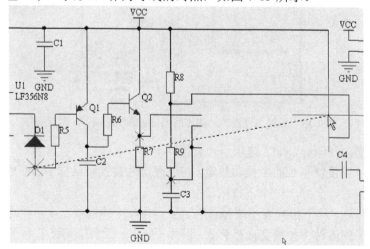

图 7-13 点对点自动布线模式

（2）单击（如果此时光标未指向电气点，系统不会执行自动布线，并且发出声音警示），系统经过运算，自动在两个引脚上放置一条导线，且导线自动绕开元件放置，如图7-14所示。

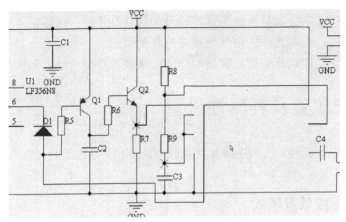

图 7-14 自动导线放置结果

（3）点对点自动布线模式，系统只识别两端的电气点，而不识别中间的电气点，不管中间是否出现红色"米"字形提示。

（4）点对点自动布线模式对两个端点的引脚电气点有锁定功能，即用点对点自动布线模式放置的导线，两端引脚的电气点不能重复使用点对点自动布线。如果需要和其他元件或导线连接，只能利用已放置导线的其他点作为电气连接点（如果随后将放置模式切换到其他几种模式，锁定解除）。

7.3.3 导线属性设置

双击已放置好的导线，弹出导线属性设置对话框，有图形的（Graphical）和顶点的（Vertices）两个选项卡，如图 7-15 所示。

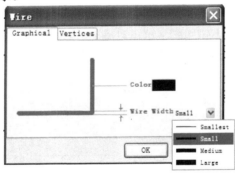

图 7-15 导线属性设置（图形的(Graphicall)选项卡）对话框

（1）单击图形的（Graphical）选项卡，如图 7-15 所示。

在对话框中可以设置导线的颜色和线宽。在导线属性设置对话框中，将光标移到线宽选择（Line Width）右侧时，会弹出一个下拉按钮。

单击下拉按钮，从下拉列表中选择直线宽度，共有 4 种直线宽度可供选择。在很多图件的属性设置中都用到这种下拉线宽选择列表，以后不再一一介绍，请读者自己练习掌握它在不同图件中的作用。

下拉线宽选择列表中共有 4 种线宽模式：最细（Smallest）、细（Small）、中（Medium）和最宽（Large）。单击需要的线宽模式，它就会出现在线宽文本框中，以后放置的导线或被编辑的导线的线宽就是该线宽模式。

单击已放置好的导线，使导线处于选中状态，文本格式工具栏中的对象颜色设置项激活（显示选中对象的颜色），单击其下拉按钮或浏览按钮，从弹出的颜色设置框中选择颜色，可以改变选中导线的颜色。

（2）单击顶点的（Vertices）选项卡（以一段有折线的两顶点导线为例），其导线属性对话框如图 7-16 所示，在对话框中可以对顶点坐标进行修改。

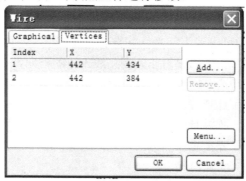

图 7-16　导线属性设置（顶点的（Vertices）选项卡)对话框

7.4　总线放置及其属性设置

总线是若干条电气特性相同的导线的组合。总线没有电气特性，它必须与总线入口和网络标号配合才能够确定相应电气点的连接关系。总线通常用在元件的数据总线或地址总线的连接上，利用总线和网络标号进行元件之间的电气连接不仅可以减少原理图中的导线的绘制，也使整个原理图清晰、简洁。

7.4.1　总线放置

放置总线的方法一般有两种：一是执行菜单命令【Place】→【Bus】；二是单击布线工具栏中的 按钮。

执行放置总线命令后，放置过程与导线相同，但要注意总线不能与元件的引脚直接连接，必须经过总线入口。

放置总线和放置导线一样，也有 4 种放置模式，操作方法相同。

7.4.2　总线属性设置

（1）在放置总线时，按 Tab 键或双击已放置好的总线，弹出总线属性设置对话框，如图 7-17 所示。也有图形的（Graphical）和顶点的（Vertices）两个选项卡，设置方法与导线属性设置基本相同。

（2）使用文本格式工具栏对总线进行颜色设置的方法与导线相同。

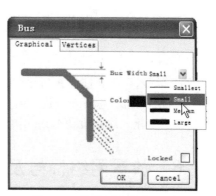

图 7-17　总线属性设置对话框

7.5 总线入口放置及其属性设置

总线与元件引脚或导线连接时必须通过总线入口才能连接。

7.5.1 总线入口的放置

放置总线入口的方法一般有两种：一是执行菜单命令【Place】→【Bus Entry】；二是单击布线工具栏中的 按钮。均可出现十字光标并带着总线入口线，如图 7-18 所示。

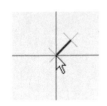

图 7-18 放置总线入口光标

如果需要改变总线入口的方向，在放置状态时（未放置前）按空格键，切换总线入口线的角度（共有 45°、135°、225°、315°这 4 种角度选择）。按 X 键左右翻转，按 Y 键上下翻转。放置时，将十字光标移动到需要的位置单击，即可将总线入口放置在光标的当前位置，此时仍处于放置状态，可以继续放置其他的入口线。

总线入口的两个端点是两个独立的电气点，互相没有联系，中间部分没有电气特性，这是和导线的最大区别。放置时一端和总线连接，另一端可以直接和元件引脚连接，也可以通过导线和元件引脚连接。

7.5.2 总线入口属性设置

（1）在放置总线入口时，按 Tab 键或双击已放置好的总线入口，弹出总线入口属性设置对话框，如图 7-19 所示。

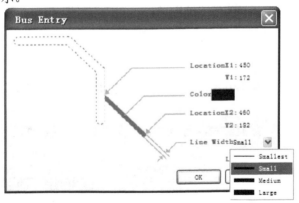

图 7-19 总线入口属性对话框

（2）总线入口的属性设置与导线的属性设置基本相同。需要注意的是，它的两个端点坐标一般不用设置，随着总线入口位置的移动会相应地改变，总线入口的角度和长度会根据输入的坐标值发生变化，这是改变总线入口长度和角度（除去 4 种标准角度）的唯一方法。

7.6 放置网络标号及其属性设置

Altium Designer 系统原理图中，实现元件间的电气连接有 4 种方法：一是元件引脚直接连接，二是通过导线连接，三是使用节点，四是使用网络标号。前 3 种连接方式我们已经介绍过，这里只介绍使用网络标号连接。

网络标号是一种特殊的电气连接标识符。具有相同网络标号的电气点在电气关系上是连接在一起的，不管它们之间是否有导线连接。

通常网络标号的属性设置都是在放置过程中进行的。

7.6.1 网络标号的放置

1．网络标号的放置方法

放置网络标号的一般方法有两种：一是执行菜单命令【Place】→【Net Label】；二是单击布线工具栏中的 按钮。

无论使用上述哪一种方法，均可出现十字光标并带着网络标号（默认名称），如图7-20所示。大十字中心的"×"号是网络标号的电气连接点，通常所说的将网络标号放在某个图件上，就是指该点与这个图件的电气点连接。

2．网络标号放置的位置

利用图7-21将几种放置网络标号的情况拼接在一个示意图上，以便下面讨论将网络标号放置在什么位置合适。

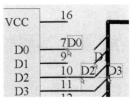

图7-20　放置网络标号光标　　　图7-21　放置网络标号的几种情况示意图

（1）"D0"放置在元件引脚的电气连接点上。电气连接没有错误，但其距离引脚标号太近，不易分辨。使引脚标号与网络标号间保持一定的距离，以便于区分两者。

（2）"D1"放置在总线入口靠近元件引脚的端点上。如果将元件引脚与总线入口用导线连接起来后，导线的端点与总线入口端点和网络标号的电气连接点重合，所以电气连接也没有错误，但其序号与总线入口重叠，也不易分辨。

（3）"D2"放置在导线上，电气连接正确，位置合适，是最好的一种放置位置。

（4）"D3"放置在总线入口与总线的交点上，虽然放置时系统捕获到电气点（"米"字形标志），但由于该电气点与元件引脚电气点没有任何电气连接，所以是一种错误的放置。另外，系统禁止将网络标号放置在总线上，否则，编译时会出错。

3．网络标号放置角度选择

放置网络标号时按空格键，切换放置角度（共有0°、90°、180°、270°这4种角度选择）。按X键左右翻转，按Y键上下翻转。

4．网络标号的序号

连续放置网络标号时，系统会自动递增序号，所以在放置第一个时应选定相应的序号。

7.6.2 网络标号属性设置

网络标号属性设置主要是网络标号的名称设置。

网络标号处于放置状态时，按 Tab 键，弹出网络标号属性设置对话框，如图7-22所示。在网络（Net）文本框中输入欲放置网络标号的最小序号，如"D0"，单击 OK 按钮，开始放置网络标号；也可以对网络标号的字体、字形和大小进行设置。

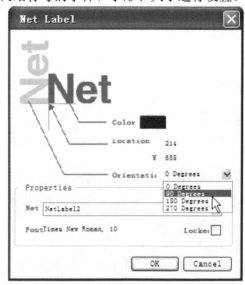

图 7-22　网络标号属性设置对话框

7.7　节点放置及其属性设置

节点是具有电气特性的图件出现交叉时，指示其交叉点具有电气连接属性的标识符。系统默认设置时，"T"形交叉自动放置节点。十字交叉不自动放置节点，如果需要，必须手工放置。

7.7.1　节点放置

（1）执行菜单命令【Place】→【Manual Junction】。

（2）出现十字光标并带着节点，如图 7-23 所示。节点的电气连接点在节点中心。将节点移动到两条导线的交叉处单击，即可将节点放置在交叉处，此时两导线就具有了电气连接属性。

图 7-23　放置节点示意图

（3）图 7-23 中"T"形交叉的节点由系统自动放置，十字交叉的节点手工放置。其中，导线与导线十字交叉的节点放置正确，导线与 R2 引脚十字交叉的节点放置错误。因为只有在两个具有电气属性图件交叉时放置的节点才有效，而元件引脚上的电气点在外侧端点上，其他部位是没有电气连接属性的。

7.7.2 节点属性设置

在放置节点时,按 Tab 键或双击已放置好的节点,弹出节点属性设置对话框,如图 7-24 所示。

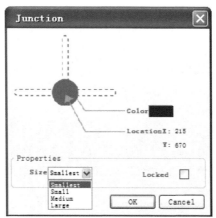

图 7-24 节点属性设置对话框

在属性设置对话框中可以设置节点的大小、颜色。

7.8 电源端子放置及其属性设置

在 Altium Designer 系统中,电源端子是一种特殊的符号,它具有电气属性,类似于网络标号,因此也可以把它看成是一种特殊的网络标号。电源端子像元件一样有符号,但它不是一个元件实体,所以它不能构成一个完整的电源回路,必须和实际的电源配合使用。

7.8.1 电源端子简介

Altium Designer 系统中电源端子有 11 种不同的形状可供用户选择,集中在辅助工具栏中,如图 7-25 所示。布线工具栏中也有 2 个电源端子。

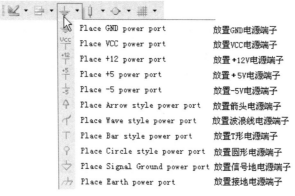

图 7-25 电源端子

这 11 个电源端子按放置时网络名称的变化规律可分为 2 组,前 5 个和后 2 个在放置时的默认网络标号是固定的,即前 5 个分别是 GND、VCC、+12、+5、−5,后 2 个都是 GND。其余 4 个的网络标号是上一个电源端子名称的复制,即和上一个放置的电源端子网络标号相同。布线工具栏中的 2 个电源端子在放置时的默认网络标号也是固定的。菜单命令【Place】→【Power Port】放置的电源端子是上一个放置的完全复制，即形状和网络名称与上一个放置的电源端子完全相同。

7.8.2 电源端子的放置

1．连续放置

执行菜单命令【Place】→【Power Port】，光标变成大十字形并带有电源端子符号，电气点在大十字中心。在需要放置电源端子的位置单击，电源端子即放置在原理图中。此时仍处于放置电源端子状态，可以继续放置。

2．单次放置

利用工具栏放置电源端子时，每次只能放置一个，要想放置下一个，必须再次单击工具栏中的相应按钮。如果需要重复放置的次数较多，可以利用菜单命令【Place】→【Power Port】的完全复制特性来放置。

3．角度变换

在放置状态时，按空格键可旋转其固定角度。

7.8.3 电源端子属性设置

在放置状态时，按 Tab 键或双击放置好的电源端子，弹出电源端子属性设置对话框，如图 7-26 所示。

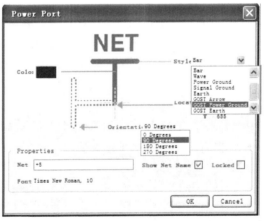

图 7-26　电源端子属性设置对话框

在电源端子属性设置对话框中，可以设置电源端子的形状、颜色、旋转角度和网络标号。设置好后，单击 OK 按钮确认。

7.9　放置 No ERC 指令及其属性设置

忽略电气规则检查命令 No ERC 的放置在原理图中以红"×"号标志显示，目的是使系统在电气规则检查时，忽略对被标志点的电气检查。系统默认元件的输入引脚不能空置，否则编译时就会出错。在实际应用中，一些元件的输入引脚可以不用，因此需要在这些空置的输入引脚上放置 No ERC 指令（通常称为放置 No ERC 标志）。

7.9.1 No ERC 指令的放置

(1) 执行菜单命令【Place】→【Directives】→【Generic No ERC】或单击布线工具栏中的 ⊠ 按钮。

(2) 出现十字光标并带有一个红"×"号,将红"×"号放置在要标志图件的电气点上(如元件引脚的外端点)即可,此命令可以连续放置,右击可取消放置状态。

注意:放置过程中该命令没有自动捕获电气点的功能,可以在任何一个位置上放置(特别是图纸的捕获栅格设置较小时),但只有准确地放置在要忽略电气检查的电气点上才有效。当放置了 No ERC 标志的图件移动时,No ERC 标志不会跟着移动,所以通常是最后放置 No ERC 标志。

7.9.2 No ERC 属性设置

(1) 在放置状态时,按 Tab 键或双击已放置的 No ERC 标志红"×"号,弹出 No ERC 标志属性设置对话框,如图 7-27 所示。

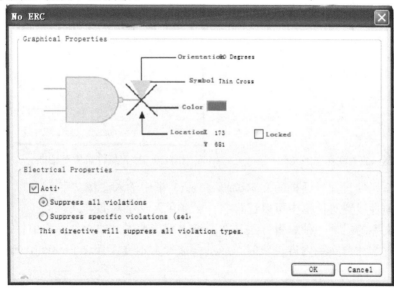

图 7-27 No ERC 标志属性设置对话框

(2) 双击颜色框可以设置 No ERC 标志的颜色,坐标一般不用设置。

(3) 在图 2-20 系统(常规)参数设置对话框中,剪切板和打印(Include with Clipboard and Prints)分组框参数的设置,决定 No ERC 标志能否被复制和打印。

7.10 放置注释文字及其属性设置

7.10.1 注释文字的放置

(1) 执行菜单命令【Place】→【Text String】,或单击辅助工具栏中的 按钮,在打开的工具条中单击 A 按钮,光标变成大十字形,十字中心带有系统默认的文字"Text",如图 7-28 所示。

（2）将光标移到需要放置注释文字的位置，单击放置一个注释文字，可以连续放置，每单击一次放置一个注释文字。

（3）右击取消放置注释文字状态。

7.10.2 注释文字属性设置

（1）在放置注释文字状态下按 Tab 键或双击放置好的 Text，弹出字符属性设置对话框，如图 7-29 所示。

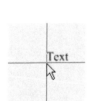

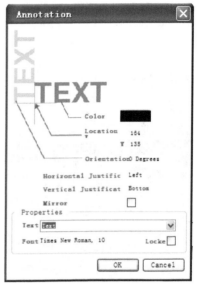

图 7-28　放置注释文字光标　　　图 7-29　字符属性设置对话框

（2）在字符属性设置对话框的文本编辑（Text）框中输入注释文字。

（3）字符属性设置对话框中可以选择字体、颜色及文字对齐方式。

（4）注释文字的另外一种编辑方法是在图纸上直接编辑，如元件标称值修改的方法。

（5）当放置的注释文字内容较多时，应选择放置文本框（Text Frame），放置方法和属性设置类似。

习题 7

7-1　练习原理图元件的放置方法。

7-2　练习导线的放置方法。

7-3　练习各种图件的属性设置方法。

第 8 章 原理图层次设计

对于一个非常庞大的原理图及附属文档,称之为项目,不可能将它一次完成,也不可能将这个原理图画在一张图纸上,更不可能由一个人单独完成。Altium Designer 提供了一个很好的项自设计工作环境,可以把整个非常庞大的原理图划分为几个基本原理图,或者说划分为多个层次。这样,整个原理图就可以分层次进行并行设计。由此产生了原理图层次设计,使得设计进程大大加快。

8.1 原理图的层次设计方法

原理图的层次设计方法实际上是一种模块化的设计方法。用户可以将电路系统根据功能划分为多个子系统,子系统下还可以根据功能再细分为若干个基本子系统。设计好子系统原理图,定义好子系统之间的连接关系,即可完成整个电路系统设计过程。

设计时,用户可以从电路系统开始,逐级向下进行子系统设计,也可以从子系统开始,逐级向上进行,还可以调用相同的原理图重复使用。

1. 自上而下的原理图层次设计方法

所谓自上而下就是由电路系统方块图(习惯称母图)产生子系统原理图(习惯称子图)。因此,采用自上而下的方法来设计层次原理图,首先需要放置电路系统方块图,其流程如图 8-1 所示。

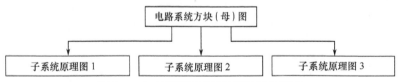

图 8-1 自上而下原理图的层次设计流程

2. 自下而上的原理图层次设计方法

所谓自下而上就是由子系统原理图产生电路系统方块图。因此,采用自下而上的方法来设计层次原理图,首先需要绘制子系统原理图,其流程如图 8-2 所示。

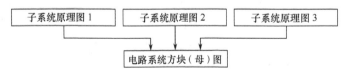

图 8-2 自下而上的原理图层次设计流程

8.2 自上而下的原理图层次设计

下面通过一个例子来学习自上而下的原理图层次设计方法及其相关图件的放置方法。在第 3 章绘制的接触式防盗报警电路中没有设计电源电路,现在用层次设计的方法为其增加电源电路。如图 8-3 所示。

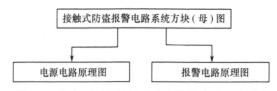

图 8-3 自上而下的接触式防盗报警电路层次系统

自上而下的原理图层次设计方法是先建电路系统方块图,以下称母图;再产生子系统原理图,以下称子图;然后在子图中添加元件、导线等图件,即绘制原理图。

8.2.1 建立母图

(1) 执行菜单命令【File】→【New】→【Project】→【PCB Project】,建立项目并保存为"层次接触式防盗报警电路设计.PrjPcb"。

(2) 执行菜单命令【File】→【New】→【Schematic】,为项目新添加一张原理图纸并保存为"母图.SchDoc"。

8.2.2 建立子图

在母图中绘制代表电源和声控变频电路的 2 个子图符号。首先放置子图符号(Sheet Symbol)。

1. 放置子图图框

(1) 执行菜单命令【Place】→【Sheet Symbol】或单击布线工具栏中的 按钮,光标变为十字形并带有方框图形,如图 8-4(a)所示。

(2) 单击确定方框图符号的左上角,如图 8-4(b)所示,移动光标确定方块的大小,单击确定方框图形的右下角,如图 8-4(c)所示,一个子图图框就放置好了。

图 8-4 放置子图图框

(3) 同样的方法再放置一个,本例中共需电源和报警电路两个子图图框。

2. 定义子图名称并设置属性

(1) 一种方法是双击图中已放置的子图图框,弹出其属性设置对话框(处于放置状态时按 Tab 键也可以),编辑图纸符号的属性,如图 8-5 所示。

图纸符号属性设置对话框中的选项大多没必要修改,需要修改的两项是标识符和文件名称,直接在它们的文本框中输入即可。这里将标识符用汉语拼音标注,将文件名称用中文标注。将图纸标志符编辑为"Dianyuan",文件名称为"电源";另一个图纸标志符编辑为"Baojing",文件名称为"报警",如图 8-6 所示。

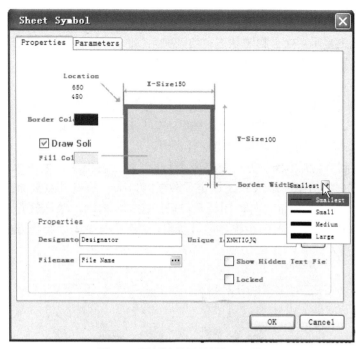

图 8-5 图纸符号属性设置对话框

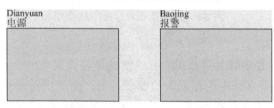

图 8-6 给定名称的子图图框

（2）另一种方法是在子图图框上双击标识符或文件名称进入各自的属性设置对话框进行编辑，这两个属性设置对话框的界面和选项基本相同，只是名称不同，如图 8-7（a）和（b）所示。

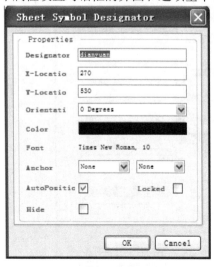

（a）子图标识符设置对话框　　　　　　　　　（b）子图名称设置对话框

图 8-7 属性设置对话框

在属性设置对话框中可以编辑选项。比较特殊的选项是隐藏（Hide），当选中该项时，被编辑图件不在图纸上显示，处于隐藏状态；当该项无效时，图纸上显示被编辑图件。处于隐藏状态的选项（或参数）在系统中仍然起作用，这和删除是不同的。

3．添加子图入口

（1）执行菜单命令【Place】→【Add Sheet Entry】或单击布线工具栏中的 按钮。光标变成十字形，系统处于放置图纸入口状态。图纸入口只能在电路图纸符号中放置，此时如果在图纸符号方框外单击，系统会发出操作错误警告声。

（2）将光标移到"电源电路"方框中单击，十字光标上将出现一个图纸入口的形状，它跟随光标的移动在方框的边缘移动（系统规定了图纸入口唯一的电气点只能在图纸符号的边框上）。此时即使将光标移到方框以外，图纸入口仍然在方框内部。单击放置，首次放置的入口名称默认为"0"，以后放置的入口系统会递增名称。本例中每个图纸符号方框中需放置2个图纸入口，如图8-8所示。

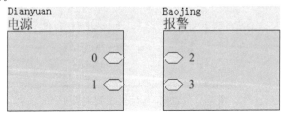

图8-8　放置图纸入口的图纸符号

4．编辑子图入口属性

子图入口放置好后，需要对其进行编辑，以便满足设计要求。子图符号和子图入口构成了完整的子图符号，一个子图符号中的图纸入口要想与另一个子图符号中的图纸入口实现电气连接，那么这两个图纸入口的名称必须相同。图纸入口名称的作用与网络标号的作用基本相同，它实际上也是一种特殊的网络标号。

（1）双击图中已放置的图纸入口，进入其属性设置对话框（处于放置状态时按 Tab 键也可以），编辑图纸入口的属性，如图8-9所示。

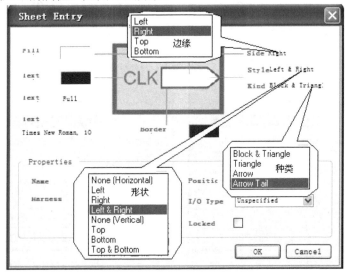

图8-9　图纸入口属性设置对话框

图 8-9 中较特殊的参数设置有:
- Side——放置位置,是指图纸入口与图纸符号边框连接点的位置,共有 4 种(从下拉列表中选择):左侧、右侧、顶部和底部。通常图纸中用光标移动更方便。
- Style——形状,是指图纸入口的形状,共有 8 种选择,分为 2 组。前 4 个为水平组,后 4 个为垂直组。水平组的选项用来设置水平方向的入口(放置位置为左侧或右侧),垂直组的选项用来设置垂直方向的入口(放置位置为顶部或底部)。其中"None"是将入口设置为没有箭头的矩形,但其连接点仍在图纸符号的边框上,"Left"是将入口设置为左侧有箭头的形状,箭头端为连接点并连接在图纸符号的边框上,其他各项的用法类似。

注意:水平方向的入口只能由水平组的选项来设置,垂直方向的入口只能由垂直组的选项来设置,用垂直组的选项设置水平方向的入口时,入口形状将变成矩形;反之,结果也一样。

- Position——同边位置序号,是指在图纸符号的一个边上系统自动给定的入口位置顺序号。每条边除端点外以 10mil 为间隔单位,顺时针方向从小到大给定位置序号,入口只能在位置序号上放置,其他点不能放置。同一图纸符号中各边的位置序号互相独立,即都是从 1 开始的。
- Name——名称,是图纸入口的网络标号,两个或多个图纸符号的入口要实现电气连接必须同名。
- I/O Type——I/O 类型,是图纸入口的信号类型。本例中 VCC,I/O 类型根据电流流向确定为 Output 和 Input,即箭头向外为输出,箭头向内为输入;GND 的 I/O 类型为 Unspecified,形状不变,如图 8-10 所示。

(2)按图 8-10 所示编辑子图入口。

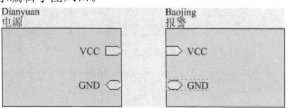

图 8-10 完成设计的子图符号

8.2.3 由子图符号建立同名原理图

(1)执行菜单命令【Design】→【Create Sheet From Sheet Symbol】,光标变成十字形。
(2)在子图符号"电源"上单击,系统生成电源.SchDoc 原理图文件,并将"电源"子图符号中的图纸入口转换为 I/O 端口添加到电源.SchDoc 原理图中,如图 8-11 所示。

注意:由子图符号生成原理图时,所有的图纸入口都转换成输入/输出端口。I/O 端口有 2 个电气点,分别位于其两端的中心点。默认设置状态时,如果图纸入口的形状是单箭头,在建立的原理图中生成 I/O 端口的排列方式是输入型的箭头向右,输出型的箭头向左。如果在原理图参数设置时选中端口从左向右排列(Unconnected Left To Right),则箭头都向右。

(3)同样的方法在子图符号原理图报警电路.SchDoc 添加 I/O 端口。

8.2.4 绘制子系统原理图

分别在电源电路和报警电路子图中放置元件和导线,完成子图的绘制,且完成自动标识后,如图 8-12 和图 8-13 所示。

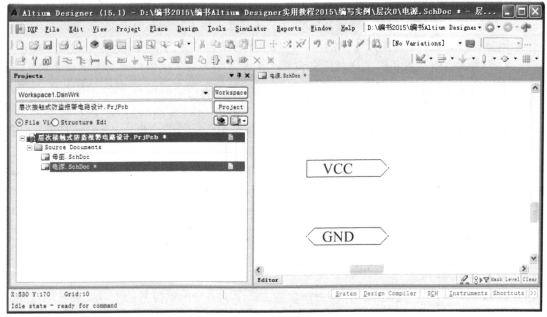

图 8-11 只有输入/输出端口的电源.SchDoc 原理图

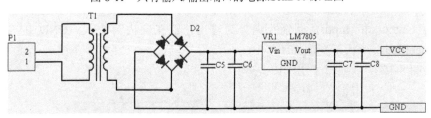

图 8-12 电源电路.SchDoc 子图

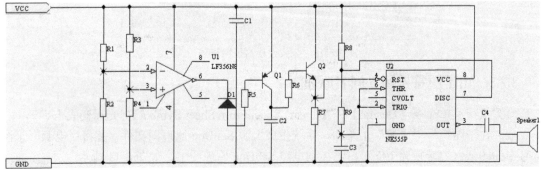

图 8-13 报警电路.SchDoc 子图

8.2.5 确立层次关系

对所建的层次项目进行编译，就可以确立母子图的关系。具体操作如下：

执行菜单命令【Project】→【Compile PCB Project 层次接触式防盗报警电路设计.PrjPcb】，系统产生层次设计母子图关系，如图 8-14 中项目面板所示。

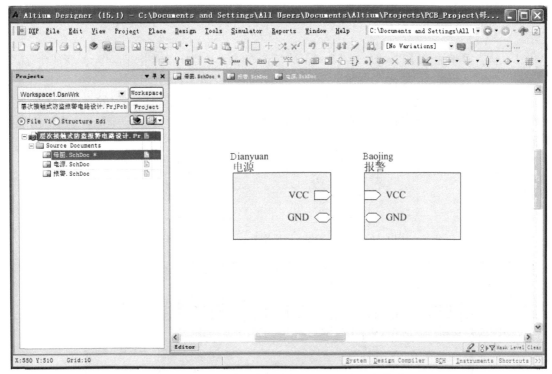

图 8-14 层次接触式防盗报警电路设计层次关系

8.3 自下而上的原理图层次设计

自下而上的原理图层次设计方法是先绘制实际电路图作为子图，再由子图生成子图符号。如图 8-15 所示，子图中需要放置各子图建立连接关系用的 I/O 端口（输入/输出端口）。

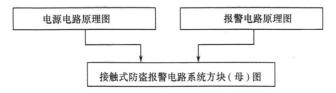

图 8-15 自下而上的层次接触式防盗报警电路系统

8.3.1 建立项目和原理图图纸

（1）执行菜单命令【File】→【New】→【Project】→【PCB Project】，建立项目并保存为"层次接触式防盗报警电路设计 1.PrjPcb"。

（2）执行菜单命令【File】→【New】→【Schematic】，为项目新添加 3 张原理图纸并分别保存为"母图 1.SchDoc"、"电源 1.SchDoc"和"报警 1.SchDoc"。

8.3.2 绘制原理图及端口设置

参照图 8-12、图 8-13 完成两张原理图的绘制。原理图中元件的放置和连接前面已讲解；图 8-12、图 8-13 中的输入/输出端口是由子图符号的图纸入口生成的，不需要放置和编辑；但

• 141 •

自下而上的层次原理图设计需要放置输入/输出端口，现在只介绍输入/输出端口的放置和属性设置。

（1）执行菜单命令【Place】→【Port】或单击布线工具栏中的按钮。光标变成十字形，并带有一个默认名称为"Port"的输入/输出端口，如图8-16（a）所示。

（2）单击确定端口的起点，移动光标使端口的长度合适，单击确定端口的终点，一个端口放置完毕，如图8-16（b）所示。系统仍处于放置状态，可以继续放置下一个，右击退出放置状态。

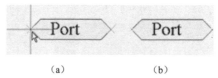

图8-16 输入/输出端口放置光标和放置好的端口

（3）双击放置好的输入/输出端口或在放置状态时按Tab键，弹出输入/输出端口属性设置对话框，如图8-17所示。

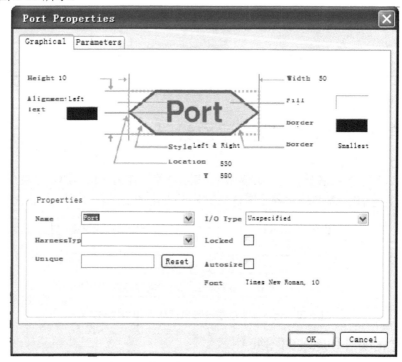

图8-17 输入/输出端口属性设置对话框

输入/输出端口属性设置对话框与图8-9图纸入口属性设置对话框基本相同，设置方法类似。

设置I/O端口名称时，要保证两张图纸中需要连接在一起的端口名称相同；绘制完成后保存项目。

8.3.3 由原理图生成子图符号

（1）将"母图1.SchDoc"置为当前文件。

（2）执行菜单命令【Design】→【Create Sheet Symbol From Sheet or HDL】，弹出选择文件对话框，如图 8-18 所示。

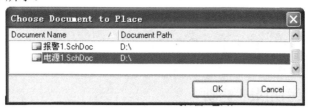

图 8-18　选择文件对话框

（3）将光标移至图 8-18 选择文件对话框中文件名"电源 1.SchDoc"上，单击选中该文件（高亮状态）。单击 Ok 按钮确认，系统生成代表该原理图的子图符号，如图 8-19 所示。

（4）在图纸上单击，将其放置在图纸上。同样的方法将"报警 1.SchDoc"生成的子图符号放置在母图图纸上，如图 8-20 所示。

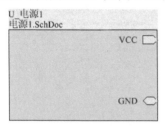
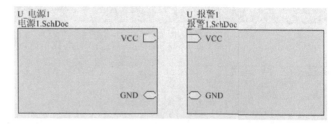

图 8-19　由电源电路 1.SchDoc 生成的子图符号　　图 8-20　由原理图生成的子图符号

8.3.4　确立层次关系

执行菜单命令【Project】→【Compile PCB Project 层次接触式防盗报警电路设计 1.PrjPcb】，系统产生层次设计母子图关系，如图 8-21 中项目面板所示。

图 8-21　层次接触式防盗报警电路设计 1 层次关系

8.4 层次电路设计报表

由于使用多张原理图进行一个较大的项目设计,所以关于层次设计的报表主要反映各原理图之间的关系,以便于整个设计项目的检查。

层次设计报表主要包括元件交叉引用报表、层次报表、端口引用参考报表。

8.4.1 元件交叉引用报表启动

元件交叉引用报表的主要内容是元件标识、元件名称及所在电路原理图。报表的内涵在第3章已经做过介绍,不再赘述。这里只介绍该表的启动步骤:

(1) 打开设计项目"层次接触式防盗报警电路设计.PrjPcb",并打开相关原理图。

(2) 执行菜单命令【Reports】→【Component Cross Reference】,系统扫描设计项目的所有文件,生成元件交叉引用报表,并打开报表管理器对话框,如图8-22所示。

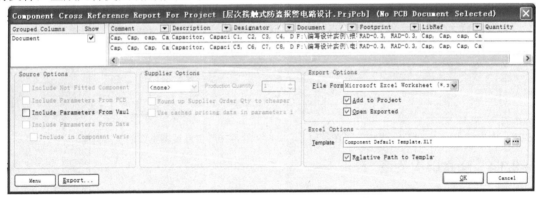

图 8-22 元件交叉引用报表管理器对话框

在该报表管理器对话框中有一般应用文件(Export Options)输出操作框、Excel 文件(Excel Options)输出操作框和特殊文件(Supplier Options)输出操作框。操作方法简单,本书下面仅举一例予以示范。

8.4.2 Excel 报表启动

(1) 在 Excel 文件(Excel Options)输出操作框中,勾选 ☑ Relative Path to Templa,单击图中模板(Template)右侧的浏览 ··· 按钮,弹出从 Excel 文件选择的对话框,如图 8-23 所示。

(2) 高亮选中 "Component Default Template.XLT" 文件,单击 Export... 按钮,按要求存入文件夹,打开后如图8-24所示。

8.4.3 层次报表

层次报表主要描述层次设计中各电路原理图之间的层次关系。

(1) 打开设计项目"层次接触式防盗报警电路设计.PrjPcb",并打开有关原理图。

(2) 执行菜单命令【Reports】→【Report Project Hierarchy】,系统创建层次报表,并将层次报表文件(层次接触式防盗报警电路设计.REP)添加到当前设计项目中,如图8-25所示。

(3) 双击"层次接触式防盗报警电路设计.REP"打开文件,如图8-26所示。报表包含本设计项目中各个原理图之间的层次关系,可以打印、存档,以便于项目管理。

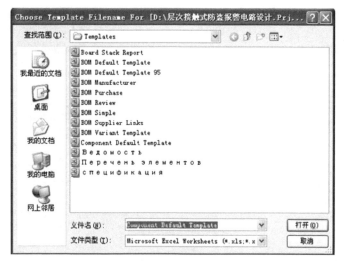

图 8-23　Excel 文件选择对话框

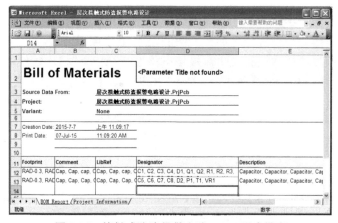

图 8-24　接触式防盗报警电路 Excel 形式报表

图 8-25　系统生成的层次报表文件

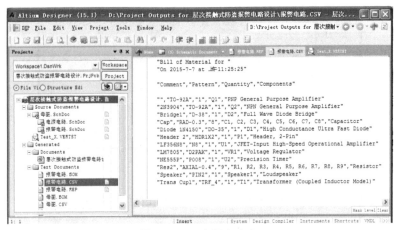

图 8-26　层次报表内容

8.4.4　端口引用参考

端口引用参考用来指示层次设计时使用的各种端口的引用关系。它没有一个独立的文件输出，而是将引用参考作为一种标识添加在子图的输入/输出端口旁边。

（1）打开设计项目"层次接触式防盗报警电路设计.PrjPcb"，并打开有关原理图。

（2）执行菜单命令【Reports】→【Port Cross Reference】后有 4 个子菜单，如图 8-26 所示。

图 8-26　【Port Cross Reference】子菜单

（3）执行菜单命令【Reports】→【Port Cross Reference】→【Add To Sheet】，系统为当前原理图文件中的输入/输出端口添加引用参考，如图 8-27 所示。

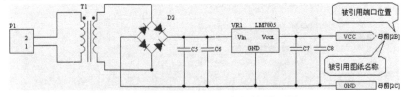

图 8-27　添加端口引用参考的原理图

从图 8-27 可以看出，端口引用参考实际上是子图输入/输出端口在母图中的位置指示。

（4）执行菜单命令【Reports】→【Port Cross Reference】→【Add To Project】，系统为当前项目中所有原理图文件中的输入/输出端口添加引用参考。

【Remove From Sheet】命令和【Remove From Project】命令是删除端口引用参考的命令。

习题 8

8-1　练习自上而下的原理图层次设计。

8-2　练习自下而上的原理图层次设计。

8-3　练习层次原理图报表的操作方法。

第 9 章 PCB 设计的基础知识

PCB 是"印制电路板"英文名称"Printed Circuit Board"的缩写。它不仅仅是固定或装配各种电子零件的基板,更重要的是实现各种电子元器件之间的电气连接或电绝缘,提供电路要求的电气特性(特性阻抗等)。可以这么说,印制电路板是当今电子技术应用系统中不可替代的重要部件。为了学习 PCB 设计,本章将介绍 PCB 的结构、与 PCB 设计相关的知识、PCB 设计的原则、PCB 编辑器的启动方法及界面。

9.1 PCB 的基本常识

印制电路板也称作印刷电路板或印制板,就是通常所说的 PCB。印制板是通过一定的制作工艺,在绝缘度非常高的基材上覆盖上一层导电性能良好的铜薄膜构成覆铜板,然后根据具体的 PCB 图的要求,在覆铜板上蚀刻出 PCB 图上的导线,并钻出印制板安装定位孔以及焊盘和导孔。

9.1.1 印制电路板的结构

印制板的分类方法比较多。根据板材的不同可以分为纸制覆铜板、玻璃布覆铜板和挠性塑料制作的挠性覆铜板,其中挠性覆铜板能够承受较大的变形。有些电路的功能和特性可能会对板材有特殊的要求,在这种情况下,是应该考虑板材类型的。

根据电路板的结构可以分为单面板(Signal Layer PCB)、双面板(Double Layer PCB)和多层板(Multi Layer PCB)3 种。

单面板是一种一面覆铜,另一面没有覆铜的电路板,只可在它覆铜的一面布线和焊接元件。单面板结构比较简单,制作成本较低。但是对于复杂的电路,由于只能一个面上走线并且不允许交叉,单面板布线难度很大,布通率往往较低,因此通常只有电路比较简单时才采用单面板的布线方案。

双面板是一种包括顶层(Top Layer)和底层(Bottom Layer)的电路板。顶层一般为元件面,底层一般为焊接面。双面板两面都覆上铜箔,因此 PCB 图中两面都可以布线,并且可通过导孔在不同工作层中切换走线,相对于多层板而言,双面板制作成本不高。对于一般的应用电路,在给定一定面积的时候通常都能 100%布通,因此目前一般的印制板都是双面板。

多层板就是包含多个工作层面的电路板。最简单的多层板有 4 层,通常是在"Top Layer"层和"Bottom Layer"层中间加上电源层和地线层,如图 9-1 所示。通过这样处理,可以极大程度地解决电磁干扰问题,提高系统的可靠性,同时也可以提高布通率,缩小 PCB 的面积。

整个电路板将包括顶层(Top)、底层(Bottom)、内层和中间层。层与层之间是绝缘层,绝缘层用于隔离电源层和布线层,绝缘层的材料不仅要求绝缘性能良好,而且要求其可挠性和耐热性能良好。

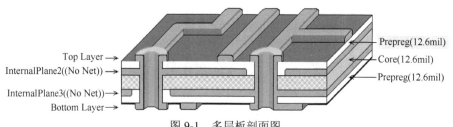

图 9-1 多层板剖面图

通常在印制电路板上布上铜膜导线后，还要在上面印上一层防焊层（Solder Mask），防焊层留出焊点的位置，而将铜膜导线覆盖住。防焊层不粘焊锡，甚至可以排开焊锡，这样在焊接时，可以防止焊锡溢出造成短路。另外，防焊层有顶层防焊层（Top Solder Mask）和底层防焊层（Bottom Solder Mask）之分。

有时还要在印制电路板的正面或反面印上一些必要的文字，如元件符号、公司名称等，能印这些文字的一层称为丝印层（Silkscreen Overlay），该层又分为顶层丝印层（Top Overlay）和底层丝印层（Bottom Overlay）。

9.1.2 PCB 元件封装

元件封装是指实际的电子元件焊接到电路板时所指示的轮廓和焊点的位置，它是使元件引脚和印制电路板上的焊盘一致的保证。纯粹的元件封装只是一个空间的概念，不同的元件有相同的封装，同一个元件也可以有不同的封装。所以在取用焊接元件时，不仅要知道元件的名称，还要知道元件的封装。

1. 元件封装的分类

元件的封装形式很多，但一般情况下可以分为两大类：针脚式封装和表贴式（SMT）封装。

（1）针脚式元件封装

针脚式元件封装是针对针脚类元件的，如图 9-2 所示。在 PCB 编辑窗口，双击针脚式元件的任一焊盘，即可弹出针脚式元件焊盘参数对话框。其中焊盘的板层属性设置如图 9-3 中光标所示，必须为 Multi-Layer，因为针脚式元件焊接时，先要将元件针脚插入焊盘导孔中，并贯穿整个电路板，然后再锡焊。

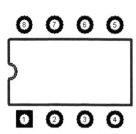

图 9-2 针脚式元件封装

图 9-3 针脚式元件封装的板层属性对话框

（2）表贴式（SMT）封装

表贴式（SMT）封装如图 9-4 所示。与此类封装的焊盘只限于表层，即顶层（Top Layer）或底层，其焊盘的属性对话框中，Layer 板层属性必须设置为单一表面，如图 9-5 所示。

 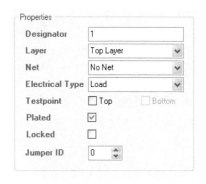

图 9-4 表贴式元件封装　　　　图 9-5 表贴式元件封装的板层属性对话框

2. 元件封装的名称

元件封装的名称原则为：元件类型+焊盘距离（焊盘数）+元件外形尺寸。可以根据元件的名称来判断元件封装的规格。例如，电阻元件的封装为 AXIAL-0.4，表示此元件封装为轴状，两焊盘间的距离为 400 mil（约等于 10mm）；DIP-16 表示双列直插式元件封装，数字 16 为焊盘（或称引脚）的个数。RB.2/.4 表示极性电容元件封装，引脚间距为 200mil，元件直径为 400mil。

9.1.3 常用元件的封装

因为元件的种类繁多，所以其封装也很繁杂。即便是同一功能元件，因厂家的不一样，也有不同的封装，所以无法一一列举，在这里只简单介绍几例分立元件和小规模集成电路的封装。

常用的分立元件封装有极性电容类（RB5-10.5～RB7.6-15）、非极性电容类（RAD-0.1～RAD-0.4）、电阻类（AXIAL-0.3～AXIAL-1.0）、可变电阻类（VR1～VR5）、晶体三极管类（BCY-W3）、二极管类管（DIODE-0.5～DIODE-0.7）和常用的集成电路 DIP-xxx 封装、SIL-xxx 封装等，这类封装大多数可以在"Miscellaneous Devices PCB.PcbLib"元件库中找到。

1. 电容类封装

电容可分为无极性电容和有极性电容，与其对应的封装形式也有两种。无极性电容的封装如图 9-6（a）所示，其名称为 RAD-xx；有极性电容封装形式如图 9-6（b）所示，其名称为 RB7.6-15 等。

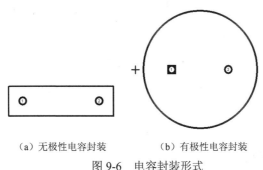

（a）无极性电容封装　　　　（b）有极性电容封装

图 9-6 电容封装形式

2. 电阻类封装

电阻类常用的封装形式为轴状形式，如图 9-7 所示，其名称为 AXIAL-xx，数字 xx 表示两个焊盘间的距离，如 AXIAL-0.3。

图 9-7　电阻类封装形式

3. 晶体管类封装

该类封装形式比较多，在此仅列举 3 个为例，其样式和名称分别如图 9-8 所示。

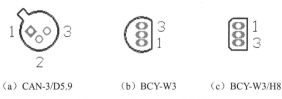

（a）CAN-3/D5.9　　　（b）BCY-W3　　　（c）BCY-W3/H8

图 9-8　三极管类元件封装

4. 二极管类封装

二极管常用封装的名称为 DIODE-xx，数字 xx 表示二极管引脚间的距离，例如 DIODE-0.7 如图 9-9 所示。

5. 集成电路封装

集成电路的封装形式除了已叙述过的针脚类元件的封装为 DIP-xx（双列直插式）、表贴式元件的封装为 SO-Gxx 外，还有单排集成元件封装为 SIL-xx（单列直插式），如图 9-10 所示。数字 xx 表示集成电路的引脚数。

图 9-9　二极管类元件封装　　　　　图 9-10　SIL-4 单列直插式封装

6. 电位器封装

电位器常用的封装如图 9-11 所示，其名称为 VRx，如 VR4、VR5 等。

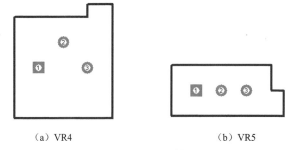

（a）VR4　　　　　　　　（b）VR5

图 9-11　电位器封装

9.1.4　PCB 的其他术语

1. 铜膜导线与飞线

铜膜导线是覆铜板经过加工后在 PCB 上的铜膜走线，又简称为导线，用于连接各个焊点，是印制电路板重要的组成部分，可以说印制电路板的设计几乎是围绕布置导线进行的。与布线过程中出现的预拉线（又称为飞线）有本质的区别，飞线只是形式上表示出网络之间的连接，没有实际的电气连接意义。

2．焊盘和导孔

焊盘是用焊锡连接元件引脚和导线的 PCB 图件。其形状可分为 3 种，即圆形（Round）、方形（Rectangle）和八角形（Octagonal），如图 9-12 所示。焊盘主要有两个参数：孔径尺寸（Hole Size）和焊盘的大小，如图 9-13 所示。

（a）圆形　　　　（b）方形　　　　（c）八角形

图 9-12　焊盘的形状　　　　图 9-13　焊盘的尺寸

导孔，也称为过孔。它是连接不同的板层间的导线的 PCB 图件。导孔有 3 种，即从顶层到底层的穿透式导孔、从顶层通到内层或从内层通到底层的盲导孔和内层间的屏蔽导孔。导孔只有圆形，尺寸有两个，即通孔直径和导孔直径，如图 9-14 所示。

3．网络、中间层和内层

网络和导线是有所不同的，网络上还包含焊点，因此在提到网络时不仅指导线而且还包括和导线连接的焊盘、导孔。

中间层和内层是两个容易混淆的概念。中间层是指用于布线的中间板层，该层中布的是导线；内层是指电源层或地线层，该层一般情况下不布线，它是由整片铜膜构成的电源线或地线。

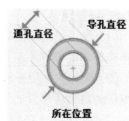

图 9-14　过孔的尺寸

4．安全距离

在印制电路板上，为了避免导线、导孔、焊盘之间相互干扰，必须在它们之间留出一定的间隙，即安全距离，其距离的大小可以在布线规则中设置，具体参见有关部分。

5．物理边界与电气边界

电路板的形状边界称为物理边界，在制板时用机械层来规范；用来限定布线和放置元件的范围称为电气边界，它是通过在禁止布线层绘制边界来实现的。一般情况下，物理边界与电气边界取得一样，这时就可以用电气边界来代替物理边界。

9.2　PCB 设计的基本原则

在进行 PCB 设计时，必须遵守 PCB 设计的一般原则，并应符合抗干扰设计的要求。即便是电路原理图设计得正确，由于印制电路板设计不当，也会对电子设备的可靠性产生不利的影响。

9.2.1　PCB 设计的一般原则

要使电子电路获得最佳性能，零件的布局和导线的安排是很重要的。为了设计质量好、造价低的 PCB，应遵循以下一般原则。

1．布局

首先，要考虑 PCB 尺寸大小。PCB 尺寸过大时，印制线路因线条太长，阻抗会增加，抗干扰能力就会下降，成本也会增加；过小，则散热不好，并且临近的线路容易受到干扰。在确定 PCB 尺寸后，再确定特殊组件的位置。最后，根据电路的功能单元，对电路的全部零件进行布局，要符合以下原则。

（1）按照电路的流程安排各个功能电路单元的位置，使布局便于信号流通，并使信号尽可能保持一致的方向。

（2）以每个功能电路的核心组件为中心，围绕它来进行布局。零件应均匀、整齐、紧凑地排列在 PCB 上，尽量减少和缩短各零件之间的引线和连接。

（3）在高频信号下工作的电路，要考虑零件之间的分布参数。一般电路应尽可能是零件平行排列，这样不但美观，而且装焊容易，易于批量生产。

（4）位于电路板边缘的零件，离电路板边缘一般不小于 2mm。电路板的最佳形状为矩形，长宽比为 3∶2 或 4∶3。电路板面尺寸大于 200mm×150mm 时，应考虑电路板所受的机械强度。

（5）时钟发生器、晶振和 CPU 的时钟输入端应尽量相互靠近且远离其他低频器件。

（6）电流值变化大的电路尽量远离逻辑电路。

（7）印制板在机箱中的位置和方向，应保证散热量大的器件处在正上方。

2．特殊组件

（1）尽可能缩短高频器件之间的连线，设法减少它们的分布参数和相互间的电磁噪声。易受噪声影响的零件不能靠得太近，输入和输出组件应尽量远离。

（2）应加大电位差较高的某些器件之间或导线之间的距离，以免因放电引起意外短路。带高电压的器件应尽量布置在维修时手不易触及的位置。

（3）质量超过 15g 的器件，应当用支架加以固定，然后焊接。那些又大又重、较易发热的零件，不宜装在印制电路板上，而应装在整机的机箱底板上，且应考虑散热问题。热敏组件应远离发热组件。

（4）对于电位器、可调电感线圈、可变电容器、微动开关等可调组件的布局，应考虑整机的结构要求。若是机内调整，应放在印制电路板上方便于调整的地方；若是机外调整，其位置要与调整旋钮在机箱面板上的位置相配合。

（5）应留出印制电路板定位孔及固定支架所占用的位置。

3．布线

（1）输入/输出端用的导线应尽量避免相邻平行。最好加线间地线，以免发生反馈耦合。

（2）印制电路板导线间的最小宽度主要是由导线与绝缘基板间的黏附强度和流过它们的电流值决定的。只要允许，尽可能用宽线，尤其是电源线和地线。导线的最小间距主要由最坏情况下的线间绝缘电阻和击穿电压决定。对于集成电路，尤其是数字电路，只要制作技术上允许，可使间距小至 5～6mm。

印制导线拐弯处一般取圆弧形，尽量避免使用大面积铜箔，否则，长时间受热时，易发生铜箔膨胀和脱落现象。必须用大面积铜箔时，最好用栅格状的，这样有利于排除铜箔与板间黏合剂受热产生的挥发性气体。

（3）功率线、交流线尽量布置在和信号线不同的板上，否则应和信号线分开走线。

4．焊点

焊点中心孔要比器件引线直径稍大一些，焊点太大易形成虚焊。焊点外径 D 一般不小于 $(d+1.2)$ mm，其中 d 为引线孔径。对高密度的数字电路，焊点最小直径可取 $(d+1.0)$ mm。

5．电源线

根据印制电路板电流的大小，尽量加粗电源线宽度，使电源线、地线的走向和数据传递的方向一致，在印制板的电源输入端应接上 10~100μF 的去耦电容，这样有助于提高抗噪声能力。

6．地线

在电子设备中，接地是抑制噪声的重要方法。

（1）正确选择单点接地与多点接地。在低频电路中，信号的工作频率小于 1MHz，它的布线和组件间的电感影响较小，而接地电路形成的环流对噪声影响较大，因而应采用一点接地。当信号工作频率大于 10MHz 时，地线阻抗变得很大，此时应尽量降低地线阻抗，应采用就近多点接地。当工作频率在 1~10MHz 时，如果采用一点接地，其地线长度不应超过波长的 1/20，否则应采用多点接地法。

（2）将数字电路电源与模拟电路电源分开。若线路板上既有逻辑电路又有线性电路，应使它们尽量分开。两者的地线不要相混，分别与电源端地线相连。要尽量加大线性电路的接地面积。低频电路应尽量采用单点并联接地，实际布线有困难时可部分串联后再并联接地。高频电路宜采用多点串联接地，地线应短而粗。

（3）尽量加粗接地线。若接地线很细，接地电位则随电流的变化而变化，致使电子设备的定时信号电平不稳定，抗噪声性能变坏。因此应将接地线尽量加粗，使它能通过 3 倍于印制电路板的允许电流。如有可能，接地线的宽度应大于 3mm。

（4）将接地线构成死循环路。设计只由数字电路组成的印制电路板的地线系统时，将接地线做成死循环路可以明显地提高抗噪声能力。其原因在于将接地线构成环路，则会缩小电位差值，提高电子设备的抗噪声能力。

7．去耦电容配置

在数字电路中，当电路以一种状态转换为另一种状态时，就会在电源线产生一个很大的尖峰电流，形成瞬间的噪声电压。配置旁路电容可以抑制因负载变化而产生的噪声，是印制电路板可靠性设计的一种常规做法，配置原则如下。

（1）印制板电源输入端跨接一个 10~100μF 的电解电容器，如果印制电路板的位置允许，采用 100μF 以上的电解电容器的抗噪声效果会更好。

（2）每个集成芯片的 VCC 和 GND 之间跨接一个 0.01~0.1μF 的陶瓷电容。如空间不允许，可为每 4~10 个芯片配置一个 1~10μF 的钽电容或聚碳酸酯电容，这种组件的高频阻抗特别小，在 500kHz~20MHz 范围内阻抗小于 1Ω，而且漏电流很小（0.5μA 以下）。最好不用电解电容，电解电容是两层薄膜卷起来的，这种卷起来的结构在高频时表现为电感。

（3）对抗噪声能力弱、关断电流变化大的器件以及 ROM、RAM，应在 VCC 和 GND 间接去耦电容。集成电路电源和地之间的去耦电容有两个作用：一方面是作为集成电路的蓄能电容；另一方面旁路掉该器件的高频噪声。去耦电容的选用并不严格，可按 $C=1/F$ 选用，即 10MHz 取 0.1μF，100MHz 取 0.01μF。

（4）在单片机复位端"RESET"上配以 0.01μF 的去耦电容。

（5）去耦电容的引线不能太长，尤其是高频旁路电容不能带引线。在焊接时去耦电容的引脚要尽量短，长的引脚会使去耦电容本身发生自共振。

(6) 在印制电路中有开关、继电器、按钮等组件时，操作它们时均会产生火花放电，必须采用 RC 电路来吸收放电电流。一般 R 取 1~2kΩ，C 取 2.2~47μF。

8. 电路板的尺寸

印制电路板大小要适中，过大时印制线条长，阻抗增加，不仅抗噪声能力下降，成本也高；过小，则散热不好，同时易受临近线路干扰。

9. 热设计

从有利于散热的角度出发，印制线路板最好是直立安装，板与板之间的距离一般不应小于 2cm，而且组件在印制板上的排列方式应遵循一定的规则。

对于采用自由对流空气冷却的设备，最好是将集成电路（或其他组件）按纵长方式排列，如图 9-15 所示。

对于采用强制空气冷却的设备，最好是将集成电路（或其他组件）按横长方式排列，如图 9-16 所示。

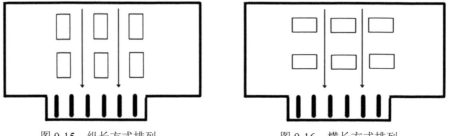

图 9-15　纵长方式排列　　　　图 9-16　横长方式排列

同一块印制板上的组件应尽可能按其发热量大小及散热程度分区排列，发热量小或耐热性差的组件（如小信号晶体管、小规模集成电路、电解电容等）放在冷却气流的最上方（入口处），发热量大或耐热性好的组件（如功率电晶体、大规模集成电路等）放在冷却气流最下方。在水平方向上，大功率组件尽量靠近印制板边缘布置，以便缩短传热路径；在垂直方向上，大功率组件尽量靠近印制板上方布置，以便减少这些组件工作时对其他组件温度的影响。对温度比较敏感的组件最好安置在温度最低的区域（如设备的底部），千万不要将它们放在发热组件的正上方，多个组件最好是在水平面上交错布局。

以上所述只是印制电路板可靠性设计的一些通用原则，印制电路板的可靠性与具体电路有着密切的关系，在设计中必须根据具体电路进行相应处理，才能最大程度地保证印制电路板的可靠性。

9.2.2　PCB 的抗干扰设计原则

在电子系统设计中，为了少走弯路和节省时间，应充分考虑并满足抗干扰性的要求，避免在设计完成后再去进行抗干扰的补救措施。印制电路板的抗干扰设计的一般原则如下。

1. 抑制干扰源

抑制干扰源就是尽可能地减小干扰源的 du/dt 和 di/dt，这是抗干扰设计中最优先考虑和最重要的原则，常常会起到事半功倍的效果。减小干扰源的 du/dt 主要是通过在干扰源两端并联电容来实现的，减小干扰源的 di/dt 则是在干扰源回路串联电感或电阻以及增加续流二极管来实现的。常用措施如下：

（1）继电器线圈增加续流二极管，消除断开线圈时产生的反电动势干扰。

（2）在继电器接点两端并接火花抑制电路（一般是 RC 串联电路，电阻一般选几千欧到几十千欧，电容选 0.01μF），减小电火花影响。

（3）给电机加滤波电路，注意电容、电感引线要尽量短。

（4）布线时避免 90°折线，减小高频噪声发射。

（5）晶闸管两端并接 RC 抑制电路，减小晶闸管产生的噪声（这个噪声严重时可能会把晶闸管击穿）。

2．切断干扰传播路径

按干扰的传播路径可分为传导干扰和辐射干扰两类。所谓传导干扰是指通过导线传播到敏感器件的干扰，所谓辐射干扰是指通过空间辐射传播到敏感器件的干扰。一般的解决方法是增加干扰源与敏感器件的距离、用地线把它们隔离以及在敏感器件上加屏蔽罩。常用措施如下：

（1）充分考虑电源对单片机的影响。许多单片机对电源噪声很敏感，要给单片机电源加滤波电路或稳压器，以减小电源噪声对单片机的干扰。可以利用磁珠和电容组成π形滤波电路，当然条件要求不高时也可用 100Ω 电阻代替磁珠。

（2）如果单片机的 I/O 口用来控制电机等噪声器件，在 I/O 口与噪声源之间应加隔离（增加π形滤波电路）。

（3）注意晶振布线。晶振与单片机引脚尽量靠近，用地线把时钟区隔离起来，晶振外壳接地并固定。

（4）电路板合理分区，如强、弱信号，数字、模拟信号，尽可能把干扰源（如电机、继电器）与敏感器件（如单片机）远离。

3．提高敏感器件的抗干扰性能

提高敏感器件的抗干扰性能是指从敏感器件考虑尽量减小对干扰噪声的拾取，以及从不正常状态尽快恢复的方法。常用措施如下：

（1）布线时尽量减少回路环的面积，以降低感应噪声。

（2）布线时，电源线和地线要尽量粗。除减小压降外，更重要的是降低耦合噪声。

（3）对于单片机闲置的 I/O 口，不要悬空，要接地或接电源。其他集成电路的闲置端在不改变系统逻辑的情况下接地或接电源。

9.2.3　PCB 可测性设计

可测性设计是指一种能使测试生成和故障诊断变得容易的设计，是电路本身的一种设计特性，是提高可靠性和维护性的重要保证。对于 PCB 的可测性要求是在系统中实现易检测和故障诊断，在使用 ATE 测试时，易实现测试生成和故障诊断。

PCB 可测性设计包括两个方面的内容：结构的标准化设计和应用新的测试技术。

1．结构的标准化设计

PCB 接口的标准化和信号的规范化是实现 ATE 对其检测和测试的前提和基础，有利于实现测试总线的连接、测试系统的组织及测试系统中的层次化测试。

（1）进行模块划分。在印制板上进行模块划分是一种容易实现和行之有效的可测性设计方法，通常可按以下方法进行划分：①根据功能划分（功能划分）；②根据电路划分（物理划分）；③根据逻辑系列划分；④按电源电压的分隔划分。不同的 PCB 在设计时，可根据其具体情况选择适合的划分方法。

（2）测试点和控制点的选取。测试点和控制点是故障检测、隔离和诊断的基础，测试点和控制点选取的好坏将直接影响到其可测性和维修性。提高 PCB 可测性的一种最简单的方法是提供更多的测试点和控制点,而且这些点分布越合理,其故障检测率就越高。

（3）尽可能减少外部电路和反馈电路。外部电路和反馈电路的使用虽然能够使 PCB 的设计简便、性能稳定,但不利于测试和维修。因此,从可测性的角度考虑应尽可能不使用外部电路和反馈电路,如必须使用,则需注明外接元器件的类型、参数和作用；对于反馈电路,必须采取必要的可测性措施,如开关、三态器件等,在测试和检测时断开反馈电路,并设计测试点和控制点。

2. 应用新的测试技术

新的可测性设计技术有扫描通道、电平敏感扫描设计、边界扫描等。

9.3 PCB 编辑器的启动

进入印制电路板的设计,首先需要创建一个空白的 PCB 文件,在 Altium Designer 中,创建一个新的 PCB 文件的方式有多种,这里只介绍利用菜单命令启动 PCB 编辑器。

启动 PCB 编辑器的步骤如下：

（1）在 Altium Designer 中,执行菜单命令【File】→【New】→【PCB】,启动 PCB 编辑器,如图 9-17 所示。

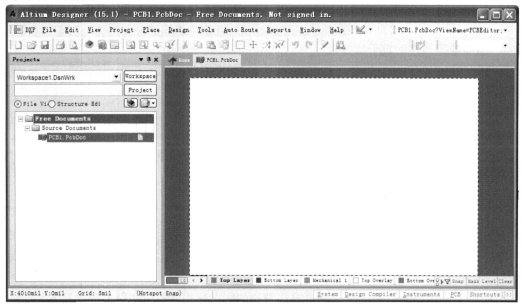

图 9-17 PCB 编辑器启动

即完成 PCB 文件的创建并启动 PCB 编辑器,同时自动将该文件保存为"*.PcbDoc",其默认的名字为"PCB1"。生成的 PCB 文件会自动地加入当前的文件中,并且列在项目面板【Project】工作区的列表下。

（2）PCB 文件的保存与文件名的更改。执行菜单命令【File】→【Save As】,将文件的保存路径定位到指定的文件夹,然后在文件名栏中输入"接触式防盗报警电路",单击保存 保存(S) 按钮即可,如图 9-18 所示。

图 9-18 PCB 文件的改名与存储

这样创建的 PCB 文件,其各项参数均采用了系统默认值。在具体设计时,还需要用户进行修改。

9.4 PCB 编辑器及参数设置

印制电路板(PCB)的设计在 Altium Designer 系统中的 PCB 编辑器中进行,在使用 PCB 编辑器前,用户需要对 PCB 编辑器进行设置。在 PCB 编辑器中集中了许多参数,例如各种选项、工作层面等。通过对这些参数的合理设置,可有效地提高 PCB 设计的效率和效果。本节将较详细地介绍这些参数的设置方法。

PCB 编辑器的参数设置主要设定编辑操作的意义、显示颜色、显示精度等项目。执行菜单命令【Tools】→【Preferences】,弹出系统参数对话框,如图 9-19 所示。

图 9-19 系统参数对话框

在该对话框中有 PCB 编辑器（Editor）文件夹，打开该文件夹，可以看到有关 PCB 编辑器的 15 个选项。限于篇幅，本节对其中较为重要的选项介绍其含义和设置、选取的方法。

9.4.1 常规参数设置

常规参数设置主要用于 PCB 设计中的各类操作模式的选取。在系统参数对话框中单击"General"，弹出的对话框如图 9-20 右侧所示。

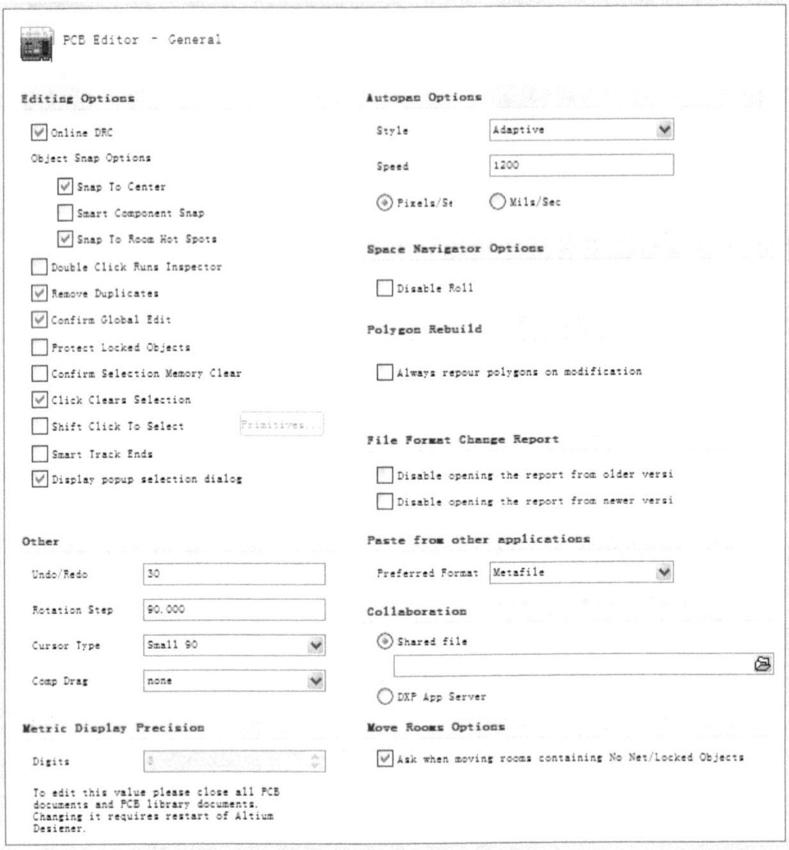

图 9-20 常规参数（General）设置对话框

1. 编辑选项（Editing Options）

（1）Online DRC——在线检查：选择该项，在手工布线和调整过程中实时进行 DRC 检查，并在第一时间对违反设计规则的错误给出报警。

（2）Snap To Center——捕获到中心：选择该项，则用光标选择某个元件时，光标自动跳到该元件的中心点，也称基准点，通常为该元件的第一脚。

（3）Click Clears Selection——单击清除选择：选择该项并单击，原选择的图件会被取消选择；如果不选择该项，单击其他图件时，原来的图件仍被保持选择状态。

（4）Double Click Runs Inspector——启动检查面板：选择该项，双击某图件时，即可启动该图件的检查器工作面板。

（5）Remove Duplicates——删除标号重复的图件：选择该项，自动删除标号重复的图件。

（6）Confirm Global Edit——修改提示信息：选择该项，在全局修改操作对象前给出提示信息，以确认是否选择了所有需要修改的对象。

（7）Protect Locked Objects——修改警告信息：选择该项，对于设为"Locked"的对象，在移动该对象或修改其属性时给出警告信息，以确认是不是误操作。

2．自动位移功能（Autopan Options）

（1）Style——移动方式：屏幕自动移动方式。即在布线或移动元件的操作过程中，光标到达屏幕边缘时屏幕如何移动。共有 7 种，单击其右侧的下拉菜单（如图 9-21 所示），用户可以根据需要选择一种，目的是方便 PCB 的编辑。

（2）Speed——移动速度：单位时间内光标移动的矩离，单位可设置。

3．其他选项（Other）

（1）Cursor Type——光标形状：光标的形状有 3 种，分别为：小"十"字、大"十"字和"×"符号。

（2）Comp Drag——元件移动模式：元件移动模式有两种。单击其右侧的下拉箭头，弹出下拉菜单如图 9-22 所示。

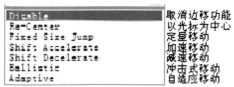

图 9-21　屏幕自动移动方式的种类

图 9-22　元件移动模式

9.4.2　显示参数设置

显示参数设置主要用于 PCB 编辑窗口内的显示模式的选取。在系统参数对话框中单击"Display"，弹出的对话框如图 9-23 所示。

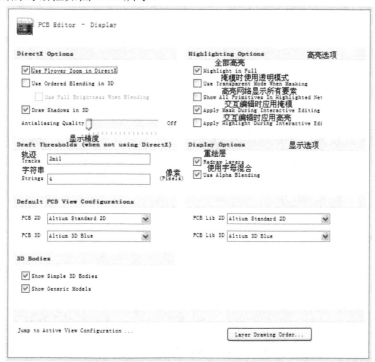

图 9-23　显示参数（Display)设置对话框

1. 高亮选项（Highlighting Options）

主要用于设置 PCB 区中以高亮显示内容。

2. 显示选项（Display Options）

（1）"重绘层"选项用于设置是否在每次切换板层时自动重绘板层内容。

（2）"使用字母混合"选项用于是否显示重叠图件。

3. 显示精度（Draft Thresholds）

用于显示导线最小宽度设置和显示字符最少像素设置。

9.4.3 交互式布线参数设置

交互式布线参数设置主要用于布线操作时模式的选取。在系统参数对话框中单击"Interactive Routing"选项，弹出对话框如图 9-24 所示。

图 9-24 交互式布线参数（Interactive Routing）设置对话框

交互式布线参数设置有 6 栏选项，各选项的中文标注意思明确，这里不再赘述。图 9-24 中有一个习惯的交互式布线宽度按钮 ，用于设置用户习惯的交互式布线线宽，单击该按钮，即可弹出用户习惯的交互式布线线宽对话框，如图 9-25 所示。用户可对该对话框进行编辑、选择和设置。

9.4.4 默认参数设置

默认参数主要用于设置各种类型图件的默认值。在系统参数对话框中单击"Default"选项，弹出的对话框如图 9-26 所示。

关于默认参数设置的说明：

（1）默认参数设置主要设置电气符号放置到 PCB 图编辑区时的初始状态，用户可以将目前使用最多的值设置为默认值。例如，当给数字电子电路布线时，基本上所有的导线宽度都为 10mil，因此可以将当前导线宽度默认值设为 10mil。这样，只调整少数不是 10mil 的导线宽度就可以了。

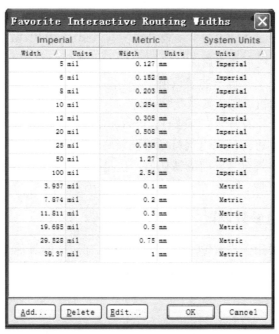

图 9-25 习惯的交互式布线线宽对话框

图 9-26 默认参数（Defaults）设置对话框

（2）系统的默认属性设置的结果存放在安装路径下的\system\ADVPCB.DFT 文件中。

（3）用户在修改完某（些）项属性之后，可以自己指定路径，单击 Save As... 按钮将这些设置存放到*.DFT 文件中；在下一次启动 Altium Designer 系统时，单击 Load... 按钮，选择上一次存盘的文件，可以读出上次设定的默认值。

（4）单击 Reset All 按钮，则恢复系统默认值。

（5）对某一种电气符号的属性进行修订，可以先用光标在列表框中选择该项电气符号，然后单击 Edit Values... 按钮，则可弹出该电气符号的设置属性对话框，这样就可以修改其设置了。

（6）要恢复某一种电气符号以前的默认值，也是先用光标在列表框中选择该项电气符号，单击 Reset 按钮即可完成。

9.4.5 工作层颜色参数设置

工作层颜色参数主要用于设置 PCB 设计窗口内工作层面的颜色。在系统参数对话框中单击"Layer Colors"，弹出的对话框如图 9-27 所示。

图 9-27 工作层颜色参数（Layer Colors）设置对话框

Altium Designer 系统的 PCB 编辑器为用户提供了多达 89 层的工作层面。这些工作层面分为若干个不同类型，包括信号层、内层、机械层等。在设计印制电路板时，用户对于不同工作层面需要进行不同的操作，因此，必须根据需要和习惯来设置工作层面，这样才能对工作层面进行管理。

1．工作层面的类型

在设计印制电路板前，用户必须熟悉 PCB 编辑器工作层面的类型。下面将分别介绍工作层面主要的几种类型。

（1）一般工作层面

一般工作层面有 21 个，用于显示 PCB 编辑，如图 9-28 所示。例如，顶层和底层两个丝印层，主要用于绘制元件的外形轮廓、元件标号和说明文字等。

（2）信号层

PCB 编辑器共有 30 个信号层，主要是用来放置元件和布线的工作层，如图 9-29 所示。通常，中间布线层用于多层板布置信号线。

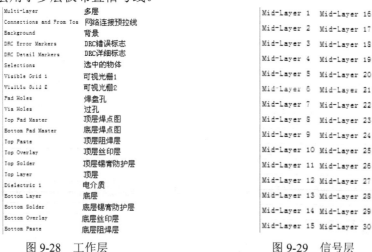

Multi-Layer	多层
Connections and From Tos	网络连接预拉线
Background	背景
DRC Error Markers	DRC错误标志
DRC Detail Markers	DRC详细标志
Selections	选中的物体
Visible Grid 1	可视光栅1
Visible Grid 2	可视光栅2
Pad Holes	焊盘孔
Via Holes	过孔
Top Pad Master	顶层焊点图
Bottom Pad Master	底层焊点图
Top Paste	顶层阻焊层
Top Overlay	顶层丝印层
Top Solder	顶层锡膏防护层
Top Layer	顶层
Dielectric 1	电介质
Bottom Layer	底层
Bottom Solder	底层锡膏防护层
Bottom Overlay	底层丝印层
Bottom Paste	底层阻焊层

图 9-28　工作层

Mid-Layer 1	Mid-Layer 16
Mid-Layer 2	Mid-Layer 17
Mid-Layer 3	Mid-Layer 18
Mid-Layer 4	Mid-Layer 19
Mid-Layer 5	Mid-Layer 20
Mid-Layer 6	Mid-Layer 21
Mid-Layer 7	Mid-Layer 22
Mid-Layer 8	Mid-Layer 23
Mid-Layer 9	Mid-Layer 24
Mid-Layer 10	Mid-Layer 25
Mid-Layer 11	Mid-Layer 26
Mid-Layer 12	Mid-Layer 27
Mid-Layer 13	Mid-Layer 28
Mid-Layer 14	Mid-Layer 29
Mid-Layer 15	Mid-Layer 30

图 9-29　信号层

（3）内层

PCB 编辑器共有 16 个，如图 9-30 所示。内层一般用于布置电源线和地线。

（4）机械层

PCB 编辑器提供了 32 个机械层，一般用于放置与电路板的机械特性有关的标注尺寸信息和定位孔，如图 9-31 所示。

Internal Plane 1	Internal Plane 9
Internal Plane 2	Internal Plane 10
Internal Plane 3	Internal Plane 11
Internal Plane 4	Internal Plane 12
Internal Plane 5	Internal Plane 13
Internal Plane 6	Internal Plane 14
Internal Plane 7	Internal Plane 15
Internal Plane 8	Internal Plane 16

图 9-30　内层

Mechanical 1	Mechanical 17
Mechanical 2	Mechanical 18
Mechanical 3	Mechanical 19
Mechanical 4	Mechanical 20
Mechanical 5	Mechanical 21
Mechanical 6	Mechanical 22
Mechanical 7	Mechanical 23
Mechanical 8	Mechanical 24
Mechanical 9	Mechanical 25
Mechanical 10	Mechanical 26
Mechanical 11	Mechanical 27
Mechanical 12	Mechanical 28
Mechanical 13	Mechanical 29
Mechanical 14	Mechanical 30
Mechanical 15	Mechanical 31
Mechanical 16	Mechanical 32

图 9-31　机械层

（5）其他工作层面

PCB 编辑器还提供了下列工作层面，如图 9-32 所示，其中禁止布线层用于绘制印制板的边框。

（6）颜色层

PCB 编辑提供的颜色层如图 9-33 所示，其含义已用中文注释明确，不再赘述。

Drill Guide	钻孔位置
Keep-Out Layer	禁止布线层
Drill Drawing	钻孔图

Highlight Color	高亮颜色
Board Line Color	板边框颜色
Board Area Color	板区颜色
Sheet Line Color	图纸边框线颜色
Sheet Area Color	图纸区颜色
Workspace Start Color	工作窗口起始颜色
Workspace End Color	工作窗口结束颜色

图 9-32 其他工作层面　　　　　　　图 9-33 颜色层

2. 工作层设置

工作层虽然有 100 多层，在大多数 PCB 设计中并不都用，其中信号层、内层和机械层的层数应根据需要而设置。信号层和内层的层数设置将在下一节介绍。下面以双面 PCB 编辑为例就其他工作层面的层数和显示颜色设置介绍如下。

执行菜单命令【Design】→【Board Layers & Colors】，弹出 PCB 编辑窗口配置对话框，如图 9-34 所示。

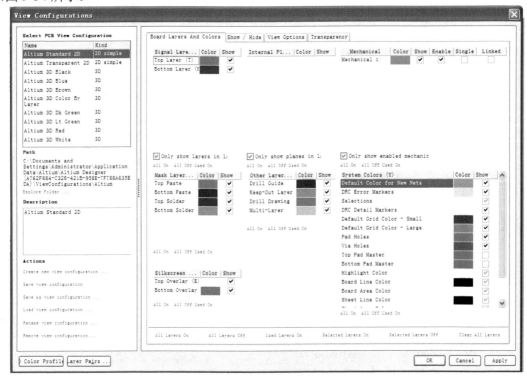

图 9-34 PCB 编辑窗口配置对话框

（1）机械层的层数设置：只要在机械层框的"Enable"栏中，勾选某一层的复选框，该层即被设置启用，同样的方法选择其他机械层；取消勾选，即撤销该层的启用。

（2）防护层、丝印层、其他层和颜色体系栏中的某些层，只有勾选该项右侧"Show"栏中相应的复选框,该层才被启用;否则该层不被启用。

(3)各层显示颜色的设置:观察图 9-34 可知,每层层名的右侧都有一个颜色框,单击颜色框,即可弹出如图 9-35 所示的显示颜色设置对话框,选中某一合适颜色,单击 OK 按钮确认后,即可达到设置相应工作层颜色的目的。

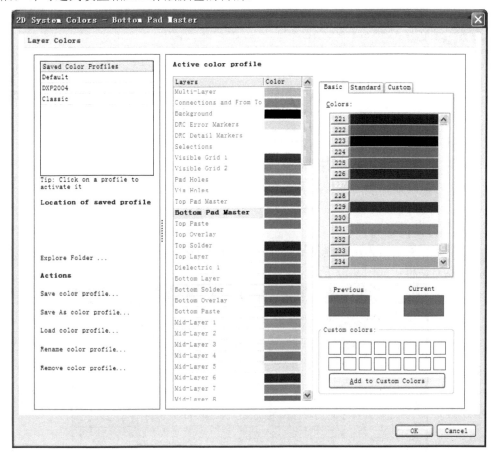

图 9-35 显示颜色设置对话框

9.4.6 板层及板层设置

印制电路板(PCB)的板层,从绘制 PCB 的角度讲,是重要的工作层面,也可以说信号层和内层是特殊的板层。

在 PCB 编辑器中,为用户提供了功能强大的板层堆栈管理器。在板层堆栈管理器内可以进行添加、删除工作层面(板层),还可以更改各个工作层面(板层)的顺序。可以说,信号层和内层的添加、删除也必须在板层堆栈管理器内进行。下面首先介绍板层堆栈管理器。

1. 板层堆栈管理器

(1)执行菜单命令【Design】→【Layer Stack Manager】,弹出板层堆栈管理器设置对话框,如图 9-36 所示。

(2)将光标移动到板层堆栈管理器的右上角,单击下拉按钮,弹出一个板层堆栈管理器工作模式菜单,如图 9-37 所示。

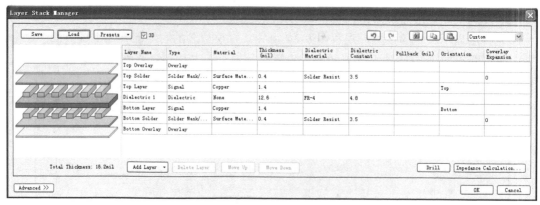

图 9-36 板层堆栈管理器设置对话框

图 9-37 板层堆栈管理器工作模式

（3）板层堆栈管理器为用户提供阻抗计算帮助，单击 Impedance Calculation... 按钮，弹出阻抗公式编辑器对话框，如图 9-38 所示。

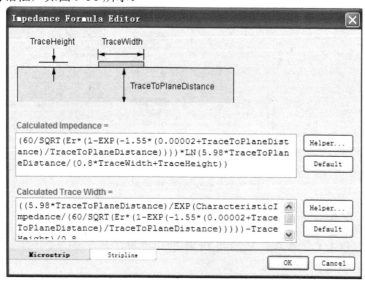

图 9-38 阻抗公式编辑器对话框

通过选择，可以在阻抗公式编辑器中对微波传送带和电介质带状线的阻抗计算公式进行编辑；用户可以采用系统默认公式，还可以采用编辑方式。

（4）若采用编辑方式，在图 9-38 中单击 Helper... 按钮，弹出查询助手对话框，如图 9-39 所示。用户根据具体要求对阻抗公式进行修订。

2. 板层设置

图 9-36 中，设置 Add Layer、Delete Layer 按钮选项命令，用户可以执行相应命令，增减层或内层。其中 Add Layer 按钮有一个下拉菜单，如图 9-40 所示。

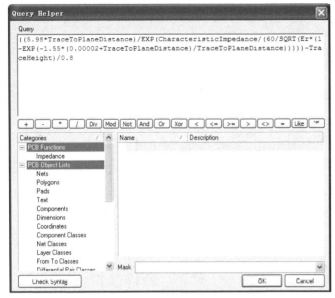

图 9-39 查询助手对话框　　　　图 9-40 加层下拉菜单

下面以四层板为例介绍板层的设置，具体操作如下：

（1）执行菜单命令【Design】→【Layer Stack Manager】，弹出板层堆栈管理器对话框，（系统默认）如图 9-36 所示。

（2）选中顶层或底层，单击 Add Layer 按钮，电路板即增加一层；

（3）再单击 Add Dielectric 按钮一次，电路板又增加一绝缘层；

（4）选中顶层或底层，单击 Add Layer 按钮，电路板即增加一层；

（5）再单击 Add Dielectric 按钮一次，电路板又增加一绝缘层，如图 9-41 所示。

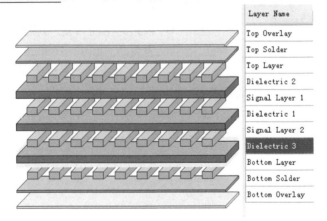

图 9-41 四层电路板图

（6）材料属性如层的名字、材料、厚度、介电常数等，制板厂商提供所需的制板信息和板层属性，如名字和厚度等，都可在图 9-36 的板层堆栈管理器中完成设置。

9.4.7 板选项参数设置

该参数的设定对我们的设计操作是十分重要的，它直接影响到绘制 PCB 的工作效率，因此应当引起足够的重视。

执行菜单命令【Design】→【Board Option】,即可进入板选项参数设置对话框,如图 9-42 所示。

图 9-42　板选项参数设置对话框

在该对话框中,可以对测量单位、光标捕获栅格、元件放置的捕获栅格、电气栅格、可视栅格和图纸参数进行设定,还可对显示图纸和锁定原始图纸等选项进行选择。

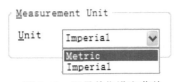

图 9-43　测量单位设定菜单

测量单位设定:PCB 编辑器为用户提供了公制和英制两种度量单位,单击选项后的下拉箭头 ,弹出下拉菜单如图 9-43 所示。

用户可根据画图的需要,可选择英制(Imperial),系统尺寸单位为英制"mil"(1000mil=1 英寸);也可以选择公制(Metric),系统尺寸单位为毫米。

用户还可以根据需要和爱好选择 PCB 编辑器提供的两种栅格标识——点和线,设置光标捕获图件时跳跃的最小间隔。

除此以外,用户还可以选中显示图纸等相关参数。

习题 9

9-1　简述元件封装的分类,并简答元件封装的含义。

9-2　简述 PCB 设计的基本原则。

9-3　创建一个 PCB 文件并更名为"MyPCB.PcbDoc"。

9-4　简述一般情况下应如何设置 PCB 编辑器参数。

9-5　简述板层堆栈管理器的作用。

第 10 章　PCB 设计基本操作

Altium Designer 系统的 PCB 编辑器为用户提供了多种编辑工具和命令，其中最常用的是图件放置、移动、查找和编辑等操作方法，将在本章加以介绍；同时，还要介绍元器件封装的自制方法。

10.1　PCB 编辑器界面

PCB 编辑器是编辑 PCB 文件的操作界面。只有熟悉了这个界面之后，才能进行印制电路板的设计操作。

在 Altium Designer 主窗口上，单击菜单命令【File】→【Open Project】，弹出一个对话窗口，按提示操作可以打开已有印制电路板文件，例如，第 9 章新建的"接触式防盗报警电路.PcbDoc"，可获得如图 10-1 所示典型的 PCB 编辑器界面。

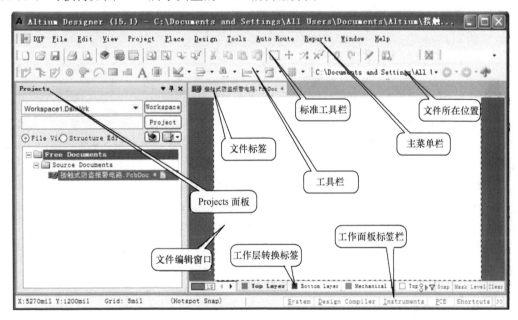

图 10-1　PCB 编辑器界面

（1）主菜单栏：PCB 的主菜单与 SCH 编辑器的主菜单类似，包含系统的所有操作命令，菜单中有下画线的字母为热键。

（2）标准工具栏：主要用于文件操作，与 Windows 工具栏的使用方法相同。

（3）工具栏：主要用于 PCB 的编辑。

（4）文件标签：激活的每个文件都会在编辑窗口顶部有相应的标签，单击标签可以对文件进行管理。

（5）工作面板标签栏：单击工作面板标签，可以激活其相应的工作面板。

（6）文件编辑窗口：各类文件显示、编辑的地方。与 SCH 相同，PCB 编辑区的形式也以图纸的方式出现，其大小也可以设置。

（7）工作层转换标签：单击标签，改变 PCB 设计时的当前工作层面。

10.2　PCB 编辑器工具栏

在 Altium Designer 系统的 PCB 编辑器中，将常用的一些绘图或放置元器件工具集中放在工具栏（Toolbars）中，使用时将其打开，不用时将其关闭。下面将先介绍工具栏的管理。

在 Altium Designer 系统的 PCB 编辑器中，执行菜单命令【View】→【Toolbars】，即可打开工具栏的下拉菜单，如图 10-2 所示。

工具栏类型名称前有"√"的表示该工具栏被激活，在编辑器中显示，否则没有显示。工具栏的激活习惯上叫作打开工具栏，单击【Toolbars】菜单命令，切换工具栏的打开和关闭状态。

图 10-2　工具栏的下拉菜单分类工具的名称

PCB 编辑器工具栏的图标如图 10-3 所示。

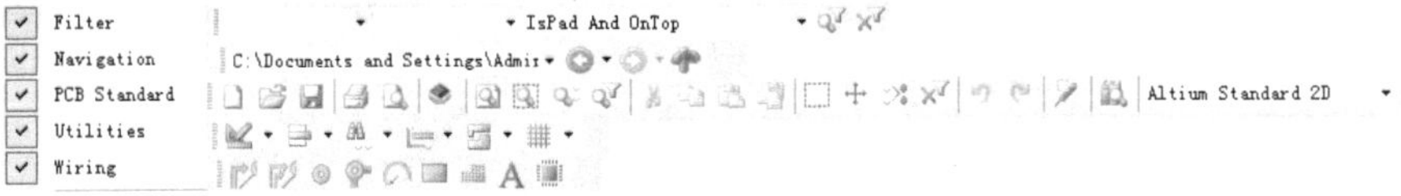

图 10-3　工具栏的下拉菜单分类工具的图标

PCB 编辑器工具栏从属性上大致可分为 4 类：过滤栏（Filter）——分类显示类，布线栏（Wiring）——电路图件绘制类，辅助栏（Utilities）——图形、标识绘制类，导航栏（Navigation）和标准栏（PCB Standard）——窗口文件管理或文本编辑类。

过滤栏（Filter）的操作类似于利用导航器在编辑区中查找图件，导航栏（Navigation）和标准栏（PCB Standard）已经在原理图编辑中做过介绍，布线栏（Wiring）和辅助栏（Utilities）的操作方法将在本章后面结合 PCB 中图件的绘制或放置予以介绍。

此外，在 Altium Designer 系统的 PCB 编辑环境中，布线栏（Wiring）和辅助栏（Utilities）的功能，可以通过执行主菜单栏放置命令【Place】下拉菜单中的相应命令来实现。

10.3　放置图件方法

在 Altium Designer 系统的 PCB 编辑器中，虽然有自动布局和自动布线，但是手工放置图件是避免不了的。如自动布局后的手工调整、自动布线后的手工调整等。因此，图件的放置和绘制方法用户必须掌握。

10.3.1　绘制导线

在 Altium Designer 系统的 PCB 编辑器中的绘制导线和 SCH 编辑器布线类似，只是操作命令有所不同。

（1）绘制直线：单击主工具栏放置命令【Place】下拉菜单中的按钮，或执行菜单命令【Place】→【Interactive Routing】，光标变成十字形，即可进入绘制导线的命令状态。将光标移动到所需绘制导线的起始位置，单击确定导线的起点，然后移动光标，在导线的终点处单击，右击即可绘制出一段直导线。

（2）绘制折线：如果绘制的导线为折线，则需在导线的每个转折点处单击确认，重复上述步骤，即可完成折线的绘制。

（3）结束绘制：绘制完一条导线后，系统仍处于绘制导线的命令状态，可以按上述方法继续绘制其他导线，最后右击或按 Esc 键，即可退出绘制导线命令状态。

（4）修改导线：在导线绘制完后，当用户对导线不是十分满意的时候，可以做适当的调整。调整方法为：执行菜单命令【Edit】→【Move】或【Drag】命令，可修改导线。执行【Move】命令后，单击待修改的导线使其出现操控点，然后将光标放到导线上，出现十字箭头光标后可以拉动导线，与之相连的导线随着移动；执行【Drag】命令后，单击待修改的导线使其出现操控点，然后将光标放到导线上，出现十字箭头光标后可以拉动导线移动，与之相连的导线也随着变形；这时如果将光标放到导线的一端，出现双箭头光标后，可以拉长和缩短导线。

（5）设定导线的属性：系统处于绘制导线的命令状态时，按 Tab 键，则会出现导线属性设置对话框，如图 10-4 所示。

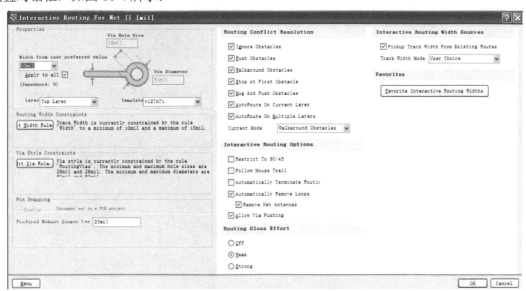

图 10-4　导线属性设置对话框

在图 10-4 中可以对导线的宽度、过孔尺寸和导线所处的层等进行设置，用户对线宽和过孔尺寸的设置必须满足设计法则的要求。在本例中，设计法则规定最大线宽和最小线宽均为"10mil"，如果设定值超出设计法则的范围，本次设置将不会生效，并且系统会提醒用户该设定值不符合设计规则，如图 10-5 所示。

（6）编辑和添加导线设计规则：单击图 10-4 中的 Menu 按钮，弹出如图 10-6 所示下拉菜单。

单击某一选项，可以对相应的设计规则进行修改。

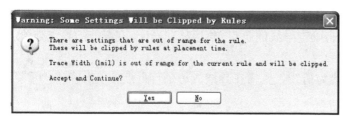

图 10-5 设定值不符合设计法则提示框　　图 10-6 编辑和添加导线设计规则菜单

10.3.2 放置焊盘

具体操作如下：

（1）执行菜单命令【Place】→【Pad】。

（2）执行上一步操作后，光标在 PCB 编辑窗口中变成十字形，并带着一个焊盘，如图 10-7 所示。移动光标到需要放置焊盘的位置处单击，即可将一个焊盘放置在光标所在位置。图 10-7 中已经放置了 2 个焊盘，第三个焊盘正在放置中。

（3）按 Tab 键，则弹出焊盘设置对话框，如图 10-8 所示。

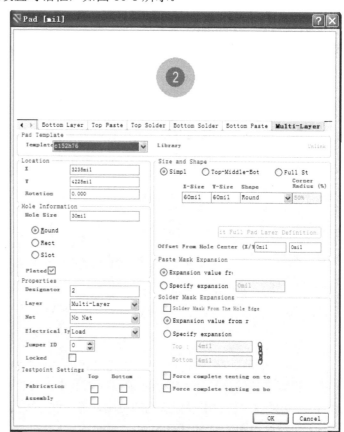

图 10-7 放置焊盘的光标状态　　图 10-8 焊盘设置对话框

在图 10-8 中用户可以对焊盘的孔径大小、旋转角度、位置坐标、焊盘标号、工作层面、网络标号、电气类型、测试点、锁定、镀锡、焊盘形状、尺寸与形状、锡膏防护层和阻焊层尺寸等属性参数进行设定和选择。需要注意的是，设定的过孔尺寸必须满足设计规则的要求。

（4）重复上面的操作，即可在工作平面上放置更多的焊盘，直到右击退出放置焊盘的命令状态。

10.3.3 放置过孔

具体操作如下：

（1）执行菜单命令【Place】→【Via】。

（2）执行上一步操作后，光标变成十字形，并带着一个过孔出现在工作区，如图 10-9 所示。将光标移动到需要放置过孔的位置单击，即可将一个过孔放置在光标当前所在的位置。图 10-9 中已经放置了 2 个过孔，第三个过孔正在放置中。

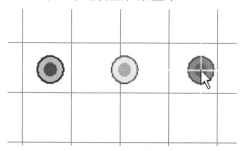

图 10-9 放置过孔的光标状态

（3）按 Tab 键，则弹出过孔属性设置对话框，如图 10-10 所示。

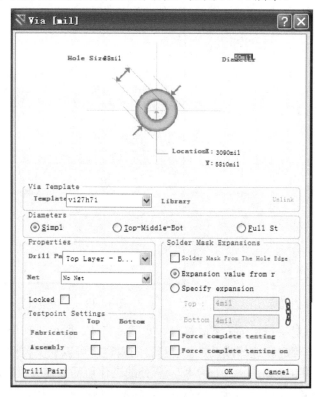

图 10-10 过孔属性设置对话框

在图 10-10 中可以对过孔的直径、孔径大小、位置坐标、起始工作层面、结束工作层面、网络标号（Net）、测试点、锁定和阻焊层尺寸等属性参数进行设定和选择。

（4）重复上面的操作，即可在工作平面上放置更多的过孔，直到右击退出放置过孔的命令状态。

10.3.4 放置字符串

Altium Designer 系统的 PCB 编辑器提供了用于文字标注的放置字符串的命令。字符串是不具有任何电气特性的图件，对电路的电气连接关系没有任何影响，它只是起到一种标识的作用。

放置字符串的具体操作如下：

（1）执行菜单命令【Place】→【String】，光标变成十字形，并带着一个默认的字符串出现在编辑窗口，如图 10-11 所示。

（2）按 Tab 键，则弹出字符串设置对话框，如图 10-12 所示。

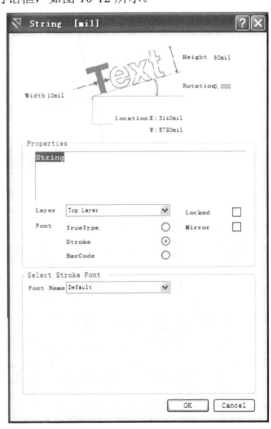

图 10-11 放置字符串的光标　　　　图 10-12 字符串设置对话框

在图 10-12 中可以对字符串的内容、高度、宽度、字体、所处工作层面、放置角度、放置位置坐标、镜像、锁定等进行选择或设定。字符串的内容既可以从下拉列表中选择，也可以直接输入。在这里输入的字符串为"2015-7-8"，所处的工作层面设定为"Top Layer"，字体设定为"Stroke"，字体风格采用系统默认设置。字符串放置角度设定为水平，其他选项采用系统默认设置。

（3）设置字符串属性后，单击 OK 按钮确认，将光标移动到所需位置单击，即可将当前字符串放置在光标所处位置。如图 10-13 所示。

2015-7-8

图 10-13 设置字符串设置对话框后的结果

（4）此时，系统仍处于放置相同内容字符串的命令状态，可以继续放置该字符串，也可以重复上面的操作改变字符串的属性，还可以通过按空格键来调整字符串的放置方向。放置结束后，右击或按 Esc 键即可退出当前的命令状态。

10.3.5 放置位置坐标

用户可以在编辑区中的任意位置放置位置坐标，它不具有任何电气特性，只是提示用户当前光标所在的位置与坐标原点之间的距离。

放置位置坐标的具体操作如下：

（1）执行菜单命令【Place】→【Coordinate】，光标变成十字形，并带着当前位置的坐标出现在编辑区，如图 10-14 所示。随着光标的移动，坐标值也相应地改变。

2915,3440 (mil)

图 10-14 放置当前位置坐标

（2）按 Tab 键，则弹出位置坐标设置对话框，如图 10-15 所示。

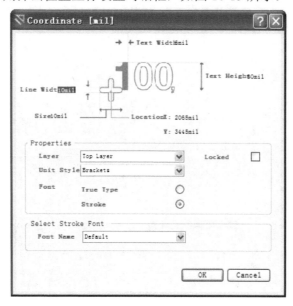

图 10-15 位置坐标设置对话框

在图 10-15 中可以设置位置坐标的有关属性，包括字体的宽度、高度、线宽、尺寸、字体、所处工作层面、放置位置坐标等。

（3）设置好位置坐标属性后，单击 OK 按钮确认，即可进入放置命令状态，将光标移动到所需位置，单击即可将当前位置的坐标放置在工作窗口内。

10.3.6 放置尺寸标注

在印制电路板设计过程中,为了方便制板过程的考虑,通常需要标注某些图件的尺寸参数。标注的尺寸不具有电气特性,只是起到提示用户的作用。Altium Designer 系统的 PCB 编辑器提供了 10 种尺寸标注方式,执行菜单命令【Place】→【Dimension】,即可从打开的下拉菜单上看到尺寸标注的各种方式,如图 10-16 所示。

这 10 种标注尺寸方法的操作方式大致一样,下面仅以线性标注尺寸为例介绍尺寸的标注方法。具体操作如下:

(1)执行菜单命令【Place】→【Dimension】→【Linear】,光标变成十字形,并带着一个当前所测线间尺寸数值出现在编辑窗口,如图 10-17 所示。

图 10-16　尺寸标注类型　　　图 10-17　执行放置尺寸标注命令后的光标状态

(2)按 Tab 键,则弹出尺寸标注属性设置对话框,如图 10-18 所示。

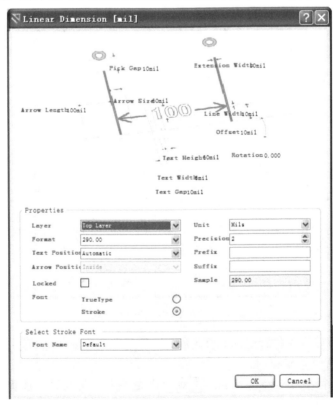

图 10-18　尺寸标注属性设置对话框

在图 10-18 中可以设置尺寸标注的有关属性，包括标注的起止点、字体的宽度、高度、线宽、尺寸、字体、所处工作层面、放置位置坐标等。

（3）设置好尺寸标注属性后，将光标移动到被测图件的起点单击确认。然后移动光标，在光标的移动过程中，标注线上显示的尺寸会随着光标的移动而变化，在尺寸的终点处单击，即可完成了一次放置尺寸标注的操作。如图 10-19 所示。

图 10-19　线性尺寸标注

（4）重复上述操作，可以继续放置其他的尺寸标注。右击或按 Esc 键可退出当前命令状态。

10.3.7　放置元件

Altium Designer 系统的 PCB 编辑器除了可以自动装入元件外，还可以通过手工将元件放置到工作窗口内，放置元件的具体操作步骤如下：

（1）执行菜单命令【Place】→【Component】，弹出放置元件对话框，如图 10-20 所示。

（2）单击 按钮，弹出元件库浏览对话框，如图 10-21 所示。

图 10-20　放置元件对话框

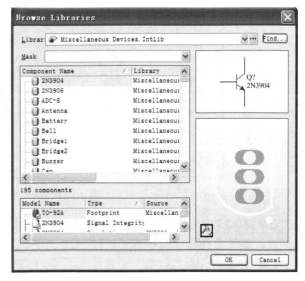

图 10-21　元件库浏览对话框

在图 10-21 的元件名称中，可以选择相应元件。

（3）在此举例放置三极管。选中元件库中的元件"2N3904"，单击图 10-21 中的 OK 按钮，光标即可变成十字形并带着选定的元件出现在工作窗口的编辑区内，如图 10-22 所示。

图 10-22　放置元件

（4）在此状态下，按 Tab 键，可以进入元件设置对话框，如图 10-23 所示。

· 177 ·

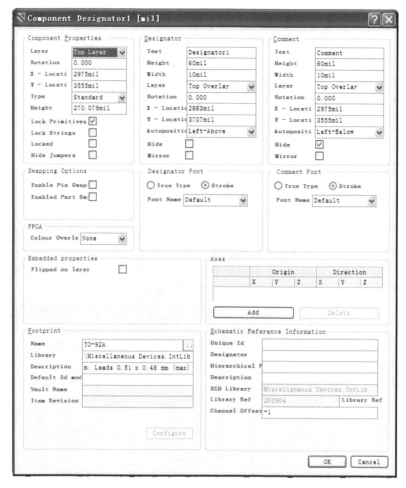

图 10-23 元件设置对话框

在图 10-23 中可以修改元件的名称，设定元件的属性（包括封装形式、所处工作层面、坐标位置、旋转方向和锁定等）、元件序号、元件注释和元件库等参数。

（5）设定好元件属性后，单击 OK 按钮确认。

（6）在工作平面上移动光标，即移动元件的放置位置，也可以按空格键调整元件的放置方向，最后单击，即可将元件放置在当前光标所在的位置。

上面介绍的放置元件是从已装入的元件库中查询、选择所需的元件封装形式；如果在已有的元件库中没有找到合适的元件封装，就要添加元件库。

10.3.8 放置填充

在印制电路板设计过程中，为了提高系统的抗干扰能力和考虑通过大电流等因素，通常需要放置大面积的电源/接地区域。系统 PCB 编辑器为用户提供了填充这一功能。通常填充的方式有两种：矩形填充（Fill）和多边形填充（Polygon Plane），放置的方法类似，这里只介绍矩形填充，具体步骤如下：

（1）执行菜单命令【Place】→【Fill】，进入放置状态。

（2）移动光标，依次确定矩形区域对角线的两个顶点，即可完成对该区域的填充，如图 10-24 所示。

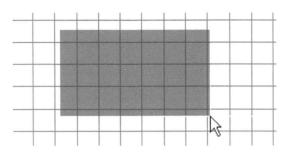

图 10-24 矩形填充

（3）按 Tab 键，弹出矩形填充设置对话框，如图 10-25 所示。

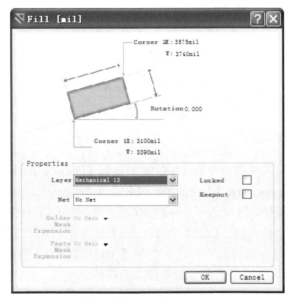

图 10-25 矩形填充设置对话框

在图 10-25 中可以对矩形填充所处工作层面、连接的网络、放置角度、两个对角的坐标、锁定和禁止布线参数进行设定。设定完毕后，单击 OK 按钮确认即可。

（4）右击或按 Esc 键可退出当前命令状态。

10.4 图件的选取/取消选择

系统 PCB 编辑器为用户提供了丰富而强大的编辑功能，包括对图件进行选取/取消选择、删除、更改属性和移动等操作，利用这些编辑功能可以非常方便地对印制电路板中的图件进行修改和调整。下面先介绍图件的选取/取消选择。

10.4.1 选择方式的种类与功能

执行菜单命令【Edit】→【Select】，弹出选择方式子菜单，其中各选项功能如图 10-26 所示。

Select overlapped	Tab	重叠选择
Select next		下次选择
Inside Area		区域内部
Outside Area		区域外部
Touching Rectangle		接触矩形
Touching Line		接触线
All	Ctrl+A	全部
Board	Ctrl+B	板
Net		网络
Connected Copper	Ctrl+H	连接铜皮
Physical Connection		实际连接
Physical Connection Single Layer		元件连接信号层
Component Connections		布局空间连接
Component Nets		元件网络
Room Connections		Room连接
All on Layer		全部打开层
Free Objects		自由物体
All Locked		全部锁定
Off Grid Pads		不在栅格上的焊盘
Toggle Selection		切换选定对象

图 10-26　选择方式的种类与功能

10.4.2　图件的选取操作

常用的区域选取所有图件的命令有【Inside Area】、【Outside Area】、【All】和【Board】，其中【Outside Area】和【Inside Area】命令的操作过程几乎完全一样，不同之处在于【Inside Area】选中的是区域内的所有图件，【Outside Area】选中的是区域外的所有图件；命令的作用范围仅限于显示状态工作层面上的图件。【All】和【Board】命令则适用于所有的工作层面，无论这些工作层面是否设置了显示状态；不同之处在于【All】选中的是当前编辑区内的所有图件，【Board】选中的是当前编辑区中的印制板中的所有图件。

具体操作步骤以选择内部区域的所有图件【Inside Area】选项为例介绍。

（1）执行菜单命令【Edit】→【Select】→【Inside Area】，光标变成十字形。将光标移动到工作层面的适当位置单击，确定待选区域对角线的一个顶点。

（2）在工作窗口内移动光标，此时，随着光标的移动，会拖出一个矩形虚线框，该虚线框即代表所选中区域的范围。当虚线框包含所要选择的所有图件后，在适当位置单击，确定指定区域对角线的另一个顶点。这样该区域内的所有图件即可被选中。

10.4.3　选择指定的网络

具体操作步骤如下：

（1）执行菜单命令【Edit】→【Select】→【Net】，光标变成十字形。

（2）将光标移动到所要选择的网络中的线段或焊盘上，然后单击确认即可选中整个网络。

（3）如果在执行该命令时没有选中所要选择的网络，则弹出如图 10-27 所示的对话框。

（4）单击 OK 按钮，弹出如图 10-28 所示的当前编辑 PCB 的网络窗口，在该窗口中选中相应的网络或在图 10-27 所示对话框中直接输入所要选择的网络名称，然后单击 OK 按钮即可选中该网络。

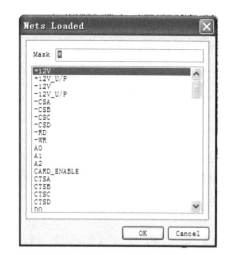

图 10-27　询问网络名对话框　　　　图 10-28　当前编辑 PCB 的网络窗口

（5）右击即可退出该命令状态。

10.4.4　切换图件的选取状态

在该命令状态下，可以用光标逐个选中用户需要的多个图件。该命令具有开关特性，即对某个图件重复执行该命令，可以切换图件的选中状态。

（1）执行菜单命令【Edit】→【Select】→【Toggle Selection】，光标变成十字形。

（2）将光标移到所要选择的图件上，单击即可选中该图件。

（3）重复执行第 2 步的操作即可选中其他图件。如果想要撤销某个图件的选中状态，只要对该图件再次执行第 2 步操作即可。

（4）右击即可退出该命令状态。

10.4.5　图件的取消选择

（1）取消选择方式的种类与功能。PCB 编辑器为用户提供了多种取消选中图件的方式。执行菜单命令【Edit】→【DeSelect】，即可弹出如图 10-29 所示的几种取消选择方式。

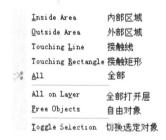

图 10-29　图件取消选择方式的种类和功能

（2）撤销选择图件的操作方法与选择图件的方法类似，读者不妨试一试。

10.5　删除图件

在印制电路板的设计过程中，经常会在工作窗口内有某些不必要的图件，这时用户可以利用 PCB 编辑器提供的删除功能来删除图件。

1．利用菜单命令删除图件

具体操作如下：

（1）执行菜单命令【Edit】→【Delete】，光标变成十字形。

（2）将光标移到想要删除的图件上单击，则该图件就会被删除。

(3)重复上一步的操作,可以继续删除其他图件,直到用户右击退出命令状态为止。

2. 利用快捷键删除图件

要删除某一(些)图件,首先可以单击该图件,使其处于激活状态,然后按 Del 键即可。

10.6 移动图件

在对 PCB 进行编辑中,有时要求手工布局或手工调整。这时,移动图件是用户在设计过程中常用的操作。

10.6.1 移动图件的方式

执行菜单命令【Edit】→【Move】,弹出如图 10-30 所示移动方式的种类与功能菜单。

Move	移动
Drag	拖动
Component	元件
Re-Route	重布线
Break Track	折断线
Drag Track End	拖动线段
Move / Resize Tracks	移动或改变线段长度
Move Selection	移动选择
Move Selection by X, Y	通过X、Y坐标移动选择
Rotate Selection...	旋转选择
Flip Selection	反转选择

图 10-30 移动方式的种类与功能

10.6.2 图件移动操作方法

下面将分别介绍在 PCB 设计过程中常用的几种命令的功能和操作方法。

1. 移动图件

该命令只移动单一的图件,而与该图件相连的其他图件不会随着移动,仍留在原来的位置。操作步骤如下:

(1)执行菜单命令【Edit】→【Move】→【Move】,光标变成十字形。

(2)将光标移动到需要移动的图件上单击,按住鼠标左键并拖动鼠标,此时该图件将会随着光标的移动而移动。移动光标将图件拖动到适当的位置并单击,这时图件与原来连接的导线之间已断开。

(3)右击即可退出该命令状态。

2. 拖动图件

拖动一个图件【Drag】命令与移动一个图件【Move】命令的功能基本类似但有差别,主要取决于 PCB 编辑器的参数设置。执行菜单命令【Tools】→【Preferences】,弹出系统参数设置对话框,PCB 编辑器的参数设置中常规参数"Other"分类框的元件拖动选项"Comp Drag"右侧有一下拉菜单,可对拖动方式进行设置,如图 10-31 所示。

操作步骤如下:

(1)执行菜单命令【Edit】→【Move】→【Drag】,光标变成十字形。

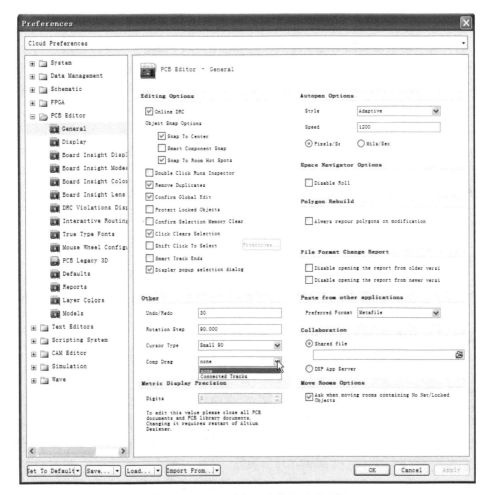

图 10-31　PCB 编辑器参数设置对话框

（2）将光标移动到需要移动的图件上单击，按住鼠标左键并拖动鼠标，此时该图件将会随着光标的移动而移动。移动光标将图件拖动到适当的位置，然后单击图件即可将图件移动到当前的位置。

（3）右击即可退出该命令状态。

3．移动元件

操作步骤如下：

（1）执行菜单命令【Edit】→【Move】→【Component】，光标变成十字形。

（2）将光标移动到需要移动的元件上单击，按住鼠标左键并拖动鼠标，此时该元件将会随着光标的移动而移动，移动光标将元件拖动到适当的位置后单击，即可将元件移动到当前的位置。

（3）右击即可退出该命令状态。

4．拖动线段

执行该命令时，线段的两个端点固定不动，其他部分随着光标移动，当拖动线段到达新位置，单击确定线段的新位置后，线段处于放置状态。

操作步骤如下：

(1)执行菜单命令【Edit】→【Move】→【Break Track】,光标变成十字形。

(2)将光标移动到需要拖动的线段上,单击选中该段导线。

(3)按住鼠标左键并拖动鼠标,此时该线段的两个端点固定不动,其他部分随着光标的移动而移动。移动光标将线段拖动到适当的位置后单击,即可将线段移动到新的位置。

(4)右击即可退出该命令状态。

5．拖动

该命令的功能在拖动图件时与拖动一个图件【Move】命令中方式相同;在拖动导线时与折断线【Break Track】命令相同。操作步骤与拖动线段类似。

6．移动已选中的图件

操作步骤如下:

(1)选择图件;

(2)执行菜单命令【Edit】→【Move】→【Move Selection】,光标变成十字形。

(3)光标移动到需要移动的图件上单击,按住鼠标左键并拖动鼠标,此时该图件将会随着光标的移动而移动。移动光标将图件拖动到适当的位置后单击,即可将图件移动到当前的位置。

(4)右击即可退出该命令状态。

7．旋转已选中的图件

操作步骤如下:

(1)选择图件;

(2)执行菜单命令【Edit】→【Move】→【Rotate Selection】,弹出如图 10-32 所示的对话框。在该对话框中可以输入所要旋转的角度,然后单击 OK 按钮,即可将所选择的图件按输入角度旋转。

图 10-32　输入旋转角度对话框

(3)确定旋转中心位置。将光标移动到适当位置单击,确定旋转中心,则图件将以该点为中心旋转指定的角度。

10.7　跳转查找图件

在设计过程中,往往需要快速定位某个特定位置和查找某个图件,这时可以利用 PCB 编辑器的跳转功能来实现。

10.7.1　跳转查找方式

1．跳转方式的种类和功能

执行菜单命令【Edit】→【Jump】,弹出跳转目的地子菜单,如图 10-33 所示。

2．一些说明

(1)绝对原点:所谓的绝对原点即系统坐标系的原点。

(2)当前原点:所谓的当前原点有两种情况,一是若用户设置了自定义坐标系的原点,则指的是该原点;若用户没有设置自定义坐标系的原点,则指的是绝对原点。

(3)错误标志:所谓的错误标志是指由 DRC 检测而产生的标志。

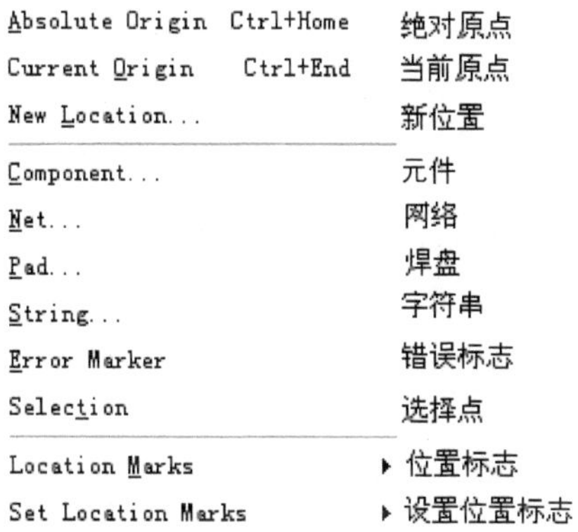

```
Absolute Origin   Ctrl+Home      绝对原点
Current Origin    Ctrl+End       当前原点
New Location...                  新位置
Component...                     元件
Net...                           网络
Pad...                           焊盘
String...                        字符串
Error Marker                     错误标志
Selection                        选择点
Location Marks          ▶        位置标志
Set Location Marks      ▶        设置位置标志
```

图 10-33　跳转目的地子菜单

（4）位置标志和设置位置标志：所谓的位置标志是用数字表示的记号。这两个命令应配合使用，即先设置位置标志后，才能使用跳转到位置标志处命令。

10.7.2　跳转查找的操作方法

跳转命令的操作都很简单，这里只举几个例子予以介绍，其他类似。

1．跳转到指定的坐标位置

（1）执行菜单命令【Edit】→【Jump】→【New Location】后，弹出如图 10-34 所示的对话框。

（2）输入所要跳转到位置的坐标值，单击 OK 按钮，光标即可跳转到指定位置。

2．跳转到指定的元件

（1）执行菜单命令【Edit】→【Jump】→【Component】后，弹出如图 10-35 所示的对话框。

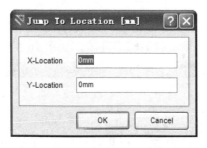
图 10-34　输入坐标位置对话框

图 10-35　输入元件序号对话框

（2）输入所要跳转到的元件序号后，单击 OK 按钮，光标即可跳转到指定元件。

3．设置位置标志

（1）执行菜单命令【Edit】→【Jump】→【Set Location Marks】后，出现一列数字单，如图 10-36 所示。

（2）选定某一数字后，单击确认该数字为位置标志后，光标变为十字形。

（3）移动光标选定设置位置标志的地方，单击确认将该地方设为设置位置标志处。

4．跳转到位置标志处

（1）执行菜单命令【Edit】→【Jump】→【Location Marks】后，也会出现一列数字单，与图 10-36 类似。

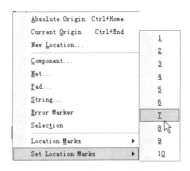

图 10-36 选定位置标志的数字单

（2）选择已经选定的作为位置标志的某个数字后，单击确认所选的位置，光标即可指向该数字所标识的位置。

10.8 元器件封装的制作

随着电子工业的飞速发展，新型的元器件层出不穷，元器件的封装形式也多种多样，尽管 Altium Designer 系统提供了数百个 PCB 封装库供用户调用，但是，还是会出现满足不了实际要求的情况。所以，有时需要自己制作元件封装，下面予以简单介绍。

10.8.1 PCB 库文件编辑器

元器件封装的制作一般是在 PCB 库文件编辑器中进行的。因此，了解 PCB 库文件编辑器的界面，熟悉 PCB 库文件编辑器如何启动和掌握 PCB 库文件编辑器中的各种工具的使用是必要的。

启动 PCB 库文件编辑器的方法如下：

执行菜单命令【File】→【New】→【Library】→【PCB Library】，新建默认文件名为 "PcbLib1.PcbLib" 封装库文件，同时进入 PCB 库文件编辑器环境，如图 10-37 所示。

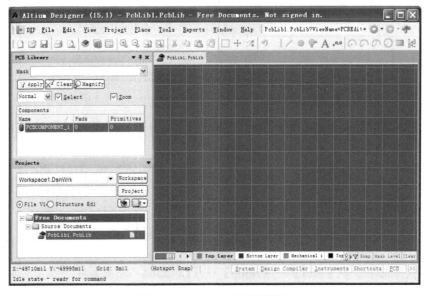

图 10-37 PCB 库文件编辑器

10.8.2 利用向导制作元件封装

Altium Designer 系统提供了 PCB 元件封装生成向导（PCB Component Wizard），按照向导提示逐步设定各种规则，系统将自动生成元器件封装，非常方便。

下面以制作一个二极管封装为例，学习利用 PCB 元件向导制作新封装的方法，在图 10-37 的环境下：

（1）执行菜单命令【Tools】→【Component Wizard...】，启动 PCB 元件封装生成向导，如图 10-38 所示。

（2）单击 Next> 按钮，进入选择元件封装种类对话框，如图 10-39 所示。选择二极管封装形式 Diodes，单位选择 mil。

图 10-38　PCB 元件封装生成向导启动界面　　图 10-39　选择元件封装种类对话框

（3）单击 Next> 按钮进入下一步，选择二极管封装的类型，如图 10-40 所示。有两种类型可以选择：针脚式封装和表贴式封装，这里使用默认的针脚式封装形式。

（4）单击 Next> 按钮进入下一步，设定焊盘尺寸，如图 10-41 所示。可编辑修改焊盘尺寸数据，添加新数据，单位可以不加，以选择元件封装种类对话框（见图 10-39）中设置的单位为准。

 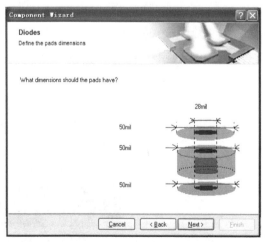

图 10-40　选择二极管封装类型对话框　　　　图 10-41　设置焊盘尺寸对话框

（5）单击 Next> 按钮进入下一步，设置焊盘间距，如图 10-42 所示。修改焊盘间距为 500mil。

（6）单击 Next> 按钮进入下一步，进入外形尺寸对话框，如图 10-43 所示。设置使用默认值。

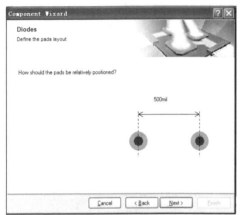

图 10-42 焊盘间距设置对话框　　　　　　　　图 10-43 外形尺寸对话框

（7）单击 Next> 按钮进入下一步，设置封装的名称，如图 10-44 所示。

（8）单击 Next> 按钮进入结束界面，如图 10-45 所示。

图 10-44 设置封装名称对话框　　　　　　　　图 10-45 结束界面

（9）单击 Finish 按钮，完成二极管封装的创建工作。结束创建工作后，编辑窗口出现刚创建的封装，如图 10-46 所示。

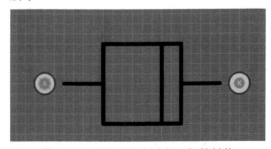

图 10-46 利用向导创建的二极管封装

10.8.3 自定义制作 PCB 封装

也可以不利用 PCB 元件向导来制作新封装,按着自己的意愿来制作元件的封装,即所谓的自定义制作 PCB 封装。

下面以制作一个电容封装为例介绍其制作封装的方法。

1. 建立封装名称

(1)执行菜单命令【File】→【New】→【Library】→【PCB Library】,新建默认文件名为"PcbLib1.PcbLib"封装库文件,同时进入 PCB 库文件编辑器环境,如图 10-37 所示。

(2)单击图 10-37 右下角的 PCB 按钮,单击其中的 ✔ PCB Library 按钮,打开 PCB 库面板,发现在文件中有一个默认的封装"PCBCOMPONENT_1",如图 10-47 所示。

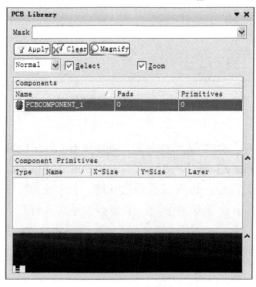

图 10-47 PCB 库面板

(3)光标指向 PCB 库面板中的元件名称,双击弹出 PCB 库元件对话框,如图 10-48 所示。

(4)在名称(Name)文本框中输入"C",如图 10-49 所示,单击 OK 按钮确定。

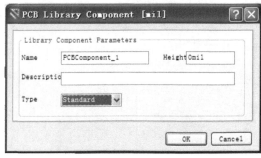

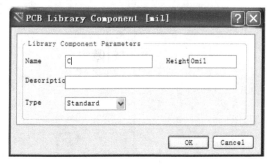

图 10-48 PCB 库元件对话框　　　　　图 10-49 改名后的 PCB 库元件对话框

2. 设置环境参数

执行菜单命令【Tools】→【Library Options...】,进入环境参数设置对话框,如图 10-50 所示,按图中所示设置测量单位、元件栅格和捕获栅格等参数。注意:元件栅格和捕获栅格参数应小于等于元件中图件间的最小间距。

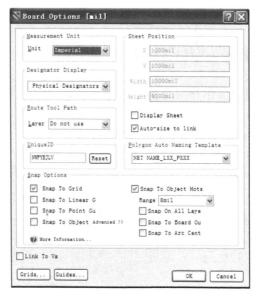

图 10-50 环境参数设置对话框

3. 放置焊盘

（1）完成参数设置后，开始绘制元件封装，将 Multi-Layer 层置为当前层。

（2）执行菜单命令【Place】→【Pad】或单击"PcbLib Placement"工具栏中的 按钮，光标变成十字形并带有焊盘符号，进入放置焊盘状态。按 Tab 键，进入焊盘属性设置对话框，如图 10-51 所示，按图中所示设置有关参数。主要参数是焊盘标识（编号）和形状，通常 1 号焊盘设置为方形。

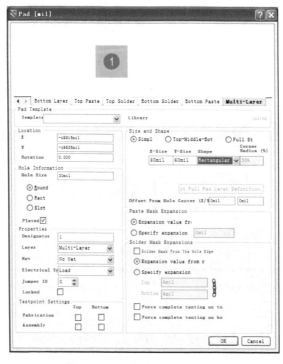

图 10-51 焊盘属性设置对话框

（3）单击 OK 按钮，十字光标上浮动的焊盘变为方形。按顺序按"E、J、R"3个键，相当于执行菜单命令【Edit】→【Jump】→【Reference】，即光标跳转到基准参考点（坐标（0，0））处，单击放置1号焊盘。

（4）接着在坐标（100，0）处放置2号焊盘（将焊盘形状调整为圆形），右击退出。

5．绘制外形轮廓

（1）将顶层丝印层（Top Overlay）置为当前层。

（2）执行菜单命令【Place】→【Full Circle】或单击"PcbLib Placement"工具栏中的 按钮，光标变成十字形并带有圆形符号，进入放置圆形状态。在坐标（50，0）处单击，确定圆形中心，移动光标到坐标（150，0）位置单击，完成电容外形轮廓的绘制，如图10-52所示。右击退出。

6．设置元件封装的参考点

每个元件封装都应有一个参考点。执行菜单命令【Edit】→【Set Reference】，在其子菜单（见图10-53）中单击"Pin 1"选项，确定1号焊盘为参考点。

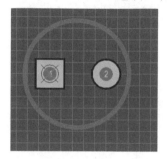

图 10-52　绘制完成的电容封装　　图 10-53　确定参考点子菜单

7．放置电容极性标识

（1）将顶层丝印层（Top Overlay）置为当前层。

（2）执行菜单命令【Place】→【String】或单击"PcbLib Placement"工具栏中的 按钮，光标变成十字形并带有默认字符"String"，进入放置字符状态。

（3）按 Tab 键，进入字符属性设置对话框，如图10-54所示。在Text文本框中输入"＋"号，放置层选择顶层丝印层。

（4）单击 OK 按钮，浮动字符变为"＋"，移动光标到1号焊盘附近单击放置。如果位置不合适，可以将栅格调整小后再拖动字符到合适的位置。

8．保存封装

执行菜单命令【File】→【Save】或单击标准工具栏中的 按钮，保存创建好的封装。

最终完成的封装如图10-55所示。

需要注意的是，创建的封装中的焊盘名称一定要与其对应的原理图元件引脚名称一致，否则封装将无法使用。如果两者不一致，双击焊盘进入焊盘属性设置对话框修改焊盘名称。如果用向导生成的电容封装中，将"＋"号放置在2号焊盘附近，而原理图元件中1号引脚通常是有极性电容的"＋"端，且1号焊盘通常是方形的，所以需要对其进行修改。

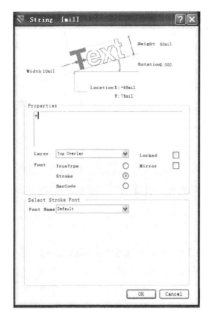
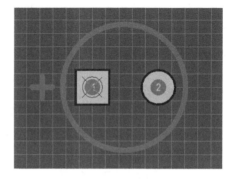

图 10-54 字符属性设置对话框　　　　图 10-55 创建好的电容封装

习题 10

10-1 练习 PCB 图件的放置和属性的编辑等操作。

10-2 练习 PCB 图件在工作窗口中位置的调整。

10-3 练习独立设计一个元件的 PCB 封装。

第 11 章 PCB 设计实例

印制电路板的设计是电子电路设计步骤的重要环节。前面介绍的原理图设计等工作只是从原理上给出了电气连接关系,其功能的最后实现还得依赖于 PCB 的设计,因为制板时只需要向制板厂商送去 PCB 图而不是原理图。本章首先介绍印制电路板的设计流程,然后以双面印制电路板设计为例详细讲解设计过程,再介绍单面印制电路板和多层印制电路板的设计方法。

11.1 PCB 的设计流程

在进行印制电路板设计之前,有必要了解一下印制电路板的设计过程。通常,先设计好了原理图,然后创建一个空白的 PCB 文件,再设置 PCB 的外形、尺寸;根据自己的习惯设置环境参数,接着向空白的 PCB 文件导入网络表及元件的封装等数据,然后设置工作参数,通常包括板层的设定和布线规则的设定。在上述准备工作完成后,就可以对元器件进行布局了。接下来的工作是自动布线、手工调整不合理的图件、对电源和接地线进行敷铜,最后进行设计校验。在印制电路板设计完成后,应当将与该设计有关的文件进行导出、存盘。

总的来说,设计印制电路板可分为十几个步骤,其具体设计流程如图 11-1 所示。

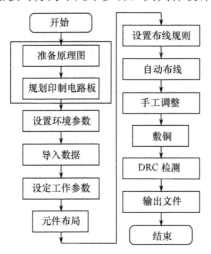

图 11-1 设计印制电路板流程

其中,准备原理图和规划印制电路板为印制电路板设计的前期工作,其他步骤才是设计印制电路板的工作,现将各步骤具体内容介绍如下:

(1)准备原理图:印制电路板设计的前期工作——绘制原理图。该内容前面已经介绍过。当然,有些特殊情况下,例如电路比较简单,可以不进行原理图设计而直接进入印制电路板设计中,即手工布局、布线;或者利用网络管理器创建网络表后进行半自动布线。虽然不绘制原理图也能设计 PCB 图,但是无法自动整理文件,这会给以后的维护带来极大的麻烦,况且对于比较复杂的电路,这样做几乎是不可能的。

【编者说明】在设计 PCB 图前，一定要设计其原理图，你会从中受益的。

（2）规划印制电路板：印制电路板设计的前期工作——规划印制电路板。包括根据电路的复杂程度、应用场合等因素，选择电路板是单面板、双面板还是多面板，选取电路板的尺寸，电路板与外界的接口形式，以及接插件的安装位置和电路板的安装方式等。

（3）设置环境参数：这是印制电路板设计中非常重要的步骤。主要内容有设定电路板的结构及其尺寸、板层参数。

（4）导入数据：主要是将由原理图形成的电路网络表、元件封装等参数装入 PCB 空白文件中。Altium Designer 提供了一种不通过网络表而直接将原理图内容传输到 PCB 文件的方法。当然，这种方法看起来虽然没有直接通过网络报表文件，其实这些工作由 Altium Designer 内部自动完成了。

（5）设定工作参数：包括设定电气栅格、可视栅格的大小和形状、公制与英制的转换、工作层面的显示和颜色等，大多数参数可以用系统的默认值。

（6）元件布局：元件的布局分为自动布局和手工布局。一般情况下，自动布局很难满足要求。元件布局应当从机械结构、散热、电磁干扰、将来布线的方便性等方面进行综合考虑。

（7）设置布线规则：布线规则设置也是印制电路板设计的关键之一。布线规则是设置布线时的各个规范，如安全间距、导线宽度等，这是自动布线的依据。

（8）自动布线：Altium Designer 系统自动布线的功能比较完善、强大，如果参数设置合理、布局妥当，一般都会很成功地完成自动布线。

（9）手工调整：很多情况下，自动布线往往很难满足设计要求，如拐弯太多等问题，这时就需要进行手工调整，以满足设计要求。自动布线后我们会发现布线不尽合理，这时必须进行手工调整。

（10）敷铜：对各布线层中放置地线网络进行敷铜，以增强设计电路的抗干扰能力；另外，需要过大电流的地方也可采用敷铜的方法来加大过电流的能力。

（11）DRC 检验：对布线完毕后的电路板做 DRC 检验，以确保印制电路板图符合设计规则，所有的网络均已正确连接。

（12）输出文件：在印制电路板设计完成后，还有一些必要工作需要完成。比如保存设计的各种文件，并打印输出或文件输出，包括 PCB 文件等。

11.2 双面 PCB 设计

下面以第 3 章中的设计项目"接触式防盗报警电路.PrjPcb"为例介绍双面 PCB 设计方法。

11.2.1 文件链接与命名

所谓的链接，就是将一个空白的 PCB 文件加到一个设计项目里。在 Altium Designer 系统中，一个设计项目包含所有设计文件的链接和有关设置，只有在设计项目里的 PCB 设计，才能使得设计与验证同步进行成为可能。所以，一般情况下总是将 PCB 文件与原理图文件同放在一个设计项目中。具体步骤如下：

1. 引入设计项目

在 Altium Designer 系统中，执行菜单命令【File】→【Open Project…】，弹出"Choose Project to Open"对话框,在其导引下,打开第 3 章所建的"接触式防盗报警电路.PrjPcb"设计项目。从项目【Projects】面板上可以看到,"接触式防盗报警电路.PrjPcb"设计项目仅含原理图文件"接触式防盗报警电路.SchDoc",如图 11-2 所示。

2．建立空白 PCB 文件

执行菜单命令【File】→【New】→【PCB】,即可完成空白 PCB 文件的建立。

如果在项目中创建 PCB 文件,当 PCB 文件创建完成后,该文件将会自动地添加到项目中,并列表在"Projects"标签中紧靠项目名称的 PCB 下面。否则创建或打开的文件将以自由文件的形式出现在项目【Projects】面板上,如图 11-3 所示为上述所建的一个 PCB 自由文件。

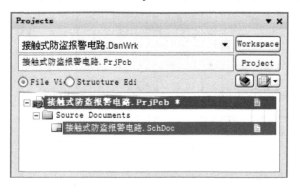 

图 11-2　"接触式防盗报警电路.PrjPcb"设计项目　　图 11-3　一个 PCB 自由文件

将光标指在【Projects】面板工作区中"PCB1.PcbDoc"文件名称上,按住鼠标左键并拖动鼠标,"PCB1.PcbDoc"文件名称将随光标移动,拖至"接触式防盗报警电路.PrjPcb"项目名称上时,松开鼠标,图 11-3 中转换为如图 11-4 所示,即完成了将"PCB1.PcbDoc"文件到"接触式防盗报警电路.PrjPcb"项目的链接。

3．命名 PCB 文件

在 PCB 编辑环境中,执行菜单命令【File】→【Save As…】,将"PCB1"更名为"接触式防盗报警电路",则"接触式防盗报警电路.PrjPcb"文件就列表在项目名称的 PCB 下面,如图 11-5 所示。

 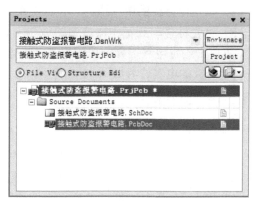

图 11-4　文件到项目的链接　　图 11-5　接触式防盗报警电路.PrjPcb 设计项目

至此,完成了将 PCB 文件的命名及与设计项目链接,启动后的 PCB 编辑器如图 11-6 所示。

4．移出文件

如果将某个文件从项目中移出,在【Projects】面板的工作区中,右击该文件名称,即可弹出一个菜单,选择并执行【Remove from Project…】命令,可将该关联文件形式转换为自由文件的形式。

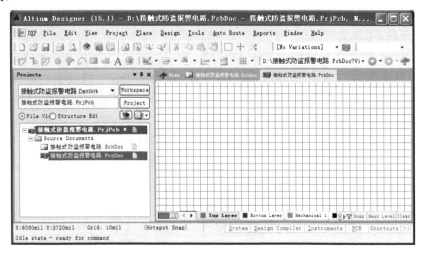

图 11-6　PCB 编辑器

11.2.2　电路板布线区的设置

设置电路板禁止布线区就是确定电路板的电气边界。

电气边界用来限定布线和元件放置的范围,它是通过在禁止布线层上绘制边界来实现的。禁止布线层"Keep-Out Layer"是 PCB 编辑中一个用来确定有效放置和布线区域的特殊工作层。在 PCB 的自动编辑中,所有信号层的目标对象(如焊盘、过孔、元件等)和走线都将被限制在电气边界内,即布线区内才可以放置元件和导线;在手工布局和布线时,可以不画出布线区,但是自动布局时是必须有布线区的。所以作为一种好习惯,编辑 PCB 时应先设置布线区。设置布线区的具体步骤如下:

(1)在 PCB 编辑器工作状态下,设定当前的工作层面为"Keep-Out Layer"。单击工作窗口下方的 Keep-Out Layer 标签,即可将当前的工作平面切换到"Keep-Out Layer"层面。

(2)确定电路板的电气边界。执行菜单命令【Place】→【Line】,光标变成十字形。

(3)将光标移动到工作窗口中的适当位置单击,确定一边界的起点。然后拖动光标至某一点,再单击确定电气边界一边的终点。同样的操作方式可确定电路板电气边界其他三边,绘制好的电路板的电气边界如图 11-7 所示。

11.2.3　数据的导入

所谓数据的导入就是将原理图文件中的信息引入 PCB 文件中,以便于绘制印制电路板,即为布局和布线做准备。具体步骤如下:

(1)在 PCB 编辑器中,选择菜单命令【Design】→【Import Changes From[接触式防盗报警电路.PrjPcb]】,弹出如图 11-8 所示设计项目修改对话框。

(2)单击 Validate Changes 校验改变按钮,系统对所有的元件信息和网络信息进行检查,注意状态(Status)一栏中 Check 的变化。如果所有的改变有效,Check 状态列出现勾选说明网络表中没有错误,如图 11-9 所示。例子中的电路没有电气错误,否则在信息【Messages】面板中给出原理图中的错误信息。

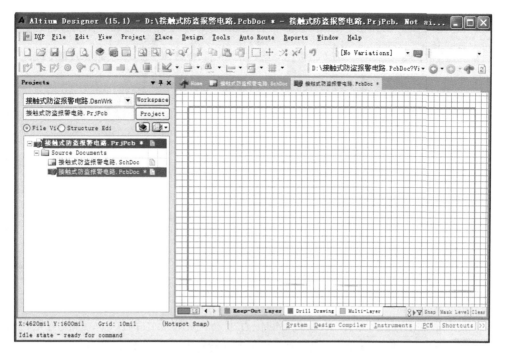

图 11-7 布线区的设置

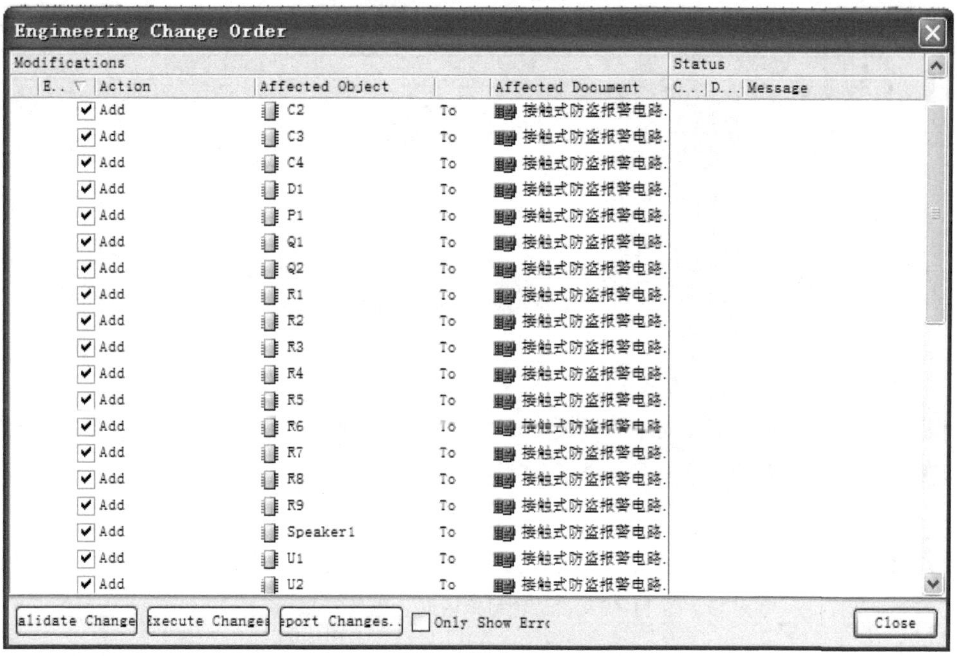

图 11-8 设计项目修改对话框

【编者说明】在导入数据前,应该检查所用的原理图中的元器件封装库是否全部装入,尤其是所用的原理图不是在当前系统中绘制的,或者说所用的原理图是调用其他系统的,填装元器件封装库的工作可能更为必要。这是因为,当前系统在绘制原理图时,已经将元器件的封装库填装好了,否则的话也画不出来原理图;而调入的原理图就另当别论了,其中可能有一些元器件的封装库没有装入当前系统,这样就会出现没有封装的错误。

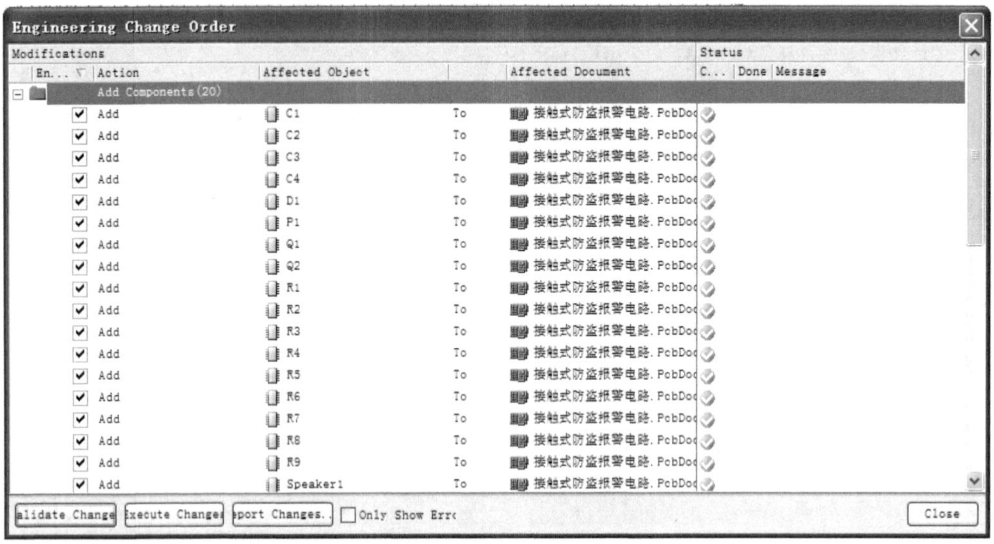

图 11-9　设计项目修改对话框检查报告

（3）双击错误信息自动回到原理图中的位置上，就可以修改错误。直到没有错误信息，单击 Execute Changes 执行改变按钮命令，系统开始执行将所有的元件信息和网络信息传送。完成后如图 11-10 所示，若无错误 Done 状态勾选。

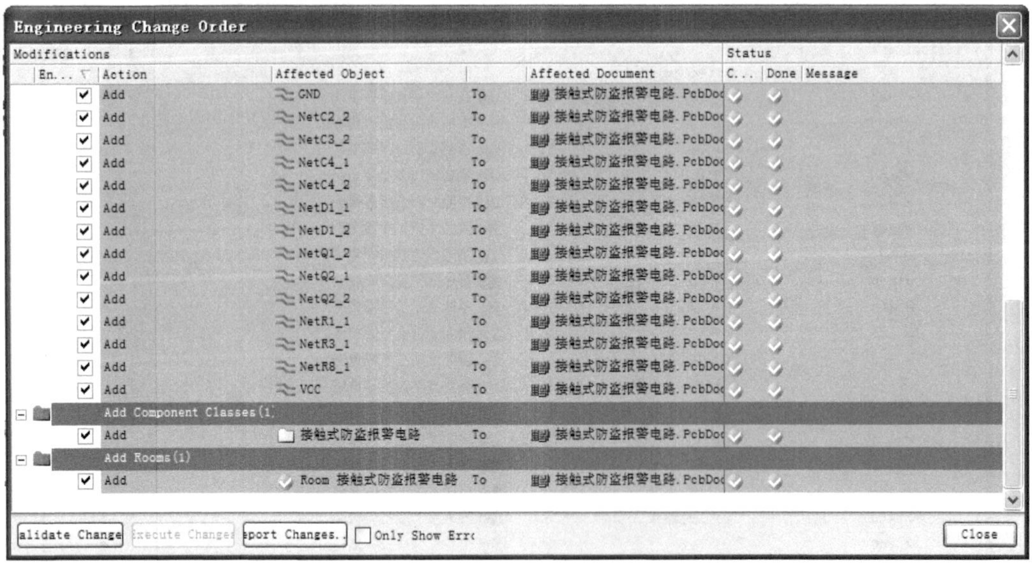

图 11-10　设计项目修改对话框传送报告

（4）单击 Close 按钮，关闭对话框。所有的元件和飞线已经出现在 PCB 文件中所谓的元件盒"Room"（也称元件空间）内，如图 11-11 所示。

元件盒"Room"不是一个实际的物理器件，只是一个区域。可以将板上的元器件归到不同的"Room"中去，从而实现元器件分组的目的。"Room"的编辑可参阅本书 13.9.1 节中的相关内容。在简单的设计中"Room"不是必要的，在此建议将其删除，方法是执行菜单命令【Edit】→【Delete】后，若元件盒"Room"为非锁定状态，单击元件盒"Room"所在区域，即可将其删除。

· 198 ·

图 11-11 拥有数据的 PCB 文件

11.2.4 PCB 设计环境参数的设置

PCB 设计环境参数包括板选项和工作层面采纳数设置。一般有单位制式、光标形式、光栅的样式和工作面层颜色等。适当设置这些参数对 PCB 电路板的设计非常重要，用户应当引起足够重视。

1. 设置参数

执行菜单命令【Design】→【Board Option】，即可进入环境参数设置对话框，如图 11-12 所示。

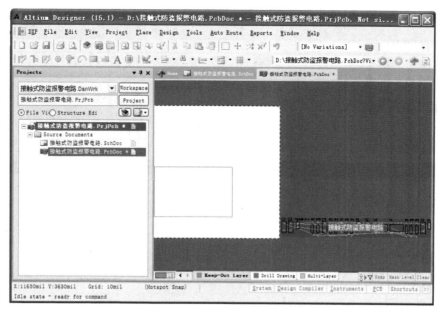

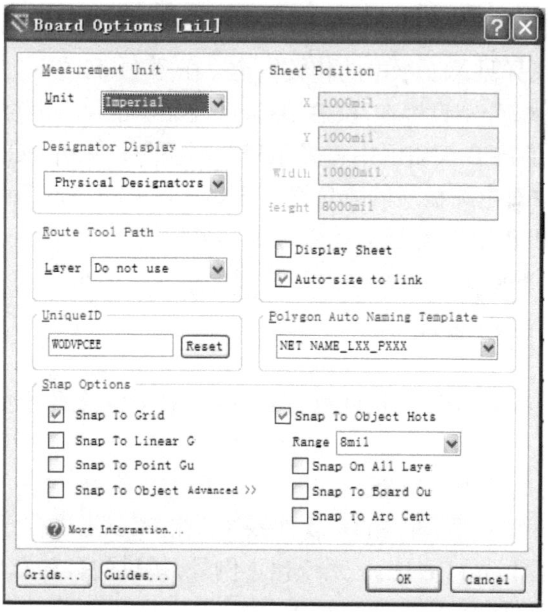

图 11-12 环境参数设置对话框

在图 11-12 中，可以对图纸单位、光标捕捉栅格、元件栅格、电气栅格、可视栅格和图纸参数等进行设定。

一般情况下，将捕捉栅格、电气栅格设成相近值。如果捕捉栅格和电气栅格相差过大，在手工布线时光标将会很难捕获到用户所需要的电气连接点。

2. 设置工作层面显示/颜色

执行菜单命令【Design】→【Board Layers & Colors】，即可进入工作层面显示/颜色设置对话框，如图 11-13 所示。

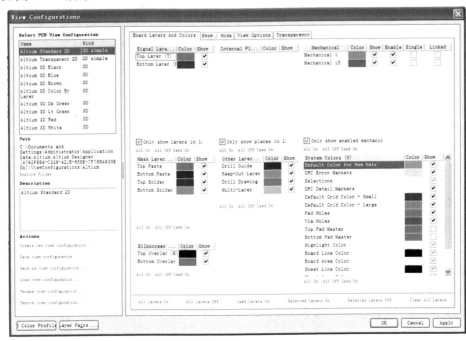

图 11-13 工作层面显示/颜色设置对话框

关于工作层面的含义详见第 9 章中的相关内容。在图 11-13 中，可以进行工作层面的显示/颜色的设置，有 6 个区域分别设置在 PCB 编辑区要显示的层及其颜色。在每个区域中勾选"Show"复选框，该层在 PCB 编辑区中将显示该层标签页；单击"Color"下的颜色，弹出颜色对话框，在该对话框中对电路板层的颜色进行编辑；在"System Colors"区域中设置包含可见栅格、焊盘孔、导孔和 PCB 工作层面的颜色及其显示等。

【编者说明】初学 Altium Designer 的用户最好使用默认选项。

11.2.5 元件的布局与调整

元件的布局有自动布局和手工布局两种方式，用户根据自己的习惯和设计需要可以选择自动布局或手工布局。

【编者说明】最好是选择手工布局。

这是因为，目前无论哪个版本的 EDA 软件系统，在 PCB 上进行元器件布局时提供的所谓自动布局功能还不完善。Altium Designer 系统也不例外，提供的自动布局的效果很难令人满意，还需要做大量手动工作进行调整。

为此，又限于篇幅，本书只对元器件手工布局进行讲解，望读者见谅。

1. 手工布局

电子电路元器件的布局考虑的因素很多。除了本书 9.2 节所述的内容外,还有电路的简捷、规整,以及便于使用和易于维护等。基于上述原则,利用光标就可以将图 11-11 中的元器件移到布线区,如图 11-14 所示。

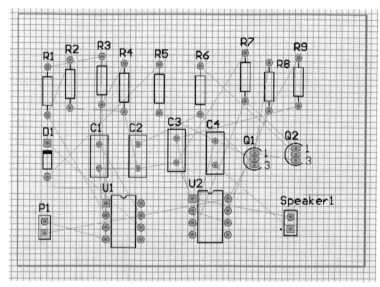

图 11-14 元件手工布局的效果图

观察图 11-14,读者会发现在完成元件自动布局后,除了元件放置比较乱外,元件的分布不均匀。尽管这并不影响电路的电气连接的正确性,但影响了电路板的布线和美观,所以需要对元件进行调整,也可以对元件的标注进行调整。

下面在图 11-14 的基础之上,先手工调整,再自动排列。具体步骤如下:

2. 手工调整

手工调整布局的方法,同原理图编辑时调整元件位置是相同的,这里只做简单的介绍。

(1)移动元件的方法:执行菜单命令【Edit】→【Move】,单击要选中的元件,此时光标变为十字形,然后拖动鼠标,则所选中的元件会被光标带着移动,先将元件移动到适当的位置,右击即可将元件放置在当前位置;或执行菜单命令【Edit】→【Move】后,单击元件选中,同时按住鼠标左键不放,此时光标变为十字形,然后拖动鼠标,则所选中的元件会被光标带着移动,先将元件移动到适当的位置,松开鼠标左键即可将元件放置在当前位置。

(2)旋转元件的方法:执行菜单命令【Edit】→【Move】,单击要选中的元件,此时光标变为十字形,元件被选中,按空格键,每次可使该元件逆时针旋转 90°。

(3)元件标注的调整方法:双击待编辑的元件标注,弹出如图 11-15 所示的编辑文字标注对话框。

在图 11-15 中将元件"Speaker1"文字标注改为"Sp",也可以对字体的高度、字体的宽度、字体的类型等参数进行设定。移动文字标注和移动元器件的操作相同。

图 11-14 经过手工调整后如图 11-16 所示。

3. 自动排列

具体方法如下:

图 11-15 编辑文字标注对话框

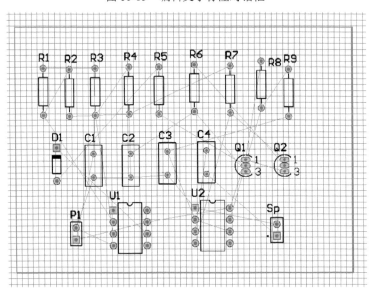

图 11-16 手工调整后布局

（1）选择待排列的元件。执行菜单命令【Edit】→【Select】→【Inside Area】或单击工具栏中的 ▭ 按钮。

（2）执行菜单命令后，光标变成十字形，移动光标到待选区域的适当位置，拖动光标拉开一个虚线框到对角，使待选元件处于该虚线框中，最后单击 OK 按钮确定即可。

（3）执行菜单命令【Edit】→【Align】，出现如图 11-17 所示下拉菜单。

图 11-17 元件自动排列菜单与功能

根据实际需要，选择元件自动排列菜单中不同的元件排列方式，调整元件排列。用户可以根据元件相对位置的不同，选择相应的排列功能。前面已经介绍过原理图的排列功能，PCB图的排列方法和步骤基本与其相似。所以操作方法这里不再介绍，只列出排列命令的功能。

（4）执行【Align】命令。按照不同的对齐方式排列选取元件，其排列对话框如图 11-18 所示。

在图 11-18 中，排列元件的方式分为水平和垂直两种方式，即水平方向上的对齐和垂直方向的对齐，两种方式可以单独使用，也可以复合使用，用户可以根据需要任意配置。排列命令是排列元件中相当重要的命令，使用的方法与原理图编辑中元器件的排列方法类似。用户应反复练习，才能更好地掌握其使用方法。

（5）执行菜单命令【Position Component Text】，弹出文本注释排列设置对话框，如图 11-19 所示。

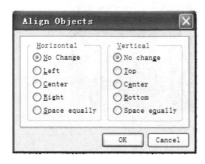

图 11-18 排列对话框

图 11-19 文本注释排列设置对话框

在图 11-19 中，可以按 9 种方式将文本注释（包括元件的序号和注释）排列在元件的上方、中间、下方、左方、右方、左上方、左下方、右上方、右下方和不改变。操作步骤和自动排列元件一样。图 11-16 自动排列后如图 11-20 所示。

· 203 ·

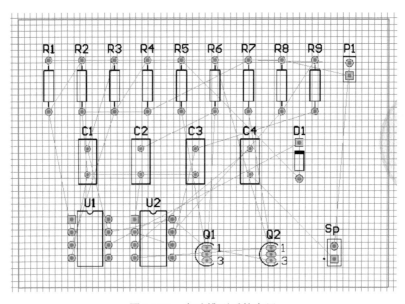

图 11-20　自动排列后的布局

11.2.6　电路板的 3D 效果图

用户可以通过 3D 效果图看到 PCB 的实际效果和全貌。

执行菜单命令【View】→【Board to 3D】，PCB 编辑器内的工作窗口变成 3D 仿真图形，如图 11-21 所示。用户在编辑窗口中可以看到制成后的 PCB 的仿真图，这样就可以在设计阶段把一些错误改正过来，从而降低成本和缩短设计周期。

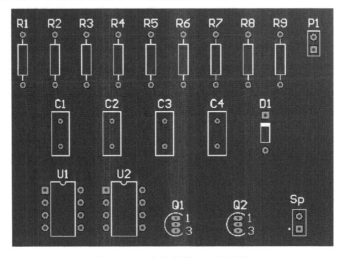

图 11-21　电路板的 3D 效果图

11.2.7　元件封装的调换

使用 Altium Designer 系统进行电路板的设计中，有时需要对元件封装进行选配或更换，无论是在原理图还是在 PCB 的编辑过程中，均可进行。在 PCB 的编辑过程中选配或更换元件封装，比较方便。下面结合图 11-20 中三极管 Q1 和 Q2 封装的更换介绍元件封装的调换。具体步骤如下：

(1) 设定当前的工作层面为"Multi-Layer"。单击工作窗口下方的 Multi-Layer 标签，即可将当前的工作平面切换到"Multi-Layer"层面。

(2) 双击需要调换封装的元件，如 Q1，弹出元件参数对话框，如图 11-22 所示。

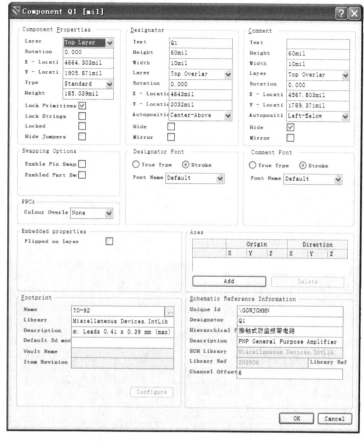

图 11-22 元件参数对话框

(3) 单击图 11-22 中元件名称后的浏览按钮，弹出如图 11-23 所示的浏览库对话框。

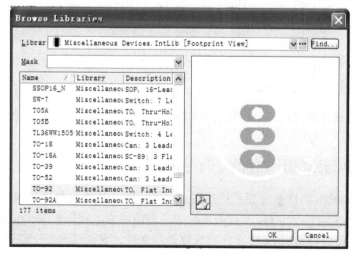

图 11-23 元件封装浏览库对话框

（4）单击相关元件封装栏中的封装名称，就可以浏览其相关的封装。此处选中 TO-52，弹出如图 11-24 所示的浏览库对话框。

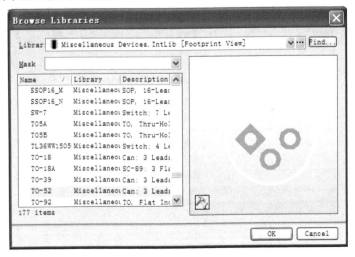

图 11-24　元件 Q1 封装浏览库对话框

（5）单击图 11-24 中的 OK 按钮，回到图 11-22 元件参数对话框，单击图 11-22 中的 OK 按钮，图 11-20 中 Q1 的封装发生了改变，其效果如图 11-25 所示。

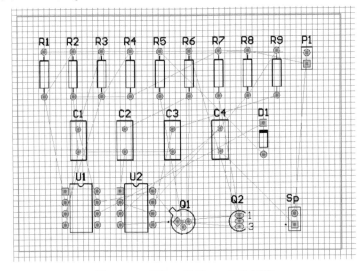

图 11-25　调换三极管 Q1 元件封装

（6）用同样的操作方式，将三极管 Q2 的封装 TO-92 调换为 TO-52。调换后的图 11-25 变为如图 11-26 所示。

11.2.8　PCB 与原理图文件的双向更新

在项目设计过程中，用户有时要对原理图或电路板中的某些参数进行修改，如元件的标号、封装等，并希望将修改状况同时反映到电路板或原理图中去。Altium Designer 系统提供了这方面的功能，使用户很方便地由 PCB 文件更新原理图文件，或由原理图文件更新 PCB 文件。下面介绍相互更新的操作步骤。

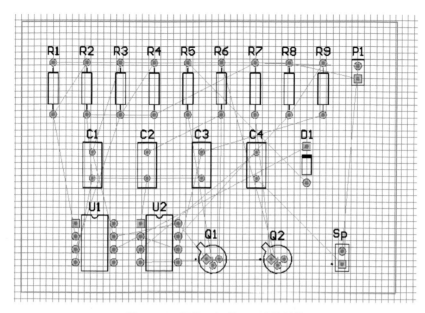

图 11-26　调换三极管 Q2 元件封装

1. 由 PCB 更新原理图

11.2.7 节在 PCB 编辑窗口中对某些元件封装的调换，就是对接触式防盗报警电路 PCB 文件的局部修改，修改后有时要更新接触式防盗报警电路原理图文件。具体操作如下：

（1）在 PCB 的编辑区内，修改后的 PCB 如图 11-26 所示，执行菜单命令【Design】→【Update Schematic in [接触式防盗报警电路.PrjPcb]】，启动更改确认对话框，如图 11-27 所示。

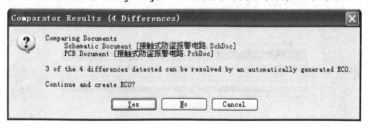

图 11-27　更改确认对话框

（2）单击 Yes 按钮确认，弹出更改文件 ECO（Engineering Change Order）对话框，如图 11-28 所示。在 ECO 对话框中列出了所有的更改内容。

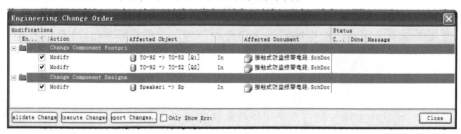

图 11-28　ECO 对话框

（3）单击校验改变 Validate Changes 按钮，检查改变是否有效。如果所有的改变均有效，"Status"栏中的"Check"列出现对号，否则出现错误符号。如图 11-29 所示。

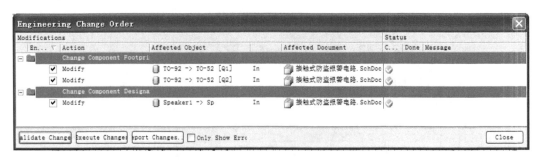

图 11-29 校验后的 ECO 对话框

（4）单击执行改变 Execute Changes 按钮，将有效的修改发送原理图，完成后，"Done"列出现完成状态显示，如图 11-30 所示。

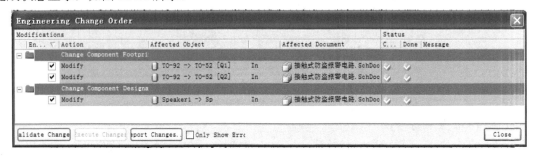

图 11-30 执行后的 ECO 对话框

（5）单击 Report Changes... 按钮，系统生成更改报告文件，如图 11-31 所示。

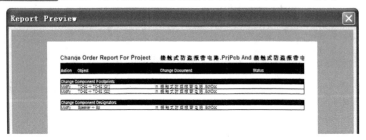

图 11-31 更改报告

（6）完成以上操作后，单击 Close 按钮关闭 ECO 对话框，实现了由 PCB 到 SCH 的更新。

2．由原理图更新 PCB

由原理图文件更新 PCB 文件的操作方法同 11.2.3 节中的"导入数据"的操作步骤一样。读者可参考相关章节的内容，在电路设计中进行由原理图文件更新 PCB 文件的操作。

11.2.9 设置布线规则

在 Altium Designer 系统中，设计规则有 10 个类别，覆盖了电气、布线、制造、放置、信号完整性要求等，但其中大部分都可以采用系统默认的设置，而用户真正需要设置的规则并不多。各个规则的含义将在第 13 章相关节中做详细讲解，这里只对本例涉及的布线规则予以介绍。

1．设置双面板布线方式

如果要求设计一般的双面印制电路板，就没有必要去设置布线板层规则了，因为系统对于布线板层规则的默认值就是双面布线。但是作为例子，还是要进行详细介绍。具体步骤如下：

在 PCB 编辑中，执行菜单命令【Design】→【Rules...】，即可启动 PCB 规则和约束编辑对话框，如图 11-32 所示。所有的设计规则和约束都在这里设置。界面的左侧显示设计规则的类别，右侧显示对应规则的设置属性。

图 11-32 PCB 规则和约束编辑对话框

（1）布线层的查看：在图 11-32 中，单击左侧设计规则（Design Rules）中的布线（Routing）类，该类所包含的布线规则以树结构展开，单击布线层（Routing Layers）规则，弹出如图 11-33 所示对话框。

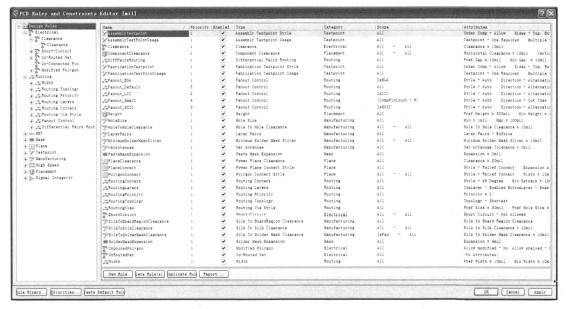

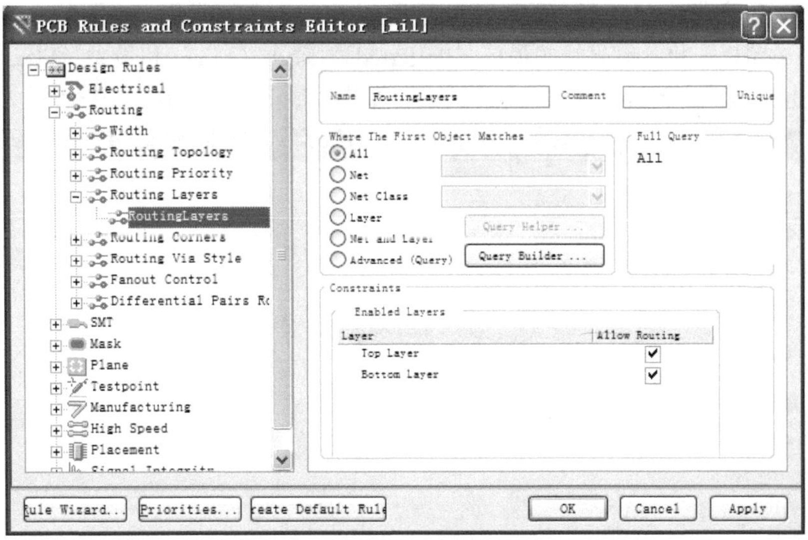

图 11-33 双层布线设置对话框

在图 11-33 中，右侧顶部区域显示所设置的规则使用范围，底部区域显示规则的约束特性。因为双面板为默认的状态，所以在规则的约束特性区域中有效层栏上，给出了顶层（Top Layer）和底层（Bottom Layer），允许布线（Allow Routing）已被勾选。

· 209 ·

（2）走线方式的设置：在图 11-32 中，单击左侧设计规则（Design Rules）中的布线（Routing）类，该类所包含的布线规则以树结构展开，单击布线层（Routing Topology）规则，弹出如图 11-34 所示对话框。约束特性区域中，单击右边的下拉按钮，对布线层和走线方式进行设置。在此将双面印制电路板顶层设置为水平走线方式（Horizontal），然后单击 OK 按钮确认。

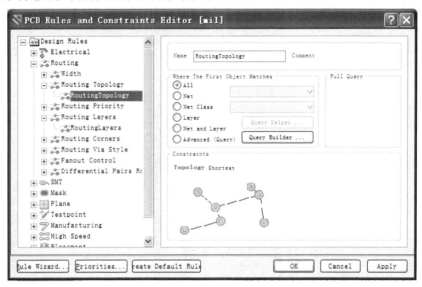

图 11-34　走线方式设置对话框

同样的方法将双面印制电路板的底层设置为垂直走线方式（Vertical）。

2．设置一般导线宽度

所谓的一般导线指的是流过电流较小的信号线。在图 11-32 中，单击左侧设计规则（Design Rules）中的布线宽度（Width）类，显示了布线宽度的约束特性和范围，如图 11-35 所示，这个规则应用到整个电路板。将一般导线的最佳（Preferred）、最小（Min）和最大（Max）宽度都设定为 10mil，单击该项，输入数据可修改宽度约束。在修改最小尺寸之前，先设置最大尺寸宽度栏。

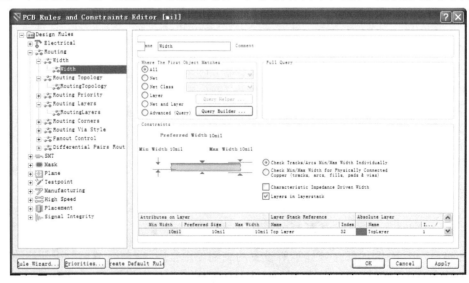

图 11-35　布线宽度范围设置对话框

3. 设置电源线的宽度

所谓的电源线指的是电源线（VCC）和地线（GND）。Altium Designer 系统设计规则的一个强大的功能是：可以定义同类型的多重规则，而每个目标对象可不相同。这里设定电源线的宽度为 20mil，具体步骤如下：

（1）增加新规则：在图 11-35 中，选定布线宽度（Width）右击，弹出图 11-36 所示的菜单，选择新规则【New Rule】命令，在"Width"中添加了一个名为"Width_1"的规则。

（2）设置布线宽度：单击"Width_1"，在布线宽度约束特性和范围设置对话框的顶部的名称（Name）栏中输入网络名称 Power，在底部的宽度约束特性中最佳（Preferred）、最小（Min）和最大（Max）宽度都默认为 10mil。如图 11-37 所示。

（3）设置约束范围 VCC 项：在图 11-37 中，单击右侧"Where The First Object Matches"单元的"Net"，在"Full Query"单元里出现"InNet()"。单击 All 选项旁的下拉按钮 ，从显示的有效网络列表中选择 VCC，"Full Query"单元里更新为"InNet('VCC')"。此时表明布线宽度为 10mil~20mil 的约束应用到了电源网络 VCC。如图 11-38 所示。

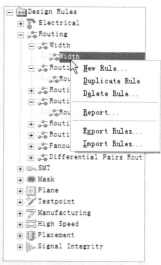

图 11-36　设计规则编辑菜单

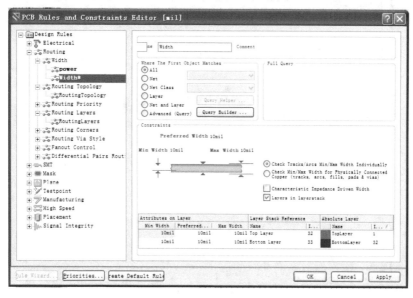

图 11-37　Power 布线宽度对话框

（4）扩大约束范围 GND 项：单击"Where The First Object Matches"单元的"Advanced（Query）"，然后单击"Query Helper"按钮，屏幕显示如图 11-39 所示的对话框。

（5）在图 11-39 的上部是网络之间的关系设置栏，将光标移到 InNet('VCC')的右边，然后单击下面的 Or 按钮，此时 Query 单元的内容为"InNet('VCC')or"；单击"Categories"单元下的"PCB Functions"类的"Membership Checks"项，再双击"Name"单元中的"InNet"，此时"Query"单元的内容为"InNet('VCC') or InNet()",同时出现一个有效的网络列表,选择 GND 网络,此时"Query"单元的内容更新为"InNet ('VCC') or InNet(GND)";单击语法检查 Check Syntax 按钮,弹出如图 11-40 所示对话框。

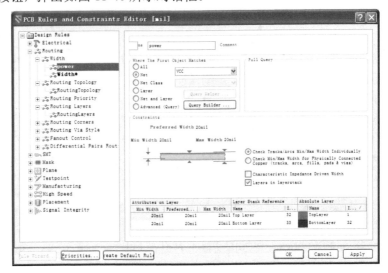

图 11-38 VCC 布线宽度设置

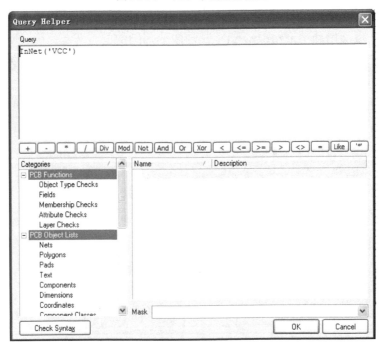

图 11-39 多项约束范围设置对话框

(6) 如果没有错误,单击 OK 关闭结果信息,否则系统给予提示,应予修改。

(7) 结束约束选项设置:单击 OK 按钮,关闭"Query Helper"对话框,在"Full Query"单元的范围更新为如图 11-41 所示的新内容。

(8) 设置优先权:通过以上的规则设置,在对整个电路板进行布线时就有名称分别为 Power 和 Width 的两个约束规则,因此,必须设置二者的优先权,决定布线时约束规则使用的顺序。

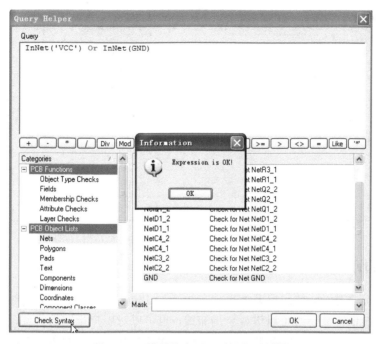

图 11-40 设置约束项通过报告对话框

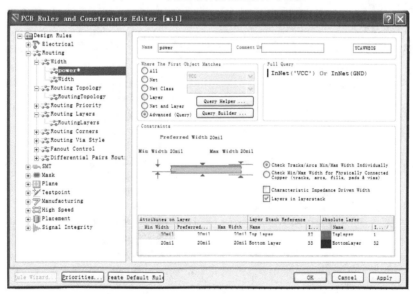

图 11-41 电源布线宽度设置对话框

单击图 11-41 中的优先权 Priorities... 按钮，弹出如图 11-42 所示的编辑规则优先权对话框。对话框中显示了规则类型（Rule Type）、规则优先权、范围和属性等，优先权的设置通过提高优先权（Increase Priorities）按钮和降低优先权（Decrease Priorities）按钮实现。一般来说，导线较宽的先布线，所以电源线排在前面。

至此，布线宽度设计规则设置结束，单击 Close 按钮关闭对话框并予以确认。其他布线规则采用默认值。

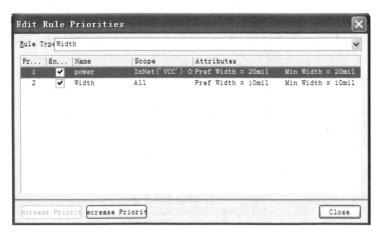

图 11-42　编辑规则优先权对话框

11.2.10　自动布线

布线参数设定完毕后，就可以开始自动布线了。Altium Designer 系统中自动布线的方式多样，根据用户布线的需要，既可以进行全局布线，也可以对用户指定的区域、网络、元件甚至是连接进行布线，因此，可以根据设计过程中的实际需要选择最佳的布线方式。下面将对各种布线方式做简单介绍。

1．自动布线方式

执行菜单命令【Auto Route】，弹出自动布线菜单，各项功能如图 11-43 所示。

图 11-43　自动布线菜单选项与功能

2．自动布线的实现

因为接触式防盗报警电路没有特殊要求，可直接对整个电路板进行布线，即所谓的全局布线。具体步骤如下：

（1）执行菜单命令【Auto Route】→【All】，弹出布线策略对话框，如图 11-44 所示，以便让用户确定布线的报告内容和确认所选的布线策略。

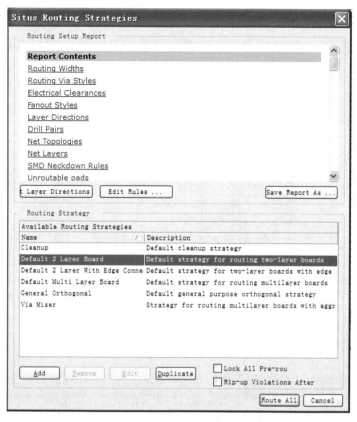

图 11-44 布线策略对话框

（2）如果所选的是默认双层电路板布线，单击 Route All 按钮即可进入自动布线状态，可以看到 PCB 上开始了自动布线，同时给出信息显示框，如图 11-45 所示。

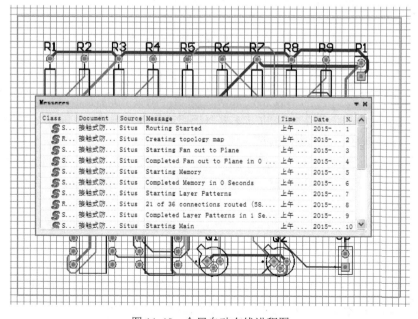

图 11-45 全局自动布线进程图

· 215 ·

（3）自动布线完成后，按 End 键重绘 PCB 画面，结果如图 11-46 所示。

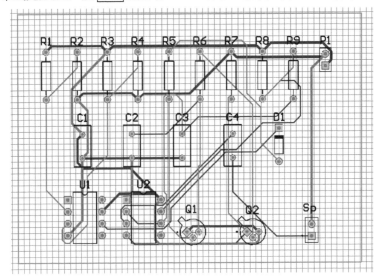

图 11-46　全局自动布线结果图

11.2.11　手工调整布线

自动布线效率虽然高，但是一般不尽如人意。这是因为自动布线的功能主要是实现电气网络间的连接，在自动布线的实施过程中，很少考虑到特殊的电气、物理和散热等要求，因此必须通过手工来进行调整，使电路板既能实现正确的电气连接，又能满足用户的设计要求。手工调整布线的最简便的方法是对不合理的布线，采取先拆线、后手工布线。下面分别予以介绍。

1．拆线功能

执行菜单命令【Tools】→【Un-Route】，弹出拆线功能菜单，如图 11-47 所示。

2．手工布线

严格来说，手工调整布线的基础是手工布线。手工布线是使用飞线的引导将导线放置在电路板上。在 PCB 编辑器中，导线是由一系列的直线段组成的，每次方向改变时，就开始新的导线段。在默认情况下，系统会使导线走向垂直（Vertical）、水平（Horizontal）或 45°角（Start45°）。手工布线的方法类似于原理图放置导线，下面介绍双面板的手工布线操作方法。

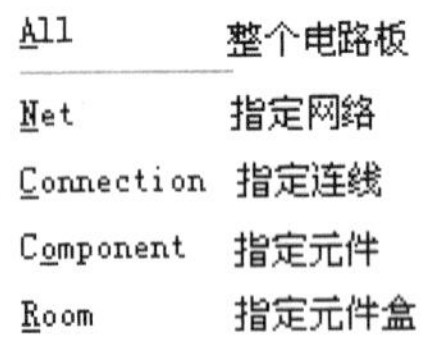

图 11-47　拆线选项功能

（1）启动导线放置命令：执行菜单命令【Place】→【Interactive Routing】，或单击工具栏的放置导线按钮。光标变成十字形，表示处于导线放置模式。

（2）布线时换层的方法：双面板顶层和底层均为布线层，在布线时不退出导线放置模式仍然可以换层。方法是按小键盘上的"*"键切换到布线层，同时自动放置过孔。

（3）放置导线：按步骤（1）移动光标到要画线的位置，单击确定导线的第一个点；移动光标到合适的位置再单击，固定第一段导线；按照同样的方法继续画其他段导线。

（4）退出放置导线模式：右击或按 Esc 键取消导线放置模式。

11.2.12 加补泪滴

在导线与焊盘或导孔的连接处有一过渡段，使过渡的地方变成泪滴状，形象地称之为加补泪滴。加补泪滴的主要作用是在钻孔时，避免在导线与焊盘的接触点出现应力集中而使接触处断裂。加补泪滴的操作步骤如下：

（1）执行菜单命令【Tools】→【Teardrops...】，弹出加补泪滴操作对话框，如图 11-48 所示。

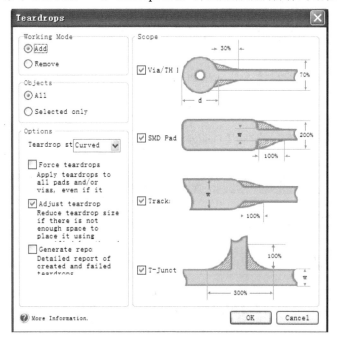

图 11-48　加补泪滴操作对话框

（2）设置完成后，单击 OK 按钮，即可进行加补泪滴操作。双面 PCB 接触式防盗报警电路图 11-46 加补泪滴后如图 11-49 所示。

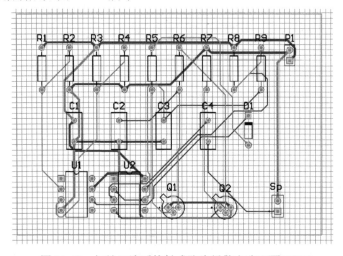

图 11-49　加补泪滴后接触式防盗报警电路双面 PCB

11.2.13 放置敷铜

放置敷铜是将电路板空白的地方用铜膜铺满，主要目的是提高电路板的抗干扰能力。通常将铜膜与地相接，这样电路板中空白的地方就铺满了接地的铜膜，电路板的抗干扰能力就会大大提高。关于放置敷铜的操作方法和敷铜的类型请参阅第 13 章中的相关内容。

11.2.14 设计规则 DRC 检查

对布线完毕后的电路板做 DRC（Design Rule Check）检验，可以确保 PCB 完全符合设计者的要求，即所有的网络均以正确连接。这一步对 Altium Designer 的初学用户来说，尤为重要；即使是有着丰富经验的设计人员，在 PCB 比较复杂时也是很容易出错的。

【编者说明】用户在完成 PCB 的布线后，千万不要遗漏这一步。

DRC 检验具体步骤如下：

（1）执行菜单命令【Tools】→【Design Rule Check...】，即可启动设计规则检查对话框，如图 11-50 所示。

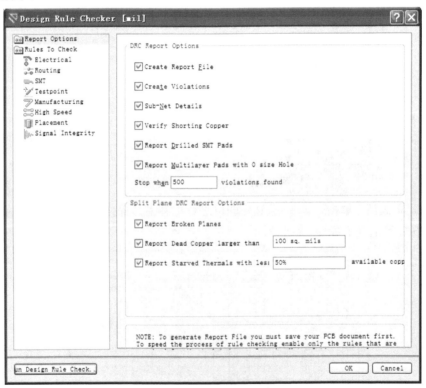

图 11-50 设计规则检查对话框

（2）单击"Electrical"选项，弹出在线检查或一并检查对话框，如图 11-51 所示。

（3）图 11-51 中左边框的具体内容将在第 13 章中介绍。右边框可以勾选是否在线进行设计规则的检查，或是在设计规则检查时一并检查。勾选右边框中的选项，单击 Run Design Rule Check... 按钮，系统开始运行 DRC 检查，其结果显示在信息面板中。

在信息面板中显示了违反设计规则的类别、位置等信息（如果布线没有违背所设定规则的，信息面板是空的），同时在设计的 PCB 中以绿色标记标出违反规则的位置。双击信息面板中的错误信息，系统会自动跳转到 PCB 中违反规则的位置，分析查看当前的设计规则并对其进行合理的修改，直到不违反设计规则为止，才能结束 PCB 的设计任务。

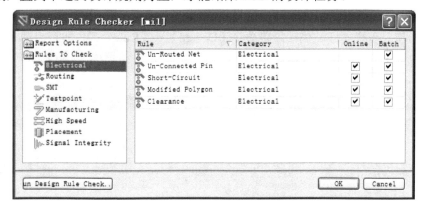

图 11-51　在线检查或一并检查对话框

如果选中了生成报告文件，设计规则检查结束后，会产生一个有关短路检测、断路检测、安全间距检测、一般线宽检测、过孔内径检测、电源线宽检测等项目情况报表，系统的报告形式和部分报告内容如图 11-52 所示。

图 11-52　电气规则检查报告形式与部分内容图

11.3　单面 PCB 设计

单面电路板工作层面包括元件面、焊接面和丝印面。元件面上无铜膜线，一般为顶层；焊接面有铜膜线，一般为底层。单面板也是电子设备中常用的一种板型。前面已经完整地介绍了双面电路板设计的过程，在此基础上，本节简单介绍单面电路板的设计。

下面仍以第 3 章中的设计项目"接触式防盗报警电路.PrjPcb"为例介绍单面板的设计方法。单面电路板的设计过程与双面电路板的设计过程基本一样，所不同的是布线规则的设置有所区别。项目的建立、原理图绘制、PCB 文档的建立及文件的导入和 PCB 元件的排布与双面板的设计操作一样，所不同的是布线规则不同。

单面电路板布线规则设置的具体方法是：

（1）撤销顶层布线允许。执行菜单命令【Design】→【Rules...】，即可启动布线规则编辑对话框，单击布线层（Routing Layer），在约束特性栏里，去掉顶层（Top Layer）允许布线的勾选。如图 11-53 所示。

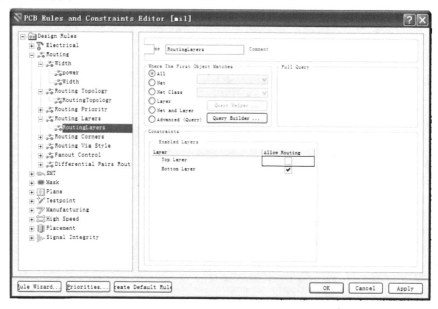

图 11-53 单层布线设置对话框

（2）底层布线方式的设置。在布线规则编辑对话框，单击布线方式（Routing Topology），在约束特性栏里，将底层（Bottom Layer）中的走线模式设置为最短（Shortest），如图 11-54 所示。

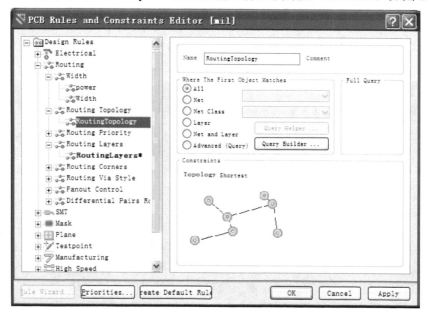

图 11-54 底层布线方式的设置

（3）关闭对话框，其他设为默认值，余下的操作与双面板布线步骤相同。对接触式防盗报警电路进行单面布线后，如图 11-55 所示。

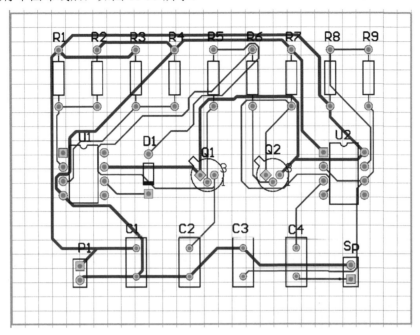

图 11-55　单面 PCB 的接触式防盗报警电路

同一电路在相同面积的电路板上布线，单面板布线率有可能达不到 100%，即便达到了 100%，导线也过于拥挤，这就是目前普遍使用双面板的一个原因。

11.4　多层 PCB 设计

Altium Designer 系统除了顶层和底层还提供了 30 个信号布线层、16 个电源地线层，所以满足了多层电路板设计的需要。但随着电路板层的增加，制作工艺更复杂，废品率也越来越高，因此在一些高级设备中，有的用到了四层板、六层板等。本节以四层电路板设计为例介绍多层电路板的设计。

四层电路板是在双面板的基础上，增加电源层和地线层。其中，电源层和地线层用一个覆铜层面连通，而不是用铜膜线。由于增加了两个层面，所以布线更加容易。

设计方法和步骤与前面设计双面电路板和单面电路板类似，所不同的是在电路板层规划中必须增加两个内层。具体步骤如下：

（1）在接触式防盗报警电路 PCB 编辑过程中，在图 11-26 的基础上，执行菜单命令【Design】→【Layer Stack Manager…】，即可启动板层管理器，如图 11-56 所示。

（2）连续单击两次 `Add Layer` 按钮，增加两个电源层 Signal Layer1 和 Signal Layer2，如图 11-57 所示。

（3）在"Layer Name"栏，将"Signal Layer1"改为"VCC"，将"Signal Layer2"改为"GND"，如图 11-58 所示。

（4）设置结束后，单击 `OK` 按钮，关闭板层管理器对话框。

（5）设置四层 PCB 的布线规则如图 11-59 所示。

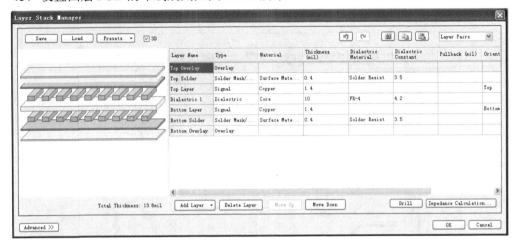

图 11-56　板层管理器对话框

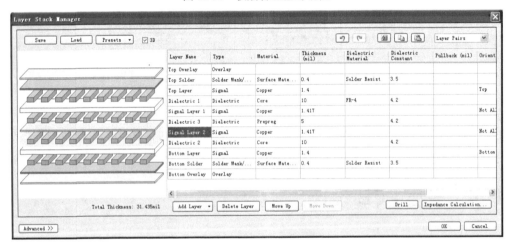

图 11-57　添加电源层对话框

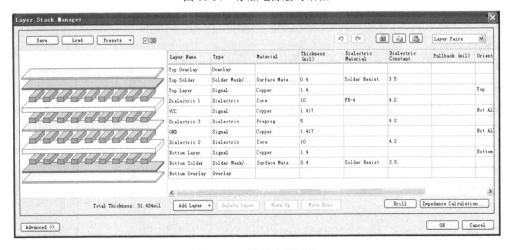

图 11-58　设置内层网络

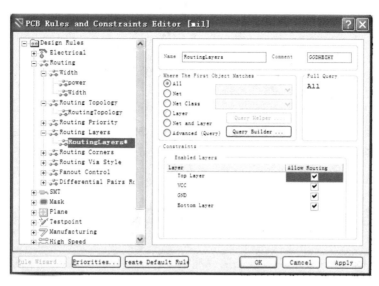

图 11-59　四层布线设置对话框

（6）执行菜单命令【Auto Route】→【All...】，对其进行重新自动布线。

（7）自动布线完成后，执行菜单命令【Design】→【Board Layer & Colors】，在弹出的工作层面设定对话框中，勾选内层显示，这时其四层 PCB 结果如图 11-60 所示。

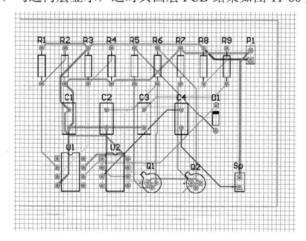

图 11-60　接触式防盗报警电路四层 PCB

将图 11-60 与图 11-49 比较，读者会发现图 11-60 中多了两种颜色网络线，这是内层连接线，表明元件与内层电源或地相连接。

习题 11

11-1　叙述 PCB 设计的流程。

11-2　练习文件链接的方法。

11-3　上机练习设计双面印制电路板全过程。

11-4　简述多层印制电路板的设计过程。

11-5　叙述单面板与双面板的异同。

第12章 信号完整性分析

本章首先介绍信号完整性分析（Signal Integrity，SI）的基础知识，然后介绍如何设置信号完整性规则，并且以具体的实例介绍利用 Altium Designer 在 PCB 和原理图中进行信号完整性分析的步骤。

12.1 信号完整性分析的概念和术语

随着电子技术的飞速发展，各种高速、高密度、小型化的集成电路不断出现，使得电路板设计越来越复杂。这要求在设计电路板时，综合考虑网络阻抗、传输延迟、信号质量、反射、串扰及 EMC 等特性。因此，在制作 PCB 电路板之前可以先进行信号分析，而信号完整性分析是一种比较高级的电路设计分析，用于对信号质量要求比较高的场合，以确保整个电路板的电磁干扰在可接受的范围内。

1. 信号完整性

所谓信号完整性，顾名思义，就是指信号通过信号线传输后仍能保持完整，即能保持其正确的功能而未受到损伤的一种特性。具体来说，是指信号在电路中以正确的时序和电压作出响应的能力。当电路中的信号能够以正确的时序、要求的持续时间和电压幅度进行传递，并到达输出端时，说明该电路具有良好的信号完整性。而当信号不能正常响应时，就出现了信号完整性问题。

质量差的信号完整性，一般不是由某一个因素造成的，而是由电路的板级设计中的多种因素共同引起的。信号完整性问题主要包括反射、振铃、地弹和串扰等。

2. EMI

EMI（Electromagnetic Interference）即电磁干扰，有传导干扰和辐射干扰两种。传导干扰是指电路中一个电网络上的信号通过导电介质耦合到另一个电网络中，从而形成干扰；辐射干扰则是指干扰源通过空间辐射把信号耦合到另一个电网络中，从而形成干扰。在高速 PCB 系统设计中，元件引脚、高频信号线、各种接插件和转接头等都有可能成为辐射干扰源，它们发射的电磁波会影响其他部分电路的正常工作。

3. 反射

反射（Reflection）是指信号在传输线上产生的回波。反射多发生在信号源端和负载端阻抗不匹配的情况。此时电压或电流信号传输到负载处，引起线上反射，负载将一部分电压或电流信号反射到信号源端，使信号波形产生振荡。

4. 串扰

串扰（Crosstalk）是指两条信号线之间由于存在互感和电容，它们之间会产生耦合，从而引起线上噪声。串扰与电路板层的参数、信号线的间距、驱动源和接收端的电气特性等有关系。

5. 过冲和下冲

过冲（Overshoot）是指信号的第一个峰值或谷值超过了设置电压。对于上升沿来说，就是最高电压，对于下降沿来说，就是最低电压。过冲严重时会导致谷值或峰值过早地失效。下冲（Undershoot）是指第二个谷值或峰值超过了设置电压。下冲严重时会造成虚假的电路时钟和数据错误。

6．建立时间

建立时间（Settling Time）是指一个振荡的电信号稳定到指定的最终值所需要的时间。

7．输入阻抗和输出阻抗

输入阻抗（Input Impedance）是指电路上输入电压和输入电流的比值。输出阻抗是指电路上输出电压和输出电流的比值。

8．IBIS 模型

IBIS（Input/Output Buffer Information Specification）模型是一种基于 $V\sim I$ 曲线的对 I/O 缓冲器进行快速准确建模的方法，是一种反映元件驱动和接收电气特性的国际标准。它提供了一种标准的文件格式来记录驱动源输出阻抗、上升/下降时间及输入负载等参数，适合于做反射和串扰等高频效应的计算和仿真。

12.2　Altium Designer 的信号完整性分析

Altium Designer 的信号完整性分析器使用经典的传输线理论和 I/O 缓冲器宏模型作为仿真输入，并基于快速反射和串扰仿真模型，利用优化的算法产生精确的仿真结果。

利用 Altium Designer，在一个工程项目的原理图设计阶段，就可以进行最初的阻抗和反射分析，并找到原理图中潜在的信号完整性问题，如由阻抗不匹配而造成的反射问题等。

当电路板的布局布线完成后，进行信号完整性分析，可以得到阻抗、信号反射、串扰、延迟、信号功率等。Altium Designer 系统提供了一系列通用的终端解决方案，在电路的板级设计过程中可以找到最好的解决方法。

Altium Designer 的 PCB 设计规则系统中可以设置信号完整性分析规则，这样，可以将检查信号完整性分析冲突作为 PCB 规则检查的一部分。检查到的信号完整性问题会在 DRC 报告中给出，用户可以快速定位违反规则的网络。

在 Altium Designer 中，信号完整性波形分析窗口与原理图电路仿真波形窗口是一致的。这样，仿真波形可与信号完整性分析工具结合使用，来观察、测量、分析网络的信号情况；还可以设置模拟端接收方式来查看不同终端对波形的改善，以帮助用户选择一个最好的终端匹配方案；还可以利用交叉探测工具快速返回设计图中的相应点，查看图纸中的问题。

12.3　信号完整性分析的注意事项

信号完整性分析是一个比较复杂的工作，为了能够对项目进行合理的信号完整性分析，得到精确的仿真结果，用户在运行前通常需要做一些准备工作。这些准备工作主要涉及仿真激励信号的初始化、信号完整性模型等方面。

1．必要的元件输出引脚

在项目的电信号网络中至少有一个网络连接元件的输出引脚，该引脚在信号完整性分析过程中将驱动 IBIS 模型，为该网络提供激励信号，以便获得仿真结果。

2．正确的信号完整性模型

在进行信号完整性分析前，要确保每个元件都有正确的信号完整性模型。如果元件没有信号完整性模型,可以通过模型分配对话框指定,也可以在原理图文档中编辑元件属性来添加信号完整性模型。

3．赋值电源网络

电路必须提供电源才能工作,在仿真过程中也是如此。因此在进行信号完整性分析前,要在设计规则中定义项目的供电网络。一般至少要有电源正极和地两个基本的供电网络,要给供电网络定义具体的数值。

4．定义激励信号

系统在设计规则中设置了默认的激励信号,可用于绝大多数情况下。用户也可以根据需要更改激励。

5．正确的层堆栈设置

Altium Designer 中的信号完整性分析器需要连续的电源平面,其不支持分割电源层,因此会将网络分配到整个电源层上,并且铜层的厚度、板基、板材、介电常数等参数都要根据实际情况设置正确。在原理图中运行信号完整性分析时,应使用一个默认的带有两个内层的 PCB。执行菜单命令【Design】→【Layer Stack Manager…】,在弹出的堆栈管理器中可以设置层堆栈的各个参数。

12.4 信号完整性分析模型

信号完整性分析模型是进行信号完整性分析的基础。修正信号完整性分析模型的步骤大致有查看、修改、添加和保存。为了讲解方便,下面以"接触式防盗报警电路"项目为例进行说明。

12.4.1 信号完整性分析模型查看

对项目进行信号完整性分析,首先要求该项目中所有的元器件都有各自相应的信号完整性分析模型。因此,信号完整性分析之前,查看项目中元器件信号完整性分析是很重要的一个环节。具体操作步骤如下:

(1)打开"接触式防盗报警电路"项目,使系统工作在"接触式防盗报警电路.Pcb Doc" PCB 编辑中,如图 12-1 所示。

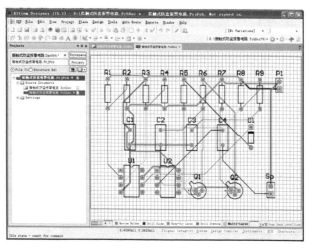

图 12-1 "接触式防盗报警电路.PcbDoc" PCB 编辑环境

（2）执行菜单命令【Tools】→【Signal Integrity…】，即可运行信号完整性分析。如果项目中有一些元件没有匹配的信号完整性模型，将弹出发现错误或警告对话框，如图 12-2 所示。

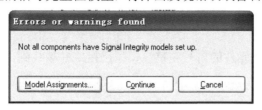

图 12-2　元件模型未建警告对话框

【编者提示】不是所有的元件都有信号完整性分析模型。

（3）单击 Model Assignments... 按钮，弹出"接触式防盗报警电路"项目信号完整性分析模型分配对话框，如图 12-3 所示。

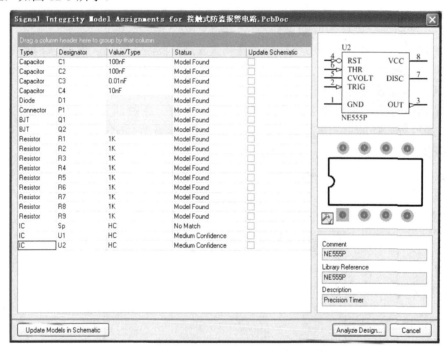

图 12-3　信号完整性分析模型分配对话框

该项目中所有的元件都在信号完整性模型分配对话框中列出。信号完整性模型分配对话框可以为每一个元件指派其所需要的元件模型。

图 12-3 左边列出了所有元件的状态信息。其中"Type"中显示元件的类型，"Designator"中显示元件标示符，"Value/Type"中显示器件的参数值或类型，"Status"中显示模型相关的状态，"Update Schematic"中是各元件用于更新到原理图的复选框。

"Status"列出的相关状态共有如下 7 种。

（1）No Match——系统没有找到这个元件的任何模型特征，无法为该元件连接一个特定类型的模型。

（2）Low Confidence——系统为这个元件自动选择了一个模型类型，但是没有完整的根据使用该模型。

（3）Medium Confidence——系统为这个元件自动选择了一个模型类型，选用这个模型是有合理的猜测理由的。

（4）High Confidence——系统为这个元件自动选择了一个模型类型，这个模型适合于这种元件的绝大多数特征。

（5）Model Found——元件的信号完整性模型已指定并被找到。

（6）User Modified——如果用户修改了信号完整性模型分配对话框中各个元件的初始设置，该元件的状态将变为这种状态。

（7）Model Added——如果用户使用信号完整性模型分配对话框修改原理图设计文档，保存了新模型，该元件的状态将变为这个状态。

12.4.2 信号完整性分析模型修改

使用信号完整性分析模型分配对话框可以修改元件的模型，首先应选择希望修改模型的元件，根据元件的类型进行相应的设置。

Altium Designer 系统提供了 7 种元件信号完整性模型类型：电阻（Resistor）、电容（Capacitor）、电感（Inductor）、二极管（Diode）、三极管（BJT）、连接器（Connector）和 IC。

1. 电阻、电容及电感的修改

Altium Designer 系统根据元件的注释和参数，在信号完整性分析模型分配对话框（见图 12-3）中自动设置元件的值。需要修改时，在信号完整性模型分配对话框中单击元件值，即可处于可编辑状态，然后输入新元件值即可。

有一类特殊的电阻器件，即电阻排，它的设置比较特殊。以图 12-3 中电阻 R1 为例，具体操作步骤如下：

（1）双击元件，弹出该元件的信号完整性分析模型对话框，如图 12-4 所示。

图 12-4　电阻排信号完整性分析模型对话框

（2）在"Type"下拉菜单中选择信号完整性分析模型类型 Resistor；在"Value"栏中添加

阻值。

（3）在图 12-4 中单击 Setup Part Array 按钮，弹出该元件的编辑器对话框，如图 12-5 所示。

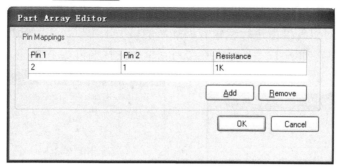

图 12-5 元件编辑器对话框

（4）在图 12-5 中，单击 Add 和 Remove 按钮，即可实现添加或删除引脚的操作。
（5）在图 12-5 中，单击"Resistance"栏即可进入编辑状态，输入引脚之间的电阻值即可。
（6）修改后单击 OK 按钮确认，如图 12-6 所示。

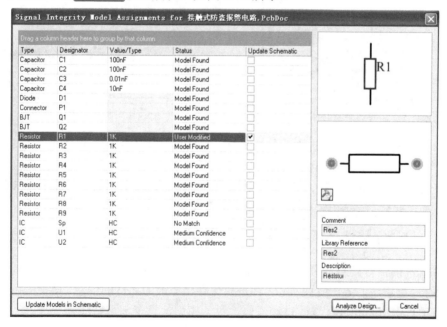

图 12-6 R1 元件建立模型后的模型编辑对话框

与图 12-3 比较，发现 R1 元件的模型已经建立起来了。

2．IC 器件的修改

对于 IC 器件，需要选择 IC 的工艺类型，因为这将决定用于信号完整性分析的引脚模型的特性。以图 12-3 中 IC 器件 U2 为例，具体操作步骤如下：

（1）在图 12-3 中，双击 U2 元件，弹出信号完整性分析模型对话框，如图 12-7 所示。
（2）调整图 12-7 中的"Type"栏为类型 IC。
（3）单击"Technology"栏后面的 按钮，选择元件的工艺类型为 HC。
（4）根据需要，可给个别的元件引脚指派特别的工艺类型或引脚模型。在该对话框下方的"Pin Models"区域中，列出了各个引脚的 I/O 方向、技术、输入模型和输出模型。单击引脚对应的下拉列表，即可选择工艺类型和输入/输出模型等。

注意：输入引脚不能设置输出模型，输出引脚不能设置输入模型。

（5）如果需要对引脚模型进行编辑或添加新的模型，可以单击 Add/Edit Model 按钮，弹出引脚模型编辑器对话框，如图 12-8 所示，在该对话框中进行编辑或添加。

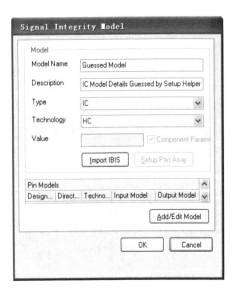

图 12-7　IC 器件 U2 信号完整性分析模型对话框

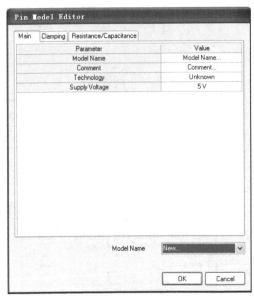

图 12-8　引脚模型编辑器对话框

在图 12-8 中可以详细地定义每个引脚的模型名称和所采用的制造工艺。编辑之后单击 OK 按钮，关闭对话框即可。

【编者提示】并不是所有的引脚都可以添加或编辑新的模型。例如 Passive，Power 类型的引脚就不可，此时 Add/Edit Model 按钮为灰色，不可用。

12.4.3　信号完整性分析模型保存

如果对元件的信号完整性分析模型进行了修改，就应将模型信息保存（或更新）到原理图文档。保存模型修改的方法有两种：一种是只保存已修改的元件的信息，这种可以称为更新；另一种是将项目中所有元件（修改过和没修改过）模型信息全部重新保存一次。

第一种保存方法的具体操作步骤如下：

（1）在图 12-3 中，勾选已经修改的元件"Update Schematic"列的复选框。

（2）单击图 12-3 中的"Update Models in Schematic"按钮，即可完成所勾选元件模型的更新。

第二种保存方法的具体操作步骤如下：

（1）在图 12-3 中，勾选已经修改的元件"Update Schematic"列的复选框。

（2）右击任何一个元件，选择"Update SI Models in Schematic"命令选择全部元件进行更新。此时弹出"Messages"对话框，如图 12-9 所示，其中列出了更新原理图的信息。

这样，所有被选中元件的信号完整性模型就都被更新到了原理图文档中。最后，保存原理图文档，同时也就保存了这些设置的模型信息。

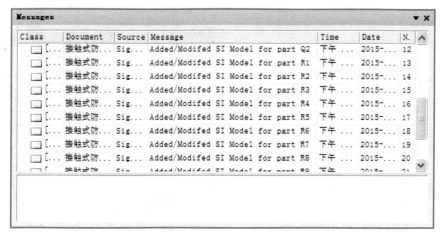

图 12-9　更新原理图的信息

12.4.4　信号完整性分析模型添加

在原理图编辑中，利用元件属性对话框，可以为元件添加信号完整性模型。下面仍以"接触式防盗报警电路"项目为例，打开"接触式防盗报警电路.SchDoc"原理图文件。具体操作步骤如下：

（1）在原理图中双击元件，弹出该元件属性对话框，如图 12-10 所示。

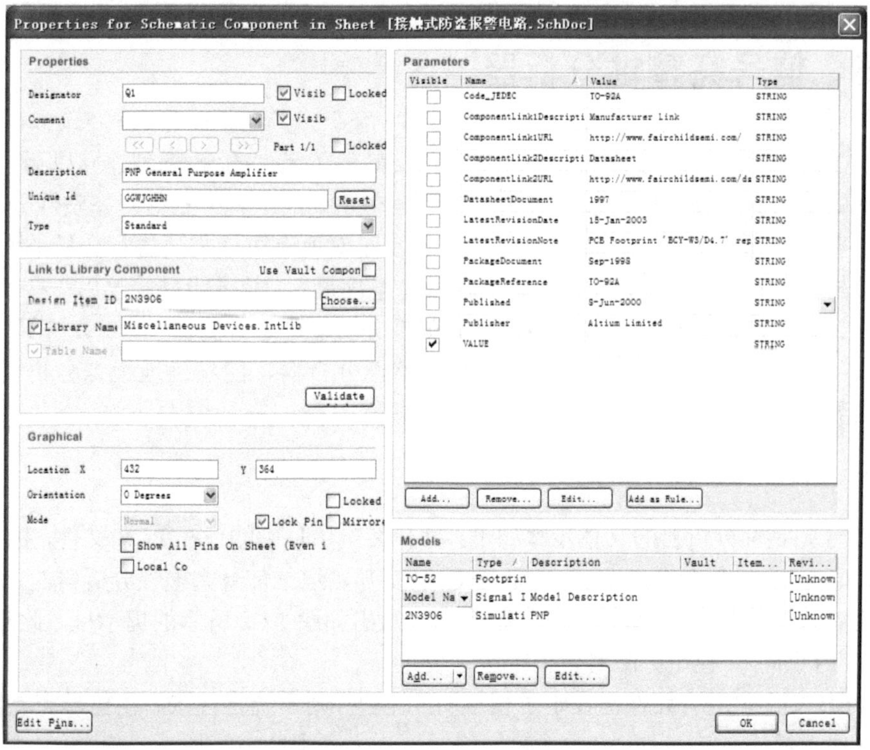

图 12-10　元件属性对话框

（2）在"Models"区域单击 Add... 按钮，弹出加新的模型对话框，如图 12-11 所示。

· 231 ·

选择模型类型为 Signal Integrity。

（3）单击 OK 按钮，弹出信号完整性分析模型对话框，如图 12-12 所示。

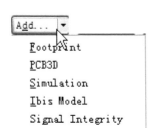

图 12-11 加新的模型对话框　　　图 12-12 信号完整性分析模型对话框

（4）在图 12-12 中可以设置该元件的信号完整性分析模型，在"Type"下拉菜单中选择"BJT"。

（5）修改完毕后，单击 OK 按钮，保存设置即可。

12.5 信号完整性分析器

在初步了解信号完整性分析的有关注意事项，熟悉了元件的 SI 模型建立以后，在介绍如何进行基本的信号完整性分析之前，首先要掌握一个重要的工具——信号完整性分析器。

信号完整性分析可以分为两大步进行：第一步是对所有可能需要进行分析的网络进行一次初步的分析，从中可以了解到哪些网络的信号完整性最差；第二步是筛选出一些信号进行进一步的分析，这两步的具体实现都是在信号完整性分析器中进行的。

Altium Designer 提供了一个高级的信号完整性分析器，能精确地模拟分析已布好线的 PCB，可以测试网络阻抗、下冲、过冲、信号斜率等。

12.5.1 信号完整性分析器的启动

启动信号完整性分析器的具体步骤如下：打开某一项目中的任一 PCB 文件，执行【Tools】→【Signal Integrity...】命令，Altium Designer 系统开始运行信号完整性分析器。

如果存在没有设定 SI 模型的元件，则系统会给出如图 12-2 所示的提示框，此时，用户可以在图 12-3 所示的 SI 模型分配对话框中进行设定。

如果 PCB 文件中所有元件已设定了相应的 SI 模型，则系统将直接启动信号完整性分析器，如图 12-13 所示。

使用该信号完整性分析器就可以对所设计的 PCB 进行分析了。

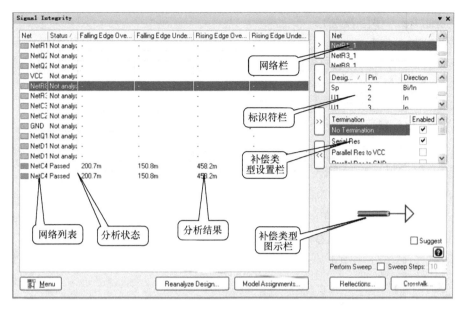

图 12-13 信号完整性分析器

12.5.2 信号完整性分析器的内容

由图 12-13 可以看出信号完整性分析器的界面主要由以下几部分组成。

1．网络列表

网络列表中列出了 PCB 文件中所有可能需要进行分析的网络。在分析之前，可以选中需要进一步分析的网络，单击 按钮添加到右边的网络栏中。

2．分析状态栏

用来显示相应网络进行信号完整性分析后的状态，有 3 种可能。

- Passed：表示通过，没有问题。
- Not analyzed：表明由于某种原因导致对该信号的分析无法进行。
- Failed：分析失败。

3．分析结果栏

分析结果栏显示各种分析结果。

4．网络栏

网络栏用于选中连接元件的网络显示。

5．标识符栏

显示网络栏中所选中网络的连接元件引脚及信号的方向。

6．补偿类型设置栏

在 Altium Designer 中，对 PCB 进行信号完整性分析时，还需要对线路上的信号进行终端补偿的测试，目的是测试传输线中信号的反射与串扰，以使 PCB 的线路信号达到最优。

在补偿类型设置栏中，系统提供了 8 种信号终端补偿方式，相应的图示则显示在下面的补偿类型图示栏中。

（1）No Termination（无终端补偿）

该方式如图 12-14 所示，即直接进行信号传输，对终端不进行补偿，是系统的默认方式。

（2）Serial Res（串阻补偿）

该方式如图 12-15 所示，即在点对点的连接方式中，直接串入一个电阻，以减少外来电压波形的幅值，合适的串阻补偿将使得信号正确终止，消除接收器的过冲现象。

图 12-14　无终端补偿　　　　　　图 12-15　串阻补偿

（3）Parallel Res to VCC（电源 VCC 端并阻补偿）

该方式如图 12-16 所示，在电源 VCC 输入端并联的电阻是和传输线阻抗相匹配的，对于线路的信号反射，这是一种比较好的补偿方式。但是，由于该电阻上会有电流流过，因此，将增加电源的消耗，导致低电平阈值的升高，该阈值将根据电阻值的变化而变化，有可能会超出在数据区定义的操作条件。

（4）Parallel Res to GND（接地端并阻补偿）

该方式如图 12-17 所示，在接地输入端并联的电阻是和传输线阻抗相匹配的，与电源 VCC 端并阻补偿方式类似，这也是终止线路信号反射的一种比较好的方法。同样，由于有电流流过，会导致高电平阈值的降低。

图 12-16　电源 VCC 端并阻补偿　　　　　　图 12-17　接地端并阻补偿

（5）Parallel Res to VCC&GND（电源端与地端同时并阻补偿）

该方式如图 12-18 所示，将电源端并阻补偿与接地端并阻补偿结合起来使用，适用于 TTL 总线系统，而对于 CMOS 总线系统则一般不建议使用。

由于该方式相当于在电源与地之间接入了一个电阻，流过的电流将比较大，因此，对于两个电阻的阻值分配应折中选择，以防电流过大。

（6）Parallel Cap to GND（接地端并联电容补偿）

该方式如图 12-19 所示，即在接收输入端对地并联一个电容，可以减少信号噪声。该补偿方式是制作 PCB 时最常用的方式，能够有效地消除铜膜导线在走线的拐弯处所引起的波形畸变。最大的缺点是，波形的上升沿或下降沿会变得太平坦，导致上升时间和下降时间的增加。

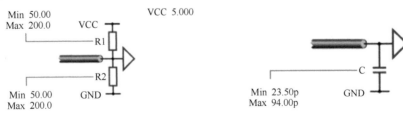

图 12-18　电源端与接地端同时并阻补偿　　　　　　图 12-19　接地端并联电容补偿

（7）Res and Cap to GND（接地端并阻、并容补偿）

该方式如图 12-20 所示，即在接收输入端对地并联一个电容和一个电阻，与地端仅仅并联电容的补偿效果基本一样，只不过在终端网络中不再有直流电流流过。而且与地端仅仅并联电阻的补偿方式相比，能够使得线路信号的边沿比较平坦。

在大多数情况下，当时间常数 RC 大约为延迟时间的 4 倍时，这种补偿方式可以使传输线上的信号被充分终止。

（8）Parallel Schottky Diode（并联肖特基二极管补偿）

该方式如图 12-21 所示，在传输线终端的电源和地端并联肖特基二极管，可以减少接收端信号的过冲和下冲值。大多数标准逻辑集成电路的输入电路都采用了这种补偿方式。

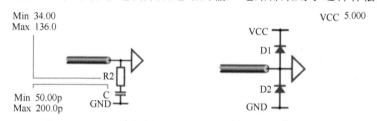

图 12-20　接地端并阻、并容补偿　　图 12-21　并联肖特基二极管补偿

12.5.3　信号完整性分析器的功能

1. Perform Sweep Sweep Steps: 10 复选框

若勾选该复选框，则进行信号完整性分析时会按照用户所设置的参数范围，对整个系统的信号完整性进行扫描，类似于电路原理图仿真中的参数扫描方式。扫描步数可以在后面进行设置，一般应选中该复选框，扫描步数采用系统默认值即可。

2. Menu 按钮

单击 Menu 按钮，弹出如图 12-22 所示的信号完整性分析操作菜单命令。

（1）执行 "Select Net" 命令，可以将所有选中的元器件的网络显示在网络栏中。

（2）执行 "Details…" 命令，显示在网络列表中所选中的网络详细情况，包括元件个数、导线个数，以及根据所设定的分析规则得出的各项参数等。

（3）执行 "Find Coupled Nets" 命令，可以查找与选中所有相关联的网络，并高亮显示。

（4）执行 "Cross Probe" 命令，包括 2 个子命令：分别用于在原理图中或者在 PCB 文件中查找所选中的网络。

（5）执行 "Copy" 命令，复制所选中的网络。

（6）执行 "Show/Hide Columns" 命令，勾选其下拉菜单中的项目，用于信号完整性分析器中分析内容显示的取舍。

图 12-22　信号完整性分析操作菜单

（7）执行 "Preferences…" 命令，弹出信号完整性分析参数选项对话框，该对话框中有若干标签页，不同的标签页中设置内容是不同的，如图 12-23 所示。

例如，在信号完整性分析中，用到的主要是配置 "Configuration" 标签页，用于设置信号完整性分析的时间及步长。

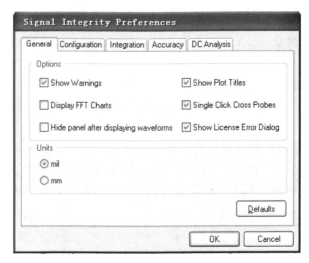

图 12-23 信号完整性分析参数选项对话框

（8）执行"Set Tolerances…"命令后，弹出如图 12-24 所示的设置分析公差对话框。

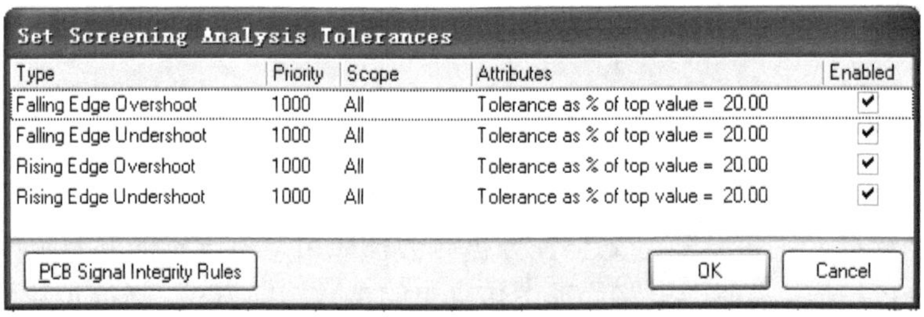

图 12-24 设置分析公差对话框

公差（Tolerance）用于限定一个误差范围，代表了允许信号变形的最大值和最小值。将实际信号的误差值与这个范围相比较，就可以查看信号的误差是否合乎要求。

对于显示状态为"Failed"的信号，其主要原因就是信号超出了误差限定的范围。因此，在做进一步分析之前，应先检查公差限定得是否太过严格。

3．其他按钮

（1） Reanalyze Design…：单击该按钮，将重新进行一次信号完整性分析。

（2） Model Assignments…：单击该按钮，系统将返回图 12-3 所示的 SI 模型分配对话框。

（3） Reflection Waveforms…：用于对信号进行反射分析。单击该按钮，将进入仿真器的编辑环境中，显示相应的信号波形。

（4） Crosstalk Waveforms…：单击该按钮，可以对选中的网络进行串扰分析，结果同样是以图形形式显示在仿真器编辑环境中。

（5） ：单击该按钮，可以对所选择的终端补偿方式进行简短的说明。

12.6 信号完整性分析实例

Altium Designer 的信号完整性分析器主要可以进行两种波形的信号完整性分析：反射分析及串扰分析。

无论进行哪种分析,都要求用户具备与信号相关学科的基础知识。限于篇幅和本书的任务,下面将结合一个简单的实例来运行信号完整性分析中的反射分析,以查看相应信号的波形和进行了相应的补偿后的波形变换情况,进而熟悉并掌握 Altium Designer 系统的信号完整性分析器的操作方法。

12.6.1 信号完整性分析步骤

信号完整性分析的具体步骤如下:
(1)创建一个项目,完成电路原理图(至少有一个 IC 元件)和 PCB 布线;
(2)在原理图中设定元件的 SI 模型,加入与信号完整性分析有关的规则;
(3)设置信号完整性分析的规则;
(4)进行信号完整性分析。

12.6.2 信号完成性分析项目的建立

创建环形振荡电路项目,绘制相应的电路原理图并完成相应的电路 PCB 布线。
(1)按照第 3 章中的操作,完成环形振荡电路项目的建立,如图 12-25 所示。

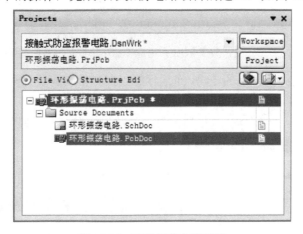

图 12-25 环形振荡电路项目

(2)按照第 3 章中的操作,完成环形振荡电路原理图的绘制,如图 12-26 所示。
(3)按照第 10 章中的操作,完成环形振荡电路的 PCB 布线,如图 12-27 所示。

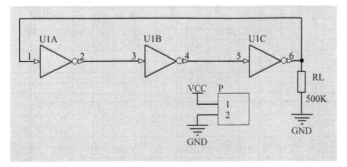
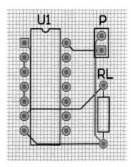

图 12-26 环形振荡电路原理图　　　　图 12-27 环形振荡电路的 PCB 布线图

12.6.3 设定元件的 SI 模型并加入规则

由于在本例中所用到的元件都具有系统所提供的 SI 模型，因此采用系统默认设定即可。

在原理图编辑环境中，一般可以设定两种与信号完整性分析有关的规则：电源规则与激励信号规则。

1. 电源规则设置的操作

在信号完整性分析中，电源规则是必须要进行设置的。通常需要设置两个子规则：一个用于设置直流电源网络；另一个用于设置接地网络。

（1）执行菜单命令【Place】→【Directives】→【PCB Layout】，分别在原理图中相关的电源符号与接地符号上放置两个 PCB 布局标签，如图 12-28 所示。

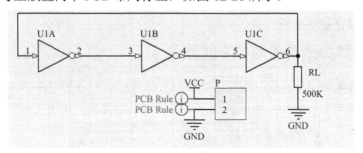

图 12-28　放置两个 PCB 布局标签的环形振荡电路原理图

（2）双击放置在电源符号上的 PCB 布局标签，打开相应的参数设置对话框，如图 12-29 所示。

（3）在图 12-29 中，单击 Edit... 按钮，打开参数属性对话框，如图 12-30 所示。

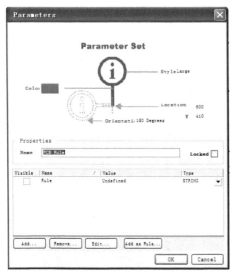
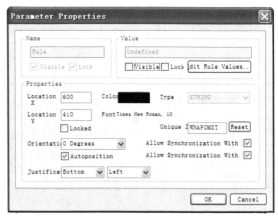

图 12-29　参数设置对话框　　　　图 12-30　参数属性对话框

（4）单击 Edit Rule Values... 按钮，弹出选择设计规则类型对话框，在"Signal Integrity"类型中，选择代表电源网络的"Supply Nets"选项，如图 12-31 所示。

（5）双击选中的"Supply Nets"选项，打开电源网络参数值设置对话框，输入所设定的电压值为 5V，如图 12-32 所示。

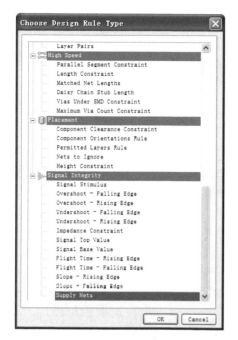

图 12-31 选择设计规则类型对话框　　图 12-32 电源网络参数值设置对话框

（6）单击 OK 按钮，依次返回，即完成了直流电源网络规则的设置。按照同样的操作，可以完成接地网络规则的设置，其电压参数值输入为 0V。

2．激励信号规则设置的操作

（1）激励信号规则设置与电源规则设置类似，相同的操作步骤有（1）、（2）和（3），不同的是在第（4）步，在图 12-31"Signal Integrity"类型中，激励信号选择代表电源网络的"Signal Stimulus"选项，如图 12-33 所示。

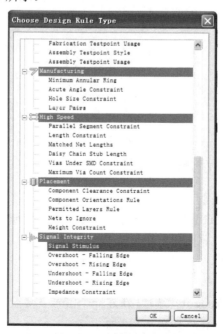

图 12-33 选择设计规则类型对话框

（2）双击选中的"Signal Stimulus"选项，打开激励信号参数值设置对话框，输入所设定的相应的值，如图12-34所示。

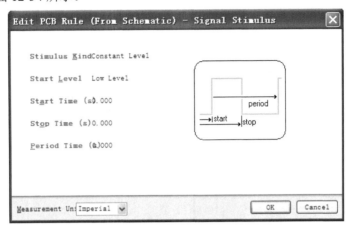

图12-34　激励信号参数值设置对话框

激励信号规则用于产生一个激励信号波形，用户通过查看该激励信号所产生的响应波形（特别是上升沿与下降沿），可以判定电路的信号完整性性能。如果不设置，则进行信号完整性分析时，系统将使用默认的激励信号。

【编者说明】初学者最好使用默认的激励信号。

设置完毕，执行菜单命令【Design】→【Update Schematics in 环形振荡电路.PrjPcb】，将所设置的规则传递到环形振荡电路.PCB文件中。环形振荡电路原理图如图12-35所示。

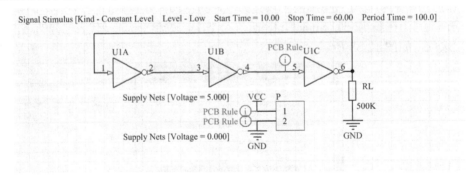

图12-35　加入规则的环形振荡电路原理图

12.6.4　设置信号完整性分析的规则

对于信号完整性分析的规则，Altium Designer系统提供了13项之多。

【编者说明】一次不应该设置太多，否则将占用大量的运行时间。

信号完整性分析的规则设置操作方法类似，本书仅举一例，其他可参考第13章相关内容。

（1）在PCB编辑环境中，执行菜单命令【Design】→【Rule】，弹出PCB规则和约束编辑器。

（2）选择其中的"Signal Integrity"选项，新建一个信号下降沿过冲（Overshoot-Falling Edge）的分析规则，具体参数设置对话框如图12-36所示。

（3）在相应栏中输入数字，单击 OK 按钮，完成设置。

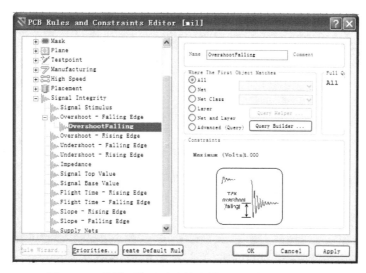

图 12-36　信号下降沿过冲的分析规则参数设置对话框

12.6.5　PCB 层栈结构的设置

PCB 的层栈结构决定了印制电路板板材的电参数，这也是评定系统性能的一个标准。信号完整性分析器要求有连续的电源参考平面，并不支持进行电源层分割的 PCB，因此如果 PCB 中不存在电源层，则系统在分析过程中会进行假定设置。

设置步骤具体如下：

（1）执行菜单命令【Design】→【Layer Stack Manager】，弹出堆栈管理器设置对话框。

（2）为了保证分析的准确性，用户应对电路板中的"Layers"、"Cores"、"Prepreg"的厚度也进行合理的设置，本例采用默认值，如图 12-37 所示。

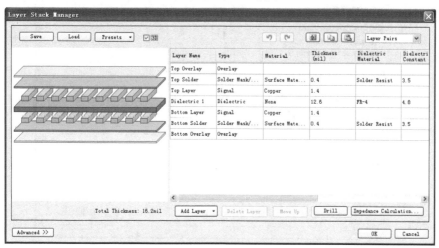

图 12-37　堆栈管理器设置对话框

12.6.6　进行信号完整性分析

具体操作步骤如下：

（1）执行【Tools】→【Signal Integrity…】命令，则系统开始进行初步分析，打开了信号完整性分析器。如图 12-38 所示。

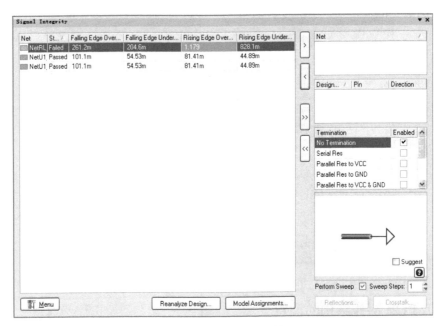

图 12-38 信号完整性分析器

在结果栏上可以看到其初步分析的部分结果。

（2）选中"NetRL"行，单击信号完整性分析器左下角的 Menu 按钮，在弹出的菜单中执行"Details…"命令，以查看 NetRL 全部相关的详细信息，如图 12-39 所示。

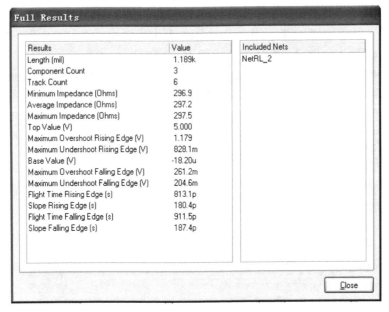

图 12-39 NetRL 全部相关的详细信息框

（3）在图 12-38 中双击"NetRL"行或选中"NetRL"行，再单击 按钮，NetRL 添加到右边的网络栏中，与该网络线连接的元器件的名称添加到右边元件标识符栏中。如图 12-40 所示。

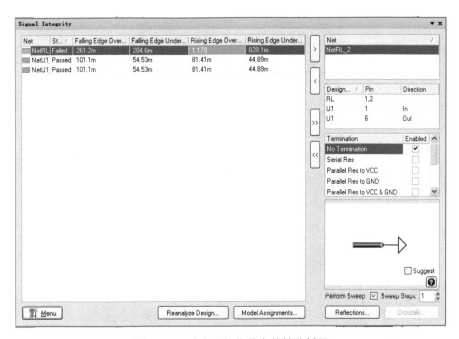

图 12-40 选中网络信号完整性分析器

（4）选中元件标识符栏中"RL"行后，在信号完整性分析器中单击 Reflection Waveforms... 按钮，之后打开波形显示窗口，可以看到的 RL 反射信号波形，如图 12-41 所示。

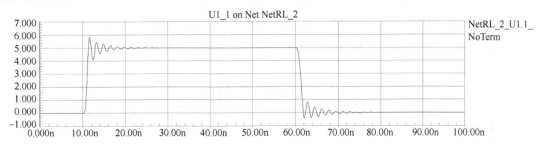

图 12-41 无补偿 RL 反射信号波形

可以看出信号的上升沿后有振铃现象，下降沿后出现了振荡现象，这是典型的由于阻抗不匹配而引起的反射。

Altium Designer 系统不仅能帮助用户发现问题，更重要的是针对不同的问题，为用户提供了有效的解决方法，即补偿方式。在本例中，解决反射问题的最有效的方法就是在信号输出端并接一个电阻。

（5）在信号完整性分析器的补偿类型设置栏中选中"Parallel Res to GND（并阻补偿）"，并勾选"Perform Sweep"复选框，设置电阻的阻值范围及扫描步数，如图 12-42 所示。

（6）单击 Reflection Waveforms... 按钮，进行扫描显示，相应的结果波形如图 12-43 所示。

与图 12-41 中波形比较，补偿后的信号上升沿后有振铃现象，下降沿后的振荡现象没有了。改变并接电阻的阻值，可以减小信号的反射失真。

上面只讲述了信号完整性分析中的反射分析，在 Altium Designer 中，还可以进行串扰分析，其分析方法与反射分析是类似的，只是至少要选择两个信号才能进行。由于篇幅所限，在此不再进行详细的讲解，感兴趣的用户可以参照上述反射分析的过程来尝试进行串扰分析。

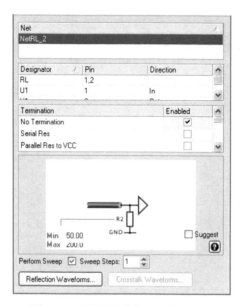

图 12-42 设置并联电阻补偿对话框

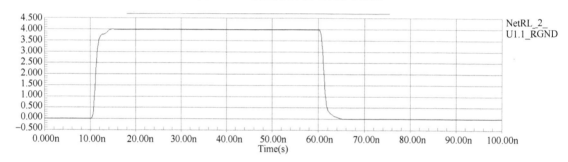

图 12-43 有补偿 RL 反射信号波形

习题 12

12-1 简述信号完整性分析的条件和步骤。

12-2 完成一个简单的电子电路的信号完整性分析。

第 13 章 Altium Designer 的 PCB 设计规则

Altium Designer 系统的 PCB 设计规则覆盖了电气、布线、制造、放置、信号完整性分析等，其中大部分都可以采用系统默认的设置。尽管是这样，作为用户熟悉这些规则是必要的。

在 PCB 的编辑环境中，执行菜单命令【Design】→【Rules...】，弹出 PCB 设计规则与约束编辑对话框，如图 13-1 所示。

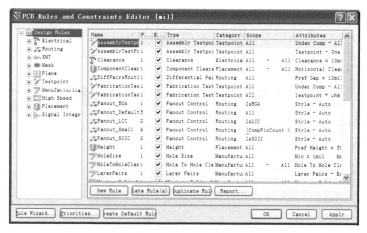

图 13-1　PCB 设计规则与约束编辑对话框

在图 13-1 中，PCB 编辑器将设计规则分成 10 大类，界面的左侧显示设计规则的类别，右侧显示对应规则的设置属性，包括设计规则中的电气特性、布线、电层和测试等参数。

考虑到用户的实际需要，本书中我们将对经常用到的设计规则做较详细介绍，设计规则的类别标注、列表如图 13-2 所示。

图 13-2　设计规则的类别

下面分类介绍设计规则中约束特性含义和设置方法。

13.1　电气相关的设计规则

"Electrical"设计规则设置在电路板布线过程中所遵循的电气方面的规则，包括 5 个方面，如图 13-3 所示。

图 13-3　与电气相关的设计规则

13.1.1　安全间距设计规则

Clearance——安全间距设计规则，用于设定在 PCB 的设计中，导线、导孔、焊盘、矩形敷铜填充等组件相互之间的安全距离。

单击"Clearance"规则，安全距离的各项规则名称以树结构形式展开。系统默认的只有一个名称为"Clearance"的安全距离规则设置，单击这个规则名称，对话框的右边区域将显示这个规则使用的范围和规则的约束特性，如图 13-4 所示。从图中可以看出，默认的情况下，整个电路板上的安全距离为 10mil。

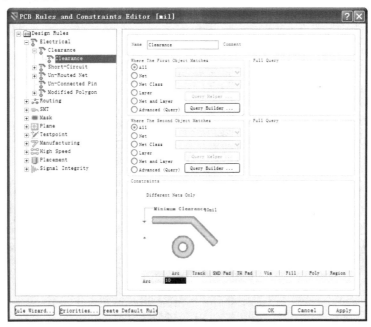

图 13-4　安全距离设置对话框

下面以 VCC 网络和 GND 网络之间的安全间距设置 20mil 为例，说明新规则的建立方法。其他规则的添加和删除方法与此类似，限于篇幅，这里就不一一介绍。

具体步骤如下：

（1）在图 13-4 中的"Clearance"上右击，弹出修改规则命令菜单，如图 13-5 所示。

（2）选择【New Rule...】命令，系统自动在"Clearance"的上面增加一个名称为"Clearance_1"的规则，单击"Clearance-1"选项，弹出建立新规则设置对话框，如图 13-6 所示。

图 13-5　修改规则命令菜单

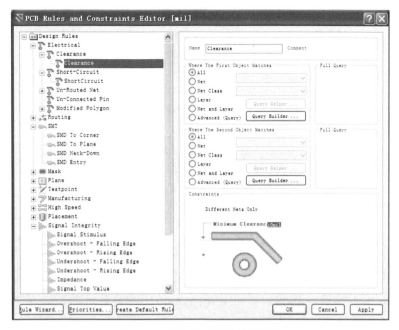

图 13-6　建立新规则设置对话框

（3）在"Where The First Object Matches"单元中单击网络（Net），在"Full Query"单元里出现 InNet()。单击"All"右侧的下拉菜单按钮 ，从网络表中选择 VCC。此时，"Full Query"单元会更新为 InNet('VCC')；按照同样的操作在"Where The Second Object Matches"单元中设置网络"GND"；将光标移到"Constraints"单元，将"Minimum Clearance"改为 20mil。如图 13-7 所示。

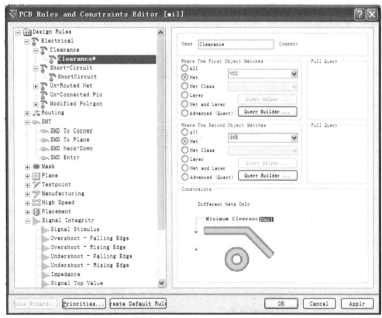

图 13-7　设置新规则设定范围和约束

（4）此时在 PCB 的设计中同时有两个电气安全距离规则，因此必须设置它们之间的优先权。单击图 13-7 中的优先权设置 按钮，弹出规则优先权编辑对话框，如图 13-8 所示。

图 13-8 规则优先权编辑对话框

（5）执行 Increase Priority 和 Decrease Priority 这两个按钮，就可改变布线中规则的优先次序。设置完毕后，依次关闭设置对话框，新的规则和设置自动保存并在布线时起到约束作用。

13.1.2 短路许可设计规则

Short-Circuit——短路许可设计规则，设定电路板上的导线是否允许短路。在"Constraints"单元中，勾选"Allow Short Circuit"复选框，允许短路；默认设置为不允许短路，如图 13-9 所示。

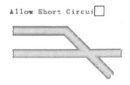

图 13-9 短路许可设置

13.1.3 网络布线检查设计规则

Un-Routed Net——网络布线检查设计规则，用于检查指定范围内的网络是否布线成功，如果网络中有布线不成功的，该网络上已经布的导线将保留，没有成功布线的将保持飞线。

13.1.4 引脚连线检查设计规则

Un-Connected Pin——元件引脚连线检查设计规则，用于检查指定范围内的元件封装的引脚是否连接成功。

13.2 布线相关的设计规则

此类规则主要是与布线参数设置有关的规则，共分为 8 类，如图 13-10 所示。

图 13-10 布线相关的设计规则

13.2.1 设置导线宽度

Width——设置导线宽度设计规则，用于布线时的导线宽度设定。如图 13-11 所示为设置导线宽度的"Constraints"单元。

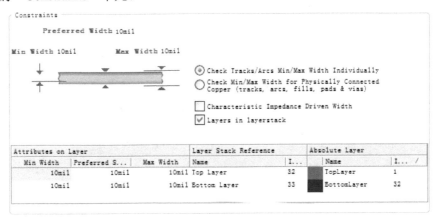

图 13-11 导线宽度设定

在"Constraints"单元中标出了导线的 3 个线宽约束，即"最小线宽"、"最佳线宽"和"最大线宽"，单击每个宽度栏并输入数值，即可对其进行修改。注意，在修改"最小线宽"值之前必须先设置"最大线宽"宽度栏。

13.2.2 设置布线方式

Routing Topology——设置布线方式设计规则，用于定义引脚到引脚之间的布线规则。此规则包含 7 种方式。执行此命令后，在"Constraints"单元中，再单击"Topology"栏的下拉按钮，弹出布线方式如图 13-12 所示。

（1）Shortest——连线最短（默认）方式，是系统默认使用的拓扑规则，如图 13-13 所示。它的含义是生成一组飞线能够连通网络上的所有节点，并且使连线最短。

 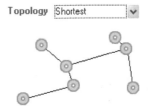

图 13-12 布线方式的种类　　　图 13-13 连线最短（默认）方式

（2）Horizontal——水平方向连线最短方式，如图 13-14 所示。它的含义是生成一组飞线能够连通网络上的所有节点，并且使连线在水平方向最短。

（3）Vertical——垂直方向连线最短方式，如图 13-15 所示。它的含义是生成一组飞线能够连通网络上的所有节点，并且使连线在垂直方向最短。

（4）Daisy-Simple——任意起点连线最短方式，如图 13-16 所示。该方式需要指定起点和终点，其含义是在起点和终点之间连通网络上的各个节点，并且使连线最短。如果设计者没有指定起点和终点，此方式和"Shortest"方式生成的飞线是相同的。

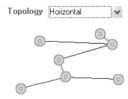 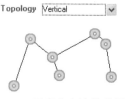

图 13-14　水平方向连线最短方式　　　图 13-15　垂直方向连线最短方式

（5）Daisy MidDriven——中心起点连线最短方式，如图 13-17 所示。该方式也需要指定起点和终点，其含义是以起点为中心向两边的终点连通网络上的各个节点，起点两边的中间节点数目不一定要相同，但要使连线最短。如果设计者没有指定起点和两个终点，系统将采用"Shortest"方式生成飞线。

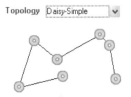 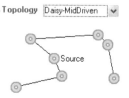

图 13-16　任意起点连线最短方式　　　图 13-17　中心起点连线最短方式

（6）Daisy-Balanced——平衡连线最短方式，如图 13-18 所示。该方式也需要指定起点和终点，其含义是将中间节点数平均分配成组，所有的组都连接在同一个起点上，起点间用串联的方法连接，并且使连线最短。如果设计者没有指定起点和终点，系统将采用"Shortest"方式生成飞线。

（7）Starburst——中心放射连线最短方式，如图 13-19 所示。该方式是指网络中的每个节点都直接和起点相连接。如果设计者指定了终点，那么终点不直接和起点连接；如果没有指定起点，那么系统将试着轮流以每个节点作为起点去连接其他各个节点，找出连线最短的一组连接作为网络的飞线。

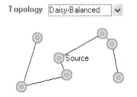 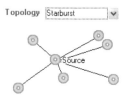

图 13-18　平衡连线最短方式　　　图 13-19　中心放射连线最短方式

13.2.3　设置布线次序

Routing Priority——设置布线次序规则，用于设置布线的优先次序。设置布线次序规则的添加、删除和规则使用范围的设置等操作方法与前述相似，不再重复。其"Constraints"单元如图 13-20 所示。

在"布线的优先次序"栏里指定其布线的优先次序，其设定范围从 0 到 100，0 的优先次序最低，100 最高。

图 13-20　布线的优先次序设置

13.2.4　设置布线板层

Routing Layers——设置布线板层规则，用于设置布线板层。布线层规则的添加、删除和规则的使用范围的设置等操作方法与前述布线层设置相同，不再重复。

13.2.5 设置导线转角方式

Routing Corners——设置导线转角方式规则，用于设置导线的转角方式。转角方式规则的添加、删除和规则的使用范围的设置等操作方法与前述相同，不再重复。在此介绍设置导线转角方式的系统参数设置方法和转角形式，如图 13-21 所示。

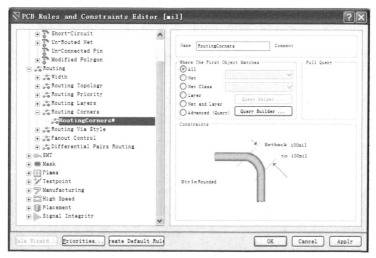

图 13-21　导线转角方式的系统参数设置框

系统提供 3 种转角形式，其他形式是 45 Degree（45°转角）和 90Degree（90°转角），分别如图 13-22 和图 13-23 所示。

图 13-22　45°转角形式　　　　　　　　　图 13-23　90°转角形式

13.2.6 设置导孔规格

Routing Via Style——设置导孔规格规则，用于设置布线中导孔的尺寸。导孔形式规则的添加、删除和规则的使用范围的设置等操作方法与前述相同，不再重复。在"Constraints"单元中，导孔直径和导孔的通孔直径需要设置，如图 13-24 所示。

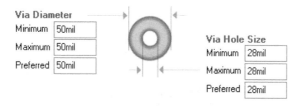

图 13-24　设置导孔规格

13.2.7 扇出控制布线设置

Fanout Control——设置扇出控制布线规则，主要用于"球栅阵列"、"无引线芯片座"等 4 类特殊器件的布线控制。

系统参数设置单元中有扇出导线的形状、方向及焊盘、导孔的设定等，大多数情况下可以采用默认设置。规则的添加、删除和规则的使用范围等操作方法与前述相同，下面仅以球栅阵列器件为例给出其布线参数设置对话框，如图 13-25 所示。

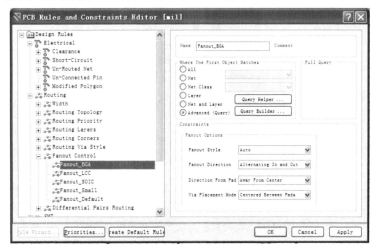

图 13-25　球栅阵列器件布线参数设置对话框

13.2.8 差分对布线设置

Differential Pairs Routing——设置差分对布线规则，用于设置一组差分对约束的各种规则。设置布线次序规则的添加、删除和规则的使用范围的设置等操作方法与前述相似，不再重复。其规则内容如图 13-26 所示。

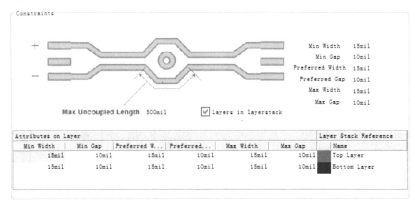

图 13-26　差分对布线设置选项

13.3　SMD 布线相关的设计规则

此类规则主要设置 SMD 与布线之间的规则，共分为 4 种，如图 13-27 所示。

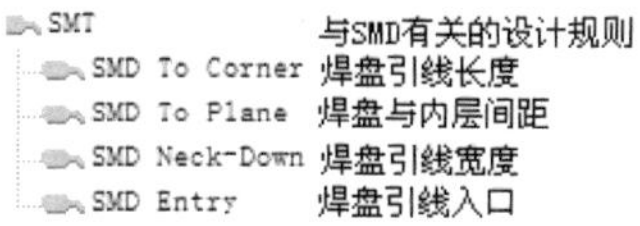

```
    SMT                      与SMD有关的设计规则
    SMD To Corner    焊盘引线长度
    SMD To Plane     焊盘与内层间距
    SMD Neck-Down    焊盘引线宽度
    SMD Entry        焊盘引线入口
```

图 13-27　SMD 布线相关的设计规则的分类

（1）SMD To Corner——表贴式焊盘引线长度规则，用于设置 SMD 元件焊盘与导线拐角之间的最小距离。表贴式焊盘的引出导线一般都是引出一段长度后才开始拐弯，这样就不会出现和相邻焊盘太近的情况。

（2）SMD To Plane——表贴式焊盘与内层的连接间距规则，用于设置 SMD 与内层（Plane）的焊盘或导孔之间的距离。表贴式焊盘与内层的连接只能用过孔来实现，这个设置指出要离焊盘中心多远才能使用过孔与内层连接。默认值为"0mil"。

（3）SMD Neck-Down——表贴式焊盘引出导线宽度规则，用于设置 SMD 引出导线宽度与 SMD 元件焊盘宽度之间的比值关系，默认值为 50%。

（4）SMD Entry——表贴式焊盘引线入口规则，用于设置 SMD 焊盘引线入口方式或角度。

这些规则的添加、删除和规则的使用范围等操作方法与前述相同，不再重复。在此只介绍"SMD To Corner"规则的"Constraints"单元中的"Distance"栏，用于设置 SMD 与导线拐角处的长度，这里设定长度为"30mil"。其他 3 种操作类似。

右击"SMD To Corner"，在出现的子菜单中选择添加新规则命令，系统在"SMD To Corner"下出现一个名称为"SMD To Corner"的新规则，单击新规则出现规则设置对话框，在此对话框中的"Constraints"单元如图 13-28 所示。

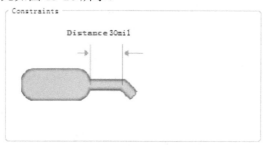

图 13-28　表贴式焊盘引线长度设置

13.4　焊盘收缩量相关的设计规则

此类规则用于设置焊盘周围的收缩量，共有 2 种，如图 13-29 所示。

```
    Mask                          焊盘收缩量相关的设计规则
  + Solder Mask Expansion    焊盘的收缩量
  + Paste Mask Expansion     SMD焊盘的收缩量
```

图 13-29　焊盘收缩量相关的设计规则的种类

13.4.1　焊盘的收缩量

Solder Mask Expansion——焊盘的收缩量规则，用于设置防焊层中的焊盘的收缩量，或者说是阻焊层中的焊盘孔比焊盘要大多少。防焊层覆盖整个布线层，但它上面留出用于焊接引脚的焊盘预留孔，这个收缩量就是指焊盘预留孔和焊盘的半径之差。该规则的添加、删除和规则的使用范围等操作方法与前述相同，不再重复。其规则的"Constraints"单元中的"Expansion"栏用于设置收缩量的大小。默认值为"4mil"，这里设定为"6mil"，如图 13-30 所示。

图 13-30 一般焊盘的收缩量的设置

13.4.2 SMD 焊盘的收缩量

Paste Mask Expansion——SMD 焊盘的收缩量规则，用于设置 SMD 焊盘的收缩量，该收缩量是 SMD 焊盘与钢模板（锡膏板）焊盘孔之间的距离。该规则的添加、删除和规则的使用范围等操作方法与前述相同，不再重复。其规则的"Constraints"单元中的"Expansion"栏用于设置收缩量的大小。默认值为"0mil"，这里设定为"2mil"，如图 13-31 所示。

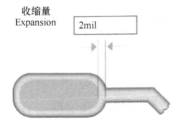

图 13-31 SMD 焊盘的收缩量设置

13.5 内层相关的设计规则

此类规则用于设置电源层和敷铜层的布线规则，共 3 个种类，如图 13-32 所示。

图 13-32 内层有关的设计规则的种类

13.5.1 电源层的连接方式

Power Plane Connect Style——电源层的连接方式规则，用于设置过孔或焊盘与电源层连接的方法。该规则的添加、删除和规则的使用范围等操作方法与前述相同，不再重复。下面介绍其"Constraints"单元，如图 13-33 所示。

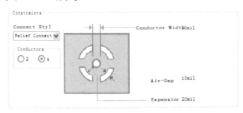

图 13-33 电源层的连接方式设置

在图 13-33 中，连接铜膜的数量有"2"和"4"两种设置；电源层与过孔或焊盘的连接方式有 3 种。单击连接方式的下拉按钮，有 3 种方法可以选择，如图 13-34 所示。

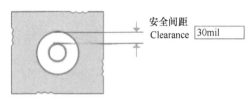

图 13-34 连接方式的种类

13.5.2 电源层的安全间距

Power Plane Clearance——电源层的安全间距规则，用于设置电源板层与穿过它的焊盘或过孔间的安全距离。该规则的添加、删除和规则的使用范围等操作方法与前述相同，不再重复。"Constraints"单元中的"Clearance"栏用于设置安全距离。系统的默认值为"20mil"，这里设定为"30mil"，如图 13-35 所示。

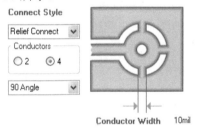

图 13-35 电源层的安全间距的设置

13.5.3 敷铜层的连接方式

Polygon Connect Style——敷铜层的连接方式规则，用于设置敷铜与焊盘之间的连接方法。该规则的添加、删除和规则的使用范围等操作方法与前述相同，不再重复。下面介绍其"Constraints"单元，如图 13-36 所示。

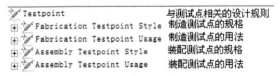

图 13-36 敷铜层的连接方式设置

在"Constraints"单元中，有 3 种连接方式，并且与电源层连接方式相同，即"放射状连接"、"直接连接"和"不连接"；连接角度有 90°（90 Angle）连接和 45°（45 Angle）连接 2 种。

13.6 测试点相关的设计规则

此类规则用于设置测试点的形状大小及其使用方法，如图 13-37 所示。

图 13-37 测试点相关的设计规则

13.6.1 制造测试点规格

Fabrication Testpoint Style——制造测试点规格规则,用于设置测试点的形状和大小。该规则的添加、删除和规则的使用范围等操作方法与前述相同,不再重复。下面介绍其"Constraints"单元参数设置,如图 13-38 所示。

图 13-38 制造测试点规格设置

13.6.2 制造测试点用法

Fabrication Testpoint Usage——制造测试点用法规则,用于设置测试点的用法。该规则的添加、删除和规则的使用范围等操作方法与前述相同,不再重复。下面介绍其"Constraints"单元参数设置,如图 13-39 所示。

图 13-39 制造测试点用法设置

装配测试点的规格和用法与制造测试点的类似,读者可自行验证。

13.7 电路板制造相关的设计规则

此类规则主要设置与电路板制造有关的设置规则,共 11 个种类,如图 13-40 所示。

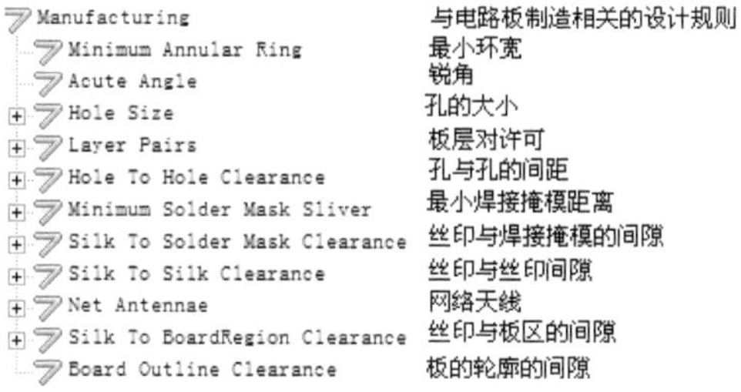

Manufacturing
与电路板制造相关的设计规则
Minimum Annular Ring
最小环宽
Acute Angle
锐角
Hole Size
孔的大小
Layer Pairs
板层对许可
Hole To Hole Clearance
孔与孔的间距
Minimum Solder Mask Sliver
最小焊接掩模距离
Silk To Solder Mask Clearance
丝印与焊接掩模的间隙
Silk To Silk Clearance
丝印与丝印间隙
Net Antennae
网络天线
Silk To BoardRegion Clearance
丝印与板区的间隙
Board Outline Clearance
板的轮廓的间隙

图 13-40　电路板制造相关的设计规则的种类

13.7.1　设置最小环宽

Minimum Annular Ring——设置最小环宽规则，用于设置最小环宽，即焊盘或导孔与其通孔之间的直径之差。该规则的添加、删除和规则的使用范围等操作方法与前述相同，不再重复。其“Constraints”单元中的“Minimum Annular Ring”栏设置最小环宽，如图 13-41 所示。

设置最小环宽
Minimum Annular Ring(x-y)
10mil
X
Y

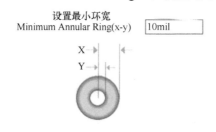

图 13-41　设置最小环宽

13.7.2　设置最小夹角

Acute Angle——设置最小夹角规则，用于设置具有电气特性的导线与导线之间的最小夹角。该规则的添加、删除和规则的使用范围等操作方法与前述相同，不再重复。其“Constraints”单元中的“Minimum Angle”栏设置最小夹角，如图 13-42 所示。

【编者说明】最小夹角应该不小于 90°，否则将会在蚀刻后残留药物，导致过度蚀刻。

设置最小夹角
Minimum Angle
90.000

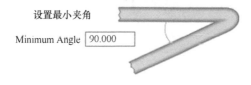

图 13-42　设置最小夹角

13.7.3　设置孔径

Hole Size——设置孔径规则，用于孔径尺寸的设置。该规则的添加、删除和规则的使用范围等操作方法与前述相同，不再重复。下面介绍“Constraints”单元的参数设置，如图 13-43 所示。

13.7.4　板层对许可

Layer Pairs——板层对许可规则，用于设置是否允许使用板层对。该规则的添加、删除和规则的使用范围操作方法，以及在“Constraints”单元中对其设置与前述相同，不再重复。

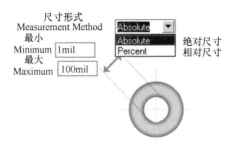

图 13-43　设置最小孔径

13.8　高频电路设计相关的规则

此规则用于设置与高频电路设计有关的规则，共有 6 种，如图 13-44 所示。

图 13-44　高频电路设计相关的设计规则的种类

13.8.1　导线长度和间距

Parallel Segment——导线长度和间距规则，用于设置并行导线的长度和距离。该规则的添加、删除和规则的使用范围等操作方法与前述相同，不再重复。下面介绍"Constraints"单元中的参数设置，如图 13-45 所示。

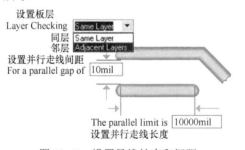

图 13-45　设置导线长度和间距

13.8.2　网络长度

Length——网络长度规则，用于设置网络的长度。该规则的添加、删除和规则的使用范围等操作方法与前述相同，不再重复。下面介绍其"Constraints"单元中的参数设置，如图 13-46 所示。

图 13-46　设置网络长度

13.8.3 匹配网络长度

Matched Lengths——匹配网络长度规则,用于设置网络等长走线。该规则以规定范围中的最长网络为基准,使其他网络通过调整操作,在设定的公差范围内与它等长。该规则的添加、删除和规则的使用范围等操作方法与前述相同,不再重复。下面介绍其"Constraints"单元中的参数设置,如图 13-47 所示。

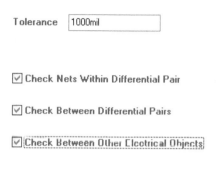

图 13-47 匹配网络长度设置

13.8.4 支线长度

Daisy Chain Stub Length——支线长度规则,用于设置用菊花链走线时支线的最大长度。该规则的添加、删除和规则的使用范围等操作方法与前述相同,不再重复。下面介绍其"Constraints"单元中的参数设置,如图 13-48 所示。

图 13-48 设置支线长度

13.8.5 SMD 焊盘过孔许可

Vias Under SMD——SMD 焊盘过孔许可规则,用于设置是否允许在 SMD 焊盘下放置导孔。该规则的添加、删除和规则的使用范围等操作方法与前述相同,不再重复。下面介绍其"Constraints"单元中的"Allow Vias Under SMD Pads"复选框是否允许在 SMD 焊盘下放置导孔的设置,如图 13-49 所示。

图 13-49 SMD 焊盘下放置导孔的设置

13.8.6 导孔数限制

Maximum Via Count——导孔数限制规则,用于导孔的数量设置。该规则的添加、删除和规则的使用范围等操作方法与前述相同,不再重复。下面介绍其"Constraints"单元中的参数设置,如图 13-50 所示。

图 13-50 设置电路板上允许的导孔数

13.9 元件布置相关规则

此规则与元器件的布置有关,共有 6 种,如图 13-51 所示。

图 13-51 元件布置相关规则的种类

13.9.1 元件盒

Room Definition——元件盒规则,用于定义元件盒的尺寸及其所在的板层。该规则的添加、删除和规则的使用范围等操作方法与前述相同,不再重复。下面介绍其"Constraints"单元中的参数设置,如图 13-52 所示。

图 13-52 元件盒设置

(1)用光标定义元件盒的大小。单击 Define... 按钮后,光标变成十字形并激活 PCB 编辑区,可用光标确定元件盒的大小。

(2)元件盒所在的板层和元件所在区域栏均有下拉菜单,如图 13-53 所示。

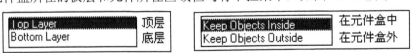

(a)元件盒所在板层　　　　　　　　　(b)元件所在区域

图 13-53 元件盒相关参数设置

13.9.2 元件间距

Component Clearance——元件间距规则，用于设置元件封装间的最小距离。该规则的添加、删除和规则的使用范围等操作方法与前述相同，不再重复。下面介绍其"Constraints"单元中的参数设置，如图 13-54 所示。

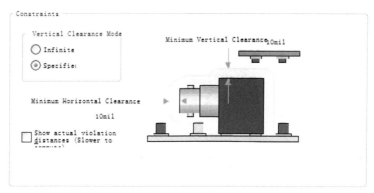

图 13-54 元件封装间距设置

13.9.3 元件的方向

Component Orientations——元件的方向规则，用于设置元件封装的放置方向。该规则的添加、删除和规则的使用范围等操作方法与前述相同，不再重复。下面介绍其"Constraints"单元中的参数设置，如图 13-55 所示。

图 13-55 元件封装的方向的设置

13.9.4 元件的板层

Permitted Layer——元件的板层规则，用于设置自动布局时元件封装的放置板层。该规则的添加、删除和规则的使用范围等操作方法与前述相同，不再重复。下面介绍其"Constraints"单元中的参数设置，如图 13-56 所示。

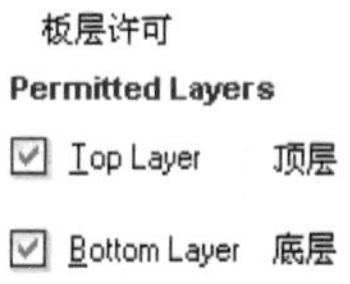

图 13-56 元件封装的放置板层的设置

13.9.5 网络的忽略

Nets to Ignore——网络的忽略规则，用于设置自动布局时忽略的网络。组群式自动布局时，忽略电源网络可以使得布局速度和质量有所提高。该规则的添加、删除和规则的使用范围等操作方法与前述相同，不再重复。

13.9.6 元件的高度

Height——元件的高度规则,用于设置布局的元件高度。该规则的添加、删除和规则的使用范围等操作方法与前述相同,不再重复。下面介绍其"Constraints"单元中的参数设置,如图 13-57 所示。

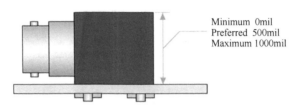

图 13-57 元件高度的设置

13.10 信号完整性分析相关的设计规则

此规则用于信号完整性分析规则设置,共有 13 种,如图 13-58 所示。

图 13-58 信号完整性分析规则的种类

(1) Signal Stimulus——激励信号规则,用于设置电路分析的激励信号。

(2) Overshoot-Falling Edge——下降沿超调量规则,用于设置信号下降沿超调量。

(3) Overshoot-Rising Edge——上升沿超调量规则,用于设置信号上升沿超调量。

(4) Undershoot-Falling Edge——下降沿欠调电压规则,用于设置信号下降沿欠调电压的最大值。

(5) Undershoot-Rising Edge——上升沿欠调电压规则,用于设置信号上升沿欠调电压的最大值。

(6) Impedance——阻抗规则,用于设置电路的最大和最小阻抗。

(7) Signal Top Value——高电平阈值电压规则,用于设置高电平信号的最小电压。

(8) Signal Base Value——低电平阈值电压规则,用于设置信号电压基值。

(9) Flight Time-Rising Edge——上升沿延迟时间规则,用于设置信号上升沿延迟时间。

(10) Flight Time-Falling Edge——下降沿延迟时间规则,用于设置信号下降沿延迟时间。

(11) Slope-Rising Edge——上升延迟时间规则,用于设置信号从阈值电压上升到高电平的最大延迟时间。

(12) Slope-Falling Edge——下降延迟时间规则,用于设置信号下降沿从阈值电压下降到低电平的最大延迟时间。

（13）Supply Nets——网络电源规则，用于设置电路板中网络的电压值。

上述规则的添加、删除和规则的使用范围等操作方法与前述相同，规则的系统参数设置单元中参数设置类似，不再重复。

习题 13

13-1　简述 PCB 设计规则项目和含义。

13-2　练习电气对象之间允许距离设计规则的设置。

参 考 文 献

[1] http://www.altium.com/en/products/altium-designer.
[2] 谷树忠，闫胜利.Protel DXP 实用教程.北京：电子工业出版社，2003.
[3] 谷树忠，闫胜利.Protel 2004 实用教程.北京：电子工业出版社，2005.
[4] 谷树忠，侯丽华，姜航.Protel 2004 实用教程（第 2 版）.北京：电子工业出版社，2009.
[5] 谷树忠，刘文洲，姜航.Altium Designer 教程.北京：电子工业出版社，2011.
[6] 谷树忠，温克利，冯雷.Protel 2004 实用教程（第 3 版）.北京：电子工业出版社，2012.
[7] 谷树忠，倪虹霞，张磊.Altium Designer 教程（第 2 版）.北京：电子工业出版社，2014.
[8] 谷树忠，姜航，李钰.Altium Designer 简明教程.北京：电子工业出版社，2014.

反侵权盗版声明

电子工业出版社依法对本作品享有专有出版权。任何未经权利人书面许可，复制、销售或通过信息网络传播本作品的行为，歪曲、篡改、剽窃本作品的行为，均违反《中华人民共和国著作权法》，其行为人应承担相应的民事责任和行政责任，构成犯罪的，将被依法追究刑事责任。

为了维护市场秩序，保护权利人的合法权益，我社将依法查处和打击侵权盗版的单位和个人。欢迎社会各界人士积极举报侵权盗版行为，本社将奖励举报有功人员，并保证举报人的信息不被泄露。

举报电话：（010）88254396；（010）88258888
传　　真：（010）88254397
E-mail：　dbqq@phei.com.cn
通信地址：北京市海淀区万寿路173信箱
　　　　　电子工业出版社总编办公室
邮　　编：100036